機械運動学

機械力学の基礎から機構動力学解析まで

藤田 勝久 著

森北出版株式会社

● 本書のサポート情報を当社Webサイトに掲載する場合があります．下記のURLにアクセスし，サポートの案内をご覧ください．

https://www.morikita.co.jp/support/

● 本書の内容に関するご質問は，森北出版 出版部「(書名を明記)」係宛に書面にて，もしくは下記のe-mailアドレスまでお願いします．なお，電話でのご質問には応じかねますので，あらかじめご了承ください．

editor@morikita.co.jp

● 本書により得られた情報の使用から生じるいかなる損害についても，当社および本書の著者は責任を負わないものとします．

■ 本書に記載している製品名，商標および登録商標は，各権利者に帰属します．

■ 本書を無断で複写複製（電子化を含む）することは，著作権法上での例外を除き，禁じられています．複写される場合は，そのつど事前に(一社)出版者著作権管理機構（電話03-5244-5088, FAX03-5244-5089, e-mail:info@jcopy.or.jp）の許諾を得てください．また本書を代行業者等の第三者に依頼してスキャンやデジタル化することは，たとえ個人や家庭内での利用であっても一切認められておりません．

まえがき

　機械の歴史は，道具まで含めると人類の歴史と同等の長さになると考えられる．ギリシャ文明におけるアルキメデスらや 15 世紀のレオナルド・ダ・ビンチの科学文明への貢献，17 世紀から始まった産業革命におけるジェームス・ワットの蒸気機関の出現など，機械文明の発達に大きな契機を与えてきたものを数え上げれば際限がない．さて，21 世紀の機械は，陸 (地下)，海，空 (宇宙) へ向けて限りない進歩を遂げ，超大形化から超微細化までの広範囲において，高機能化，超高速化や超高精度化がめまぐるしい速さで推進されてきている．このような状況において，エネルギーや環境の課題を背負って，人間に優しい，人と調和のとれた科学文明社会の構築に，機械工学はこれからもますます大きな使命を負っている．

　機械はほとんどの場合，動くことによって，その要求される機能を発揮することができる．そのため，機械をつくる者にとっては，機械の運動学の知識が必要となる．このような視点では，機械を静力学的にとらえると同時に動力学的にとらえることが大切であるが，まずその一歩として機械を機構学的に把握し，かつ運動学的に考察する基礎知識力を高めることが重要である．これらを土台にして機械の振動学に展開することが望ましい．しかし，従来の機械工学の教育においては，ややもすれば材料工学から振動工学へ一足飛びに飛んでしまう傾向が強く，機械力学の教科書は振動学に偏重してきた面があった．また，実際に振動学の教科書は数多く見受けられるが，機械の運動学に関する教科書は非常に少ない．本書はこの点に着目して，機械力学を学ぼうとする学生の入門書として，機械の運動学および機構学的な考え方に重点をおいた内容とし，振動学につなげることを意図した．機械の運動学は古くから存在する学問分野である．その一方，最近のロボットや各種可動産業機械，自動車をはじめとする輸送機械における多様化，高速化，さらに高機能化に伴い，機械の運動学はコンピュータの援用によって機械系の学生にとって今後一層重要な科目になろうとしている．

　本書の目的は大きく分けて，基礎的な面と応用的な面に分けられる．基礎的な面では，機械系の学部の学生が一般力学を学習した後，さあこれから機械工学を勉強しようというときの動力学の領域を，まず機械力学の科目の立場から機械とは何かから始め，機械を機構としてとらえる．そして，それがどのような機能をもち，役わりを果

たすかを，在来の機構学の立場から説く．また，機械が多数の部品レベルの物体の組み合わせであることから説き，それらの部品およびそれらを組み合わせた物体がいかに機械，さらには機械システムの運動に関与しているかを述べる．次に，機械が運動するときの変位，速度および加速度に関する運動学について述べ，その静力学と動力学とを論ずる．

つづいて応用面では，まず機械を機構としてみたときの部品レベルに相当するリンク機構，カム機構，歯車機構，および各種伝導機構の機構学的な機能と運動学的な役割りについて解説する．さらに組み合わせ物体レベルの動く機械の代表的な例である往復機械と回転機械をとりあげ，その組み合わせ機構としての運動学および動力学について述べる．また，リンク機構を主にして，ロボットや可動産業機械などを意識したコンピュータ・シミュレーションにつながるマルチボディ・ダイナミクスの基礎について言及する．

本書は大学の学部レベルの半期の講義時間に合わせて記述し，各章には例題と略解を準備し，内容の理解を深めるのに役立つようにしてある．内容過多とみられるところは，読み飛ばしていただき，参考書的に扱っていただければよいと考える．原稿作成の段階では，参考文献の図書，特に J.L.Meriam・L.G.Kraige，E.J.Haug，牧野洋・高野政晴，谷口修，稲田重男・森田鈞，三輪修三・坂田勝の各先生方の著書を参考にさせていただいた．ここに深甚なる謝意を表する次第です．

浅学，非才のため，不行き届きや，不満足の点が散見されることについては，ご容赦願うとともに，忌憚のないご意見をいただければ幸いである．

本書の刊行にあたっては，森北出版の石田昇司氏，石井智也氏ほか関係者の各位に多大なご理解とご尽力を賜った．また，原稿の整理，図表の作成にあたっては，著者の研究室の大学院生および山口知子氏ほかに手伝っていただいた．さらに，演習問題作成の一部については，著者の演習科目の講義に協力していただいた方々に感謝致します．このようなご協力がなければ，本書の出版は実現しなかったかもしれない．改めて，ここに関係者の皆様に深く感謝の意を表したい．

2004 年 12 月

藤田勝久

目　　次

第 1 章　　機械と機械運動学 ･･･ 1
　1.1　　機械とは ･･ 1
　1.2　　機械と機構 ･･ 2
　1.3　　機構の構成 ･･ 3
　1.4　　機械の運動 ･･ 3
　　① 運動の分類　3　　　② 運動の瞬間中心　4
　　③ 運動の瞬間中心の求め方とその数　6
　1.5　　機構の自由度 ･･ 6
　　① 平面運動機構の自由度　7　　　② 空間運動機構の自由度　7
　演習問題 ･･ 9

第 2 章　　機械運動学の基礎 ･･ 11
　2.1　　運動の法則 ･･ 11
　2.2　　機械の運動と運動方程式 ･･ 11
　2.3　　機械の動力学の原理 ･･ 13
　　① 仮想仕事の原理　13　　　② ダフンベールの原理　13
　　③ ハミルトンの原理とラグランジュ方程式　14

第 3 章　　平面運動する機構の変位，速度および加速度 ･･･････････････････････････････ 19
　3.1　　平面運動する機構のベクトル解析 ･･ 19
　　① 2 次元ベクトルの複素ベクトル表示　19
　　② 2 次元ベクトルの直交座標系表示　20
　　③ 2 次元ベクトルの平面極座標系表示　20
　3.2　　速度と加速度の解析 ･･ 25
　　① ベクトルの微分　25　　　② 平面運動する機構の点の速度と加速度　27
　　③ 平面運動する局所座標系上の機構の点の速度と加速度　32
　　④ 平面運動する機構の運動学的拘束　37
　演習問題 ･･ 45

第4章　空間運動する機構の変位，速度および加速度　47

4.1　空間運動する機構のベクトル解析　47
① 直交座標系でのベクトル解析　47　　② 円柱座標系でのベクトル解析　48
③ 球座標系でのベクトル解析　51　　④ 回転テンソルによるベクトル解析　54

4.2　空間運動する局所座標系上の機構の点の速度と加速度　55
① 座標変換　55　　② 速度と加速度　59

演習問題　59

第5章　機械の機構としての動力学　60

5.1　機構における静力学　60

5.2　機構の動力学　62
① 剛体としての機構の運動学　63
② 平面運動する機構に作用する加速力およびコリオリ力　69
③ 空間運動する機構におけるジャイロモーメント　72

5.3　機構へのマルチボディ・ダイナミクス適用の基礎　74
① 機構を構成する機素の運動方程式　74
② 機構を構成する機素に作用する加速力と慣性力　75
③ 機構の運動方程式　76

演習問題　81

第6章　リンク機構の運動学　83

6.1　平面リンク機構　83
① 4節リンク機構　83　　② 4節回転リンク機構　84
③ スライダクランク機構　86　　④ 両スライダ機構　87

6.2　4節リンク機構の運動解析　88
① 4節回転リンク機構の入出力関係　89　　② 4節回転リンク機構の運動解析　91
③ スライダクランク機構の入出力関係　92
④ スライダクランク機構の運動解析　93

6.3　空間リンク機構　95
① 球面4節リンク機構　95　　② 多関節ロボットアーム　97

演習問題　101

第7章　カム機構の運動学　103

7.1　カム機構の種類　103
① 平面カム機構　103　　② 立体カム機構　104

目 次　v

　7.2　カム曲線と速度，加速度 …………………………………………… 105
　　① 等加速度運動　106　　② 等速度運動　107
　　③ 調和運動　107　　④ サイクロイド運動　107
　7.3　カム機構の力学 ……………………………………………………… 109
　7.4　カムの輪郭曲線 ……………………………………………………… 112
　　① 複素数表示による輪郭曲線の解　112
　　② 図式解法による輪郭曲線の求め方　113
　7.5　カム機構の運動解析 ………………………………………………… 114
　演習問題 …………………………………………………………………… 120

第 8 章　ころがり摩擦伝動機構の運動学 …………………………… 122
　8.1　ころがり接触の条件 ………………………………………………… 122
　8.2　ころがり接触をなす曲線の求め方 ………………………………… 124
　8.3　速度比が変化するころがり接触 …………………………………… 126
　8.4　速度比が一定のころがり接触 ……………………………………… 128
　8.5　速度比が可変の摩擦車 ……………………………………………… 131
　演習問題 …………………………………………………………………… 131

第 9 章　歯車機構の運動学 …………………………………………… 133
　9.1　歯車の種類 …………………………………………………………… 133
　9.2　すべり接触の条件 …………………………………………………… 134
　9.3　歯車の歯形条件 ……………………………………………………… 136
　9.4　歯形の求め方 ………………………………………………………… 137
　9.5　歯車各部の名称と規準 ……………………………………………… 138
　9.6　平歯車の実用歯形 …………………………………………………… 139
　9.7　かみ合い率とすべり率 ……………………………………………… 141
　9.8　歯車の静力学 ………………………………………………………… 142
　9.9　歯車列の静力学 ……………………………………………………… 144
　9.10　歯車列の機構運動解析 ……………………………………………… 148
　演習問題 …………………………………………………………………… 150

第 10 章　巻きかけ伝動機構の運動学 ………………………………… 151
　10.1　平ベルト伝動 ………………………………………………………… 151
　　① 平ベルトの種類　151　　② 平ベルトのかけ方　152
　　③ ベルトの長さ　153　　④ 平ベルトの伝達動力　155

10.2　Vベルト伝動 …………………………………………………… 156
10.3　ロープ伝動 ……………………………………………………… 157
10.4　チェーン伝動 …………………………………………………… 158
10.5　巻きかけ伝動機構の運動解析 ………………………………… 159
　　　演習問題 …………………………………………………………… 160

第11章　往復機械の運動学と動力学 …………………………………… 161
11.1　往復機械の運動学 ……………………………………………… 161
　　① ピストンの運動　161　　② コンロッドの運動　164
　　③ クランクの運動　166
11.2　往復機械の動力学 ……………………………………………… 167
　　① 動力学モデル　167　　② ピストンクランク機構に働く力　167
11.3　多シリンダ機関のつり合い …………………………………… 170
　　① 静つり合い　170　　② 動つり合い　171
　　　演習問題 …………………………………………………………… 172

第12章　回転機械の運動学と動力学 …………………………………… 173
12.1　剛性回転体・軸受機構の運動と慣性力 ……………………… 173
　　① 作用する慣性力　173　　② 静不つり合い　174　　③ 動不つり合い　174
12.2　つり合わせ ……………………………………………………… 175
12.3　弾性回転体の運動 ……………………………………………… 177
　　① ふれまわり運動と危険速度　177　　② ふれまわりの特徴　180
　　　演習問題 …………………………………………………………… 182

演習問題解答 ……………………………………………………………… 183

付録：機械運動学のための数学公式 …………………………………… 206
A.1　三角関数と指数関数 …………………………………………… 206
A.2　ベクトルとベクトル演算 ……………………………………… 207
A.3　マトリックス …………………………………………………… 209

参考文献 …………………………………………………………………… 211

索　　引 …………………………………………………………………… 212

第1章 機械と機械運動学

　機械は，人間によって意図的にある働きを生み出すように作られたものである．言い換えると，機械は必ずなんらかの働きをする．これは機械の機能と考えられる．このような機能に応じて，機械を分類，定義づけすることができる．このような機械は詳しくみてみると，多くの物体の組み合わせから成り立っていることがわかる．この章では，この物体の組み合わせである機構について考察し，機構の構成や機械の運動の分類と特徴，そして機構の自由度について扱い，機構学と機械運動学とを融合していく．

1.1 機械とは

　機械とは，ある目的のために意図的に作られたものである．すなわち，機械は機能と考えられるなんらかの働きをもつ．機械は我々の望む運動を伴って，我々に役立つ仕事をしてくれる．例えば，エネルギー機械は自然界に存在するエネルギーを人間が使える形に変換して人類に供給してくれる．また，輸送機械は，人類を望む所に輸送してくれる．例えば自動車では，車体内部の内燃機関の運動によって，ガソリンの熱エネルギーが車輪の回転運動エネルギーに変換される．またこのとき，機械は仕事をするに耐える強度をもつことが大切である．

　ルロー (F. Reuleaux) は，機械とは次の4つの条件を満たすものであると定義した．
1. 機械は物体の組み合わせである．
2. 機械を構成する各物体は，相対運動が可能である．
3. 機械は入力としてエネルギーを受け入れ，これを変換・伝達して有効な仕事を行う．
4. 機械を構成する物体は，入力に対して十分耐えられる強度をもつ．

　ルローの定義によれば，ノコギリや金づちは上記の4つの条件を満たしておらず，機械でなく工具と分類できる．また，橋梁や鉄塔などは構造物として，タンクや配管，化学プラントの反応塔などは装置として分類される．

　一方，測定機械や光学機械，さらには情報機械は，ルローの定義を満たしていない．特に，多くの機械にコンピュータによる制御機能が大幅に取り入れられるようになっ

て，機械の定義もしだいに変化している．

またエネルギーに着目すると，水，風，太陽熱や化石燃料，原子力などのエネルギーを有効な機械的エネルギーに変換し，その得られた動力を外部に供給する機械がある．例えば，水力，風力タービンや蒸気タービンおよびシステムとして発電プラントなどが考えられ，古くから原動機とも呼ばれてきた．一方，外部から動力の供給を受けて，その目的に応じた機能を発揮したり，物質を作る機械が考えられる．例えば自動車，建設機械，各種運搬機械，工作機械，農業機械，繊維機械，印刷機械，製鉄機械，化学機械など数え上げればきりがないが，これらは古くから作業機械と呼ばれてきた．

このように機械の定義については，機械工業の進展とともに変化し，いろいろな議論がなされているが，広い意味での機械の概念は「エネルギーや物質などのハードなものから情報などのソフトなものまでも含めて，それらを変換したり，伝達したりする有用なもの」をさしており，システム全体をも含めて機械と考えることができる．

1.2 機械と機構

実際の機械は，多くの条件を備えた多数の物体の組み合わせから成り立っている．その中からある物体の組み合わせを取り出し，それに対して，各部分の形や，相互の間の限定された相対運動を調べる場合は，この物体の組み合わせを機構 (mechanism) と呼ぶ．このとき，機構は抽象化した構造と考え，運動に直接関係のない部品は除いて考えるのが普通である．

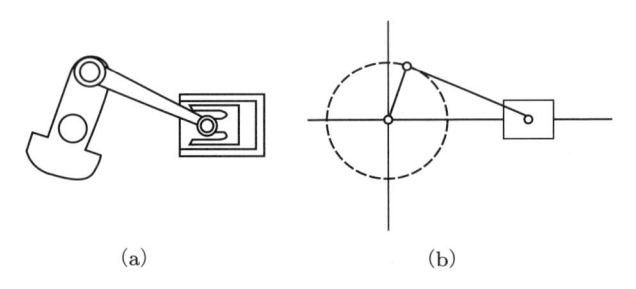

図 **1.1** 構造とスケルトン

図 1.1 (a) は，自動車の往復動型エンジン，または往復動型圧縮ポンプの構造図を示す．これについては，力や材質などを考えずに機構を考えるときは，図 1.1 (b) に示すようにその運動が限定された一定の運動となるように点と線の組み合わせで表現できる．このように表すことをスケルトン (skeleton link) という．

1.3　機構の構成

　機械を構成する個々の部品について機構としてとらえたとき，機構を構成している最小単位の機能を備えたものを機素 (machine element) と呼ぶ．機素と機素とをなんらかの形で連絡している組み合わせを対偶 (pair) と呼ぶ．

　特に，機素が互いに，対偶によって次々と連結され，最後の機素が最初の機素に対偶によって結ばれ環状をなすとき，これを連鎖 (chain) と呼び，連鎖の一員と考えられる状態の機素は節 (link) と呼ぶ．

　また，入力として運動を与える節を原動節 (driver) または原節といい，出力としての運動を取り出す節を従動節 (follower) または従節という．

　機素の種類としては，次のようなものがあげられる．

1. **剛体**：回転運動を伝える回転機械の軸や，力や運動を伝えるショベルのアームなどである．変形しないとみなしたときの構造体のほとんどがこれに相当する．
2. **可とう体**：引張り力に対して抵抗を示し，圧縮力は伝えない．ベルト，ロープ，チェーンなどである．
3. **ばね体**：力を加えると弾性変形し，物体に力を伝える．力を除去すると永久ひずみを残さないで元の形にもどる．自動車のサスペンションのばね，各種ゴム，曲げやねじりを受ける軸やはりなどである．
4. **流体**：密閉された容器や連通管において，圧縮されるときに圧力を生じるが，これを圧力の伝達装置として利用する．航空機の翼や脚の出し入れなどに使われる油圧機器などが典型的な例である．

　一方，機素の運動を拘束する対偶については，面で接触するものを面対偶あるいは低次対偶 (lower pair) という．一方，線または点で接触する対偶で，これを線点対偶あるいは高次対偶 (higher pair) という．低次対偶の具体例として，回り対偶，すべり対偶，ねじ対偶，回りすべり対偶，平面対偶，球面対偶を図1.2に示す．一方，図1.3に線点対偶 (高次対偶) の例を3ケース示す．

1.4　機械の運動

1　運動の分類

　機械は非常に複雑な運動をすると考えられるが，その運動を分析してみると，次のような比較的単純な運動の組み合わせとなる．

1. 平面運動 (plane motion)

(a)回り (b)すべり (c)ねじ

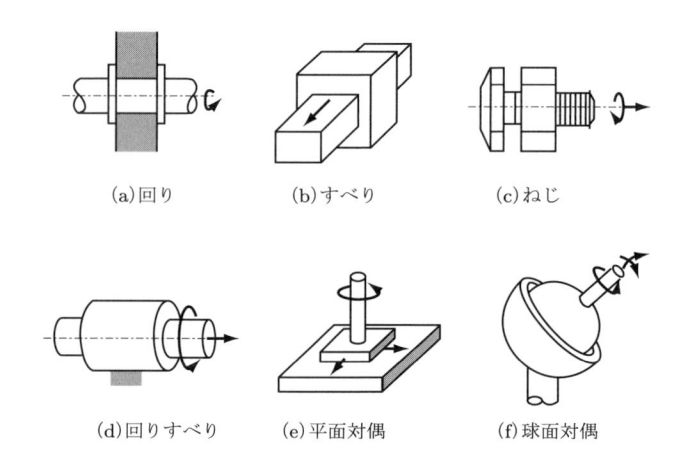

(d)回りすべり (e)平面対偶 (f)球面対偶

図 1.2 面対偶 (低次対偶) の例

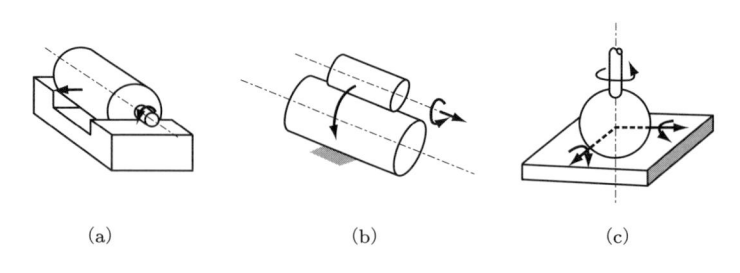

(a) (b) (c)

図 1.3 線点対偶 (高次対偶) の例

2. 空間運動 (例えば球面運動 (spherical motion)，らせん運動 (screw motion))

このうち大部分は平面運動に属することが多く，姿勢を変えずに直線に動く並進 (直線) 運動，ある固定点のまわりに回転する回転運動，剛体のある点が並進運動をしながら回転運動を伴う並進回転運動や，平面内を姿勢を変えつつ運動する平面曲線運動などがある．空間運動としての球面曲線運動は，物体のすべての点が空間上のある 1 点のまわりに回転運動するものである．また，らせん運動というのは物体の上の各点がある軸線のまわりに回転すると同時に軸線に並行に移動するような運動で，"ねじ"がその例である．これらの運動を図 1.4 に示す．

2 運動の瞬間中心

運動している物体は図 1.5 に示すように，すべある瞬間にある点を中心として回転運動をしているものと考えられる．この点を瞬間中心 (instantaneous center) と呼ぶ．この瞬間中心は，空間に固定されている場合としだいにその位置を変える場合がある．

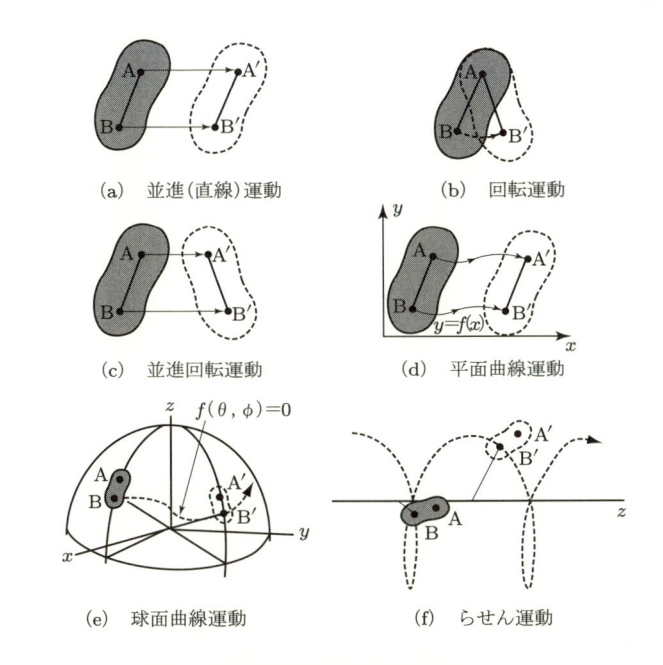

(a) 並進(直線)運動
(b) 回転運動
(c) 並進回転運動
(d) 平面曲線運動
(e) 球面曲線運動
(f) らせん運動

図 1.4 機械の運動

図 1.5 瞬間中心

図 1.6 スライダクランク機構

例えば，2個の物体の間の瞬間中心がその2個の物体に関して定点である場合は，これを永久中心 (permanent center) という．その定位置が機械の固定された部分に対して一定であるならば，これを固定中心 (fixed center) という．

図 1.1 に示した内燃機関または圧縮機のピストンとシリンダをとりあげて，図 1.6 にスライダクランク機構としてそのスケルトンを示す．この図の節 a と b との間の相対速度の瞬間中心 O_2，および b と c の間の相対速度の瞬間中心 O_3 は，a と b および b と c の 2 物体間では定まった点であるが，機械の基礎 d に対しては位置を変えるので，これらを永久中心と呼ぶ．一方，a と d の間の相対速度の瞬間中心 O_1 は基礎 d に対して位置が定まっているので，これを固定中心と呼ぶ．

3 運動の瞬間中心の求め方とその数

図 1.7 は 4 個の節からなる機構を示す．この場合 4 つの節 a, b, c, d の間の相対運動を考えればよい．つまり，隣り合わせの a と b の間の相対運動の瞬間中心は O_{ab} である．b と c は O_{bc}，c と d は O_{cd}，a と d は O_{ad} となる．一方，隣り合わせでない対辺の a と c の間および b と d の間にも相対運動の瞬間中心が存在しなければならない．すなわち，4 個の節からなる機構においては，その中の 2 個ずつとった組み合わせの数として，6 個の瞬間中心が存在する．

一般に，n 個のリンクよりなる機構において瞬間中心の数 N は，n 個の中より 2 個ずつとる組み合わせの数，

$$N = {}_nC_2 = \frac{n(n-1)}{2!} = \frac{n(n-1)}{2} \tag{1.1}$$

となる．

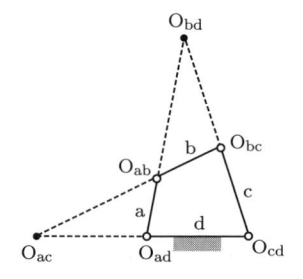

図 1.7 4 つの節からなる機構の瞬間中心

図 1.7 で，$n = 4$ であるから，$N = 6$ となり，残りの瞬間中心 O_{ac}，O_{bd} は次のようにして求める．O_{bd} に関しては，節 b と節 d の間の相対運動を考えることにする．b, d のいずれか，例えば d を固定し，他の節は機構の拘束に従って運動するものとする．節 a, c は固定点 O_{ad}，O_{cd} のまわりに回転運動することになるので，b 上の 2 点 O_{ab}，O_{bc} の運動方向は，節 a, c に対して直角方向になる．このように節 b の両端の速度の向きがわかったので，節 b が節 d に対して運動する瞬間中心 O_{bd} は，節 b の両端の速度に直角な各々の方向，すなわち直線 $O_{ad}O_{ab}$，$O_{cd}O_{bc}$ の延長線の交点として見いだされる．また O_{ac} についても，例えば c を固定して同様に考えればよい．

1.5 機構の自由度

2 つの機素は対偶によって連結されている．前述の対偶の種類によって，機素は運動になんらかの拘束を受ける．機構の自由度 (degree of freedom of mechanism) は，1

つの機素が固定されているとき，残りの各機素の位置と姿勢はいくつの変数によって決定されるかを表す．

1 平面運動機構の自由度

平面運動機構が N 個の機素で構成されているとする．平面問題を扱うので，機素が拘束を受けないときには自由度は 3 である．機素を連結する自由度 1 の対偶の数を P_1，自由度 2 の対偶の数を P_2 とする．機素全体の自由度は，1 つの機素が固定されていると考えると，対偶による拘束がない場合 $3(N-1)$ 個となる．自由度 1 の対偶は 2 自由度分を拘束し，自由度 2 の対偶は 1 自由度分を拘束するので，対偶全体としては $(2P_1 + P_2)$ の自由度を拘束することになる．したがって，平面運動機構全体の自由度は，

$$F = 3(N-1) - \sum_k (3-k)P_k = 3\left(N - 1 - \sum_k P_k\right) + \sum_k kP_k$$
$$= 3(N-1) - 2P_1 - P_2 \qquad (k=1,2) \tag{1.2}$$

となる．この式をクッツバッハ (Kutzbach) またはグリブラー (Grübler) の定理という．ここに，P_k は k 自由度をもつ対偶の数を，k は対偶がもつ自由度を示す．

2 空間運動機構の自由度

空間運動機構の自由度も平面運動機構と同様な考え方によって導くことができる．N 個の機素で構成され，自由度 k の対偶の数を P_k ($k=1,\cdots,5$) とする．機素が拘束を受けないときには自由度は 6 である．自由度 k の対偶は $(6-k)$ だけ拘束するので，対偶全体としては $\sum_k (6-k)P_k$ だけ自由度を拘束することになる．したがって，空間運動機構全体の自由度は，

$$F = 6(N-1) - \sum_k (6-k)P_k$$
$$= 6(N-1) - 5P_1 - 4P_2 - 3P_3 - 2P_4 - P_5 \tag{1.3}$$

となる．

■ **例題 1.1** 図 1.8 の三角トラス機構について自由度を求めよ．

▷ **解**

機素数は 3 であり，A, B, C 点は自由度 1 の対偶なので，この機構の自由度は，

$$F = 3 \times (3-1) - 2 \times 3 = 0$$

となり，機構は固定されて，運動しない． ◁

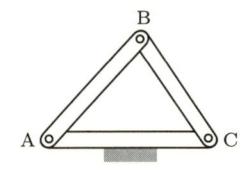

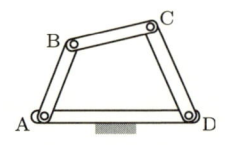

図 1.8 三角トラス機構　　　　　　**図 1.9** 平面 4 節リンク機構

■ **例題 1.2**　図 1.9 に示す平面 4 節リンク機構の自由度を求めよ．

▷ **解**

機素数は 4，自由度 1 の対偶は A, B, C, D 点に 1 つずつある．よって，機構の自由度 F は，
$$F = 3 \times (4-1) - 2 \times 4 = 1$$
である．　　　　　　　　　　　　　　　　　　　　　　　　　　　　　　　　　　　◁

■ **例題 1.3**　図 1.10 に示すカムと揺動節の自由度を求めよ．

▷ **解**

機素数は 3，A, B 点は自由度 1 の対偶，C 点は回転とすべりをもつ自由度 2 の対偶であるから，
$$F = 3 \times (3-1) - 2 \times 2 - 1 = 1$$
である．　　　　　　　　　　　　　　　　　　　　　　　　　　　　　　　　　　　◁

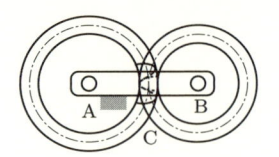

図 1.10 カムと揺動節　　　　　　**図 1.11** 歯車つき 3 節リンク機構

■ **例題 1.4**　図 1.11 の歯車つき 3 節リンク機構の自由度を求めよ．

▷ **解**

機素数は 3，自由度 1 の対偶は A, B 点に 1 つずつあり，C 点はすべりと回りを伴う自由度 2 の対偶である．よって，機構の自由度 F は，
$$F = 3 \times (3-1) - 2 \times 2 - 1 \times 1 = 1$$
である．　　　　　　　　　　　　　　　　　　　　　　　　　　　　　　　　　　　◁

■ **例題 1.5**　図 1.12 に示す 4 節リンク機構 (RCSP メカニズムとも呼ばれる) の自由度を求めよ．

▷ 解
　機素数は 4, 自由度 1 の対偶は A, B 点に 1 つずつ, C 点はすべりと回転を伴う自由度 2 の対偶, D は 3 方向の回転を伴う対偶である. よって, 機構の自由度 F は,

$$F = 6(4-1) - 5 \times 2 - 4 \times 1 - 3 \times 1 = 1$$

である. ◁

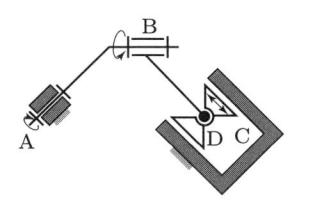

図 1.12　空間 4 節リンク機構

演習問題

[**1.1**]　次の問いに答えよ.
(1) 機素について説明せよ. これは節とも呼ばれる.
(2) 対偶について説明せよ.
(3) 低次対偶の名称を 3 個列挙せよ. また, 接触状態はどのようになっているか.
(4) 高次対偶の例を 2 種類図示せよ. また, 接触状態はどのようになっているか.

[**1.2**]　次の問に答えよ.
(1) 次の文章の①~③の空白に適切な語句を入れよ.
　　機構を構成する最小単位を [①], または [②] という. 要素と要素とをなんらかの形で連結している組み合わせを [③] という.
(2) 図 1.13 (a), (b), (c), (d) について, それぞれを何対偶と呼ぶか. また, それぞれの自由度はいくらであるか, またその自由度の方向を矢印で図 1.13 に示せ.

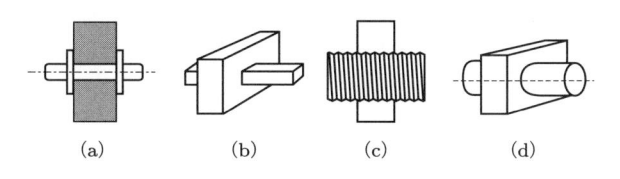

図 1.13　各種の機構

[**1.3**]　図 1.14 に示す平面 5 節リンク機構の自由度を求めよ.
[**1.4**]　図 1.15 の平面 6 節リンク機構の自由度を求めよ.

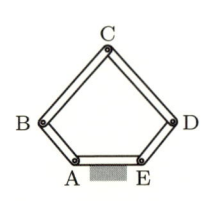

図 1.14　平面5節リンク機構

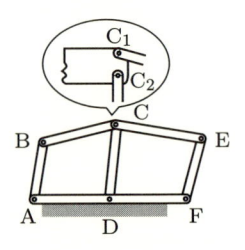

図 1.15　平面6節リンク機構

[1.5]　次の問に答えよ．
(1)　平面運動機構の自由度を求める式を示せ．
(2)　図1.16の自由度を求めよ．

[1.6]　図1.17の歯車つき5節リンク機構の自由度を求めよ．

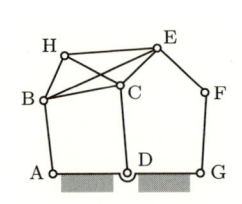

図 1.16　機構が部分的に拘束されている場合

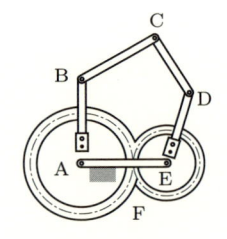

図 1.17　歯車つき5節リンク機構

[1.7]　図1.18の3つの機構の自由度を示せ．

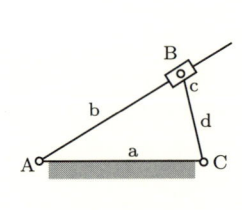

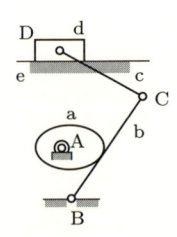

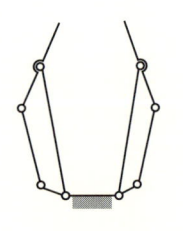

(a) スライダクランク機構　(b) カムリンク機構
　　　　　　　　　　　　　（A, Bは固定の回り対偶）
(c) メカニカルハンドの機構の一例

図 1.18　3つの機構

第2章 機械運動学の基礎

この章では，一般力学から機械の動力学の原理までについて，次章以下の学習を容易にするため簡単に述べる．なお，機械運動学のための数学公式は巻末の付録に示すので，その都度参照のこと．

2.1 運動の法則

物体に力が作用するとき，どのように運動するかは，古典力学においては，次のニュートンの運動の法則によって説明できる．

第1法則：外から力を受けていない物体は，その運動状態は不変であり，永久的に静止するかまたは等速運動を続けるかである．これは，慣性の法則と呼ばれる．

第2法則：物体に力が作用するとき，物体の加速度の大きさは，力の大きさに比例し，物体の質量に逆比例し，かつ方向は力の方向と一致する．これは運動量の変化(または運動量)の法則と呼ばれる．

第3法則：2つの物体が互いに力を及ぼし合うとき，その2つの力の大きさは等しく，同じ方向に対して向きは逆である．これは作用・反作用の法則と呼ばれる．

2.2 機械の運動と運動方程式

運動の第2法則より，機構の機素を1つの質点と見なせるとき，その運動は，

$$\frac{d}{dt}(m\bm{v}) = \bm{F} \tag{2.1}$$

と表せる．ここに，m は質量，$\bm{v}$ は質点の速度，$\bm{F}$ は質点に作用する力であり，t は時間を示す．なお，太字はベクトルであることを示す．また，$m\bm{v}$ は $\bm{P} = m\bm{v}$ と表現され，運動量 (momentum) と呼ばれる．これより運動の第2法則は「運動量の時間的変化の割合は外力に等しい」ことになる．m が時間とともに変化しないときは

$$m\bm{a} = \bm{F} \tag{2.2}$$

が成立する．ここに，$\bm{a}$ は質点の加速度で，速度 $\bm{v}$ を時間 t で微分したものである．式 (2.2) より，$m, \bm{F}$ が与えられれば質点の運動を定めることができることがわかる．

この式を運動方程式 (equation of motion) と呼ぶ．

運動の第 2 法則は，さらに，式 (2.1) の両辺のある点の O 点まわりのモーメントをとると，
$$\frac{d}{dt}(\boldsymbol{r} \times m\boldsymbol{v}) = \frac{d}{dt}(\boldsymbol{H}) = \boldsymbol{M} \tag{2.3}$$
と表せる．ここで，$\boldsymbol{H} = \boldsymbol{r} \times m\boldsymbol{v}$ は角運動量 (angular momentum)，$\boldsymbol{M}$ は O 点まわりの外力モーメントである．また，$\boldsymbol{r}$ は動径を示す．

機械を機構としてとらえたときの構成要素の機素の運動は，前章で述べたように並進運動 (または直進運動) と回転運動，およびこれらの組み合わせからなっている．

並進運動を行っている機素の運動は，機構が剛体であるとすると，各機素の重心に全質量が集まって運動していると考えられるので，運動方程式は平面運動の場合，次のようになる．
$$\left.\begin{array}{l} m\ddot{x} = \sum F_x \\ m\ddot{y} = \sum F_y \end{array}\right\} \tag{2.4}$$
式 (2.4) は機構の x，y 方向成分の運動方程式を示す．また，F_x, F_y は並進力であり，Σ は外力の総計を示す．一方，重心を通る固定した軸のまわりに回転運動を行っている機素に対しては，次の運動方程式が得られる．
$$I\ddot{\theta} = \sum M \tag{2.5}$$
ここに，I は回転軸まわりの慣性モーメントである．また，θ は回転角を，M は回転モーメントを示す．

機構においては，固定された機素を除いては，それぞれ並進運動か回転運動かのいずれかの組み合わせによる運動をするから，これらの運動方程式が機素の数だけ存在することになる．しかし，機構を構成する機素は対偶によって互いに拘束され，ある特定の自由度だけをもつように設計されるので，いくつかの運動の拘束式が存在し，この運動方程式と拘束式の数の差が自由度の個数を与えることになる．

すなわち，運動方程式としては，各機素の対偶点における他の機素から作用する反力も外力に加えて，
$$\left.\begin{array}{l} m_i \ddot{x}_i = \sum F_{xi} \\ m_i \ddot{y}_i = \sum F_{yi} \\ I_i \ddot{\theta}_i = \sum M_i \end{array}\right\} \quad (i = 1 \sim N) \tag{2.6}$$
を求め，これに加えて，運動の拘束の条件式

$$\Phi_n(x_i, y_i, \theta_i) = 0 \tag{2.7}$$

を求め，式 (2.6)，式 (2.7) を連立させて解き，機械すなわち機構の運動を求めればよい．

2.3 機械の動力学の原理

機械を機構としてとらえたときの各機素の動力学を考える前に，基礎として一般論の質点系の動力学の原理を述べる．

1 仮想仕事の原理

いま，n 個の質点からなる系がつり合い状態にあるとする．すなわち各質点に働く力の合力 $\boldsymbol{F}_i$ が次のようになる．

$$\boldsymbol{F}_i = \boldsymbol{0} \tag{2.8}$$

この質点が $\delta \boldsymbol{r}_i$ の仮想変位をするとき，合力 $\boldsymbol{F}_i$ のなす仕事は明らかに 0 であり，このような仕事はすべての質点について総和をとっても，

$$\delta W = \sum_{i=1}^{n} \boldsymbol{F}_i \cdot \delta \boldsymbol{r}_i = 0 \tag{2.9}$$

となる．この δW を仮想仕事 (virtual work) と呼ぶ．また，$\delta \boldsymbol{r}_i$ は仮想変位 (virtual displacement) と呼び，これは，実際の微小な質点の変位 $d\boldsymbol{r}$ とは異なり，変位しても質点に作用する力は変わらないと仮定し，変位が生じるときの時間的経過も考えず，大きさ，方向，向きも任意にとれると考える思考上での微小変位なので，$d\boldsymbol{r}$ と表現せずに $\delta \boldsymbol{r}$ と表現する．

式 (2.9) は「質点がつり合い状態にあるときは，仮想仕事は 0 である．」ことを示しており，これを仮想仕事の原理 (principle of virtual work) と呼ぶ．したがって，この原理は外力 $\boldsymbol{F}_i$ が慣性力をも含むとすると，仮想仕事が 0 ということはニュートンの運動の第 2 法則が成立することと同じことである．なお，質点がある線や面に沿って動くように拘束されているときは，拘束条件を乱さないようにして仮想変位を与えれば，拘束力は仕事をしないので，仮想仕事の原理は満足される．

2 ダランベールの原理

質点 i の運動方程式はニュートンの運動の第 2 法則によると，

$$m_i \ddot{\boldsymbol{r}}_i = \boldsymbol{F}_i \tag{2.10}$$

で表される．ここで，r_i は m_i の位置，F_i は m_i に作用する合力である．これはまた次式のようにも表現できる．

$$F_i - m_i \ddot{r}_i = 0 \tag{2.11}$$

この式 (2.11) において，$-m_i\ddot{r}_i$ の項を通常の力と同じと考えれば，運動している質点についても力のつり合い条件が満たされていると考えることができる．この $-m_i\ddot{r}_i$ なる項が慣性力 (inertia force) と呼ばれる．このように運動方程式を静力学における力の平衡方程式と見なす考え方をダランベールの原理 (principle of D'Alembert) と呼ぶ．

式 (2.11) のように通常の力と慣性力とがつり合っている質点に仮想変位 δr_i を与えると，前述の式 (2.9) のように仮想仕事の原理が成り立つので，

$$\delta W = \sum_{i=1}^{n}(F_i - m_i\ddot{r}_i) \cdot \delta r_i = 0 \tag{2.12}$$

が得られる．

3　ハミルトンの原理とラグランジュ方程式

(1) ハミルトンの原理

n 個の質点 m_i からなる質点系において，ダランベールの原理に基づく仮想仕事の原理は，

$$\sum_{i=1}^{n}(F_i - m_i\ddot{r}_i) \cdot \delta r_i = 0 \tag{2.13}$$

で与えられる．式 (2.13) の左辺の計算を実行すると

$$\begin{aligned}\sum_{i=1}^{n} F_i \cdot \delta r_i - \sum_{i=1}^{n} m_i \ddot{r}_i \cdot \delta r_i &= \sum_{i=1}^{n} F_i \cdot \delta r_i - \sum_{i=1}^{n} m_i \left\{ \frac{d}{dt}(\dot{r}_i \cdot \delta r_i) - \dot{r}_i \cdot \delta \dot{r}_i \right\} \\ &= \sum_{i=1}^{n} F_i \cdot \delta r_i - \sum_{i=1}^{n} m_i \left\{ \frac{d}{dt}(\dot{r}_i \cdot \delta r_i) - \delta\left(\frac{1}{2}\dot{r}_i^2\right) \right\}\end{aligned} \tag{2.14}$$

となる．式 (2.14) を式 (2.13) に代入すると

$$\delta T + \sum_{i=1}^{n} F_i \cdot \delta r_i = \sum_{i=1}^{n} m_i \frac{d}{dt}(\dot{r}_i \cdot \delta r_i) \tag{2.15}$$

となる．ここに，$T = \sum_{i=1}^{n} \frac{1}{2}m_i\dot{r}_i^2$ は系の運動エネルギーである．

質点 i の運動の軌道が，$t = t_1$ から $t = t_2$ まで図 2.1 に示す実線のようであるとする．仮想変位 δr_i を考えて，その軌道のずれを図の破線で示す．このような軌道の各

2.3 機械の動力学の原理

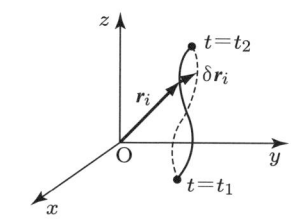

図 2.1 質点の軌道と仮想変位

時刻においてとる微小な変化分を変分 (variation) と呼ぶ．いま，始点と終点で，変分が 0 になるように定めることにする．

$$\delta\boldsymbol{r}_i(t_1) = \delta\boldsymbol{r}_i(t_2) = \boldsymbol{0} \tag{2.16}$$

次に，式 (2.15) を時間に関して，$t = t_1$ から $t = t_2$ まで積分すると，

$$\int_{t_1}^{t_2} \delta T\, dt + \int_{t_1}^{t_2} \sum_{i=1}^{n} \boldsymbol{F}_i \cdot \delta\boldsymbol{r}_i\, dt = \sum_{i=1}^{m} m_i \dot{\boldsymbol{r}}_i \cdot \delta\boldsymbol{r}_i \bigg|_{t_1}^{t_2} \tag{2.17}$$

となる．これより，式 (2.16) を使って

$$\int_{t_1}^{t_2} \delta T\, dt + \int_{t_1}^{t_2} \sum_{i=1}^{n} \boldsymbol{F}_i \cdot \delta\boldsymbol{r}_i\, dt = 0 \tag{2.18}$$

が得られる．式 (2.18) はハミルトンの原理 (Hamilton's principle) と呼ばれる．

式 (2.18) の第 2 項は，外力がポテンシャルエネルギー U をもつ場合，

$$\sum_{i=1}^{n} \boldsymbol{F}_i \cdot \delta\boldsymbol{r}_i = -\delta U \tag{2.19}$$

であるから，ハミルトンの原理は次のようになる．

$$\delta \int_{t_1}^{t_2} L\, dt = \delta \int_{t_1}^{t_2} (T - U)\, dt = 0 \tag{2.20}$$

ここで，$L = T - U$ はラグランジュ関数 (Lagrangian) と呼ばれる．式 (2.20) の L の積分を作用積分と呼び，この変分を最小にするので，ハミルトンの原理は最小作用の原理 (principle of least action) とも呼ばれる．

（2）ラグランジュ方程式

質点 i の位置ベクトル $\boldsymbol{r}_i$ は，一般化座標 $q_1, q_2, \cdots, q_m$ で表されるとすると，

$$\boldsymbol{r}_i = \boldsymbol{r}_i(q_1, q_2, \cdots, q_m) \tag{2.21}$$

となる．運動エネルギー T は

$$T = \sum_{i=1}^{n} \frac{1}{2} m_i \dot{r}_i^2 = T(q_1, q_2, \cdots, q_m, \dot{q}_1, \dot{q}_2, \cdots, \dot{q}_m) \tag{2.22}$$

となり，これにハミルトンの原理を応用するため，変分をとると

$$\begin{aligned}
\delta \int_{t_1}^{t_2} T\, dt &= \int_{t_1}^{t_2} \Big[T(q_1 + \delta q_1, \cdots, q_m + \delta q_m, \dot{q}_1 + \delta \dot{q}_1, \cdots, \dot{q}_m + \delta \dot{q}_m) \\
&\quad - T(q_1, \cdots, q_m, \dot{q}_1, \cdots, \dot{q}_m) \Big]\, dt \\
&\cong \int_{t_1}^{t_2} \sum_{k=1}^{m} \left[\frac{\partial T}{\partial q_k} \delta q_k + \frac{\partial T}{\partial \dot{q}_k} \delta \dot{q}_k \right] dt
\end{aligned} \tag{2.23}$$

を得る．また，変分を行うとき時間 t による変化は考えないので

$$\delta \dot{q}_k = \frac{d(\delta q_k)}{dt} \tag{2.24}$$

が得られ，これを使って式 (2.23) を部分積分すると，

$$\begin{aligned}
\delta \int_{t_1}^{t_2} T\, dt &= \int_{t_1}^{t_2} \sum_{k=1}^{m} \left[\frac{\partial T}{\partial q_k} \delta q_k + \frac{\partial T}{\partial \dot{q}_k} \frac{d}{dt}(\delta q_k) \right] dt \\
&= \int_{t_1}^{t_2} \sum_{k=1}^{m} \frac{\partial T}{\partial q_k} \delta q_k\, dt + \sum_{k=1}^{m} \frac{\partial T}{\partial \dot{q}_k} \delta q_k \bigg|_{t_1}^{t_2} - \int_{t_1}^{t_2} \sum_{k=1}^{m} \frac{d}{dt}\left(\frac{\partial T}{\partial \dot{q}_k} \right) \delta q_k\, dt
\end{aligned} \tag{2.25}$$

が得られる．すでに説明したようにハミルトンの原理により，始点と終点の仮想変位は，$\delta q_1(t_1) = \delta q_2(t_1) = \cdots = \delta q_m(t_1) = 0$，$\delta q_1(t_2) = \delta q_2(t_2) = \cdots = \delta q_m(t_2) = 0$ であるので，式 (2.25) の第 2 項は 0 となる．

一方，外力 $\boldsymbol{F}_i$ に関する式 (2.18) の第 2 項は，式 (2.23) の近似と同様にして，

$$\sum_{i=1}^{n} \boldsymbol{F}_i \cdot \delta \boldsymbol{r}_i = \sum_{i=1}^{n} \left[\boldsymbol{F}_i \cdot \left\{ \sum_{k=1}^{m} \frac{\partial \boldsymbol{r}_i}{\partial q_k} \delta q_k \right\} \right] = \sum_{k=1}^{m} \sum_{i=1}^{n} \boldsymbol{F}_i \cdot \frac{\partial \boldsymbol{r}_i}{\partial q_k} \delta q_k = \sum_{k=1}^{m} Q_k \delta q_k \tag{2.26}$$

となる．ここで

$$Q_k = \sum_{i=1}^{n} \boldsymbol{F}_i \cdot \frac{\partial \boldsymbol{r}_i}{\partial q_k} \tag{2.27}$$

であり，Q_k は一般化力 (generalized force) である．式 (2.18) は結局，式 (2.25)，(2.26) を使うと次のようになる．

$$\int_{t_1}^{t_2} \sum_{k=1}^{m} \left\{ \frac{\partial T}{\partial q_k} - \frac{d}{dt}\left(\frac{\partial T}{\partial \dot{q}_k} \right) + Q_k \right\} \delta q_k\, dt = 0 \tag{2.28}$$

δq_k は時刻 t_1, t_2 で 0 となる以外は微小量であれば任意の値をとれるから，上式が成り立つ条件は

$$\frac{d}{dt}\left(\frac{\partial T}{\partial \dot{q}_k}\right) - \frac{\partial T}{\partial q_k} = Q_k \qquad (k = 1, 2, \cdots, m) \tag{2.29}$$

である．この式はラグランジュ方程式 (Lagrange's equation) と呼ばれる．

特に外力 $\boldsymbol{F}_i$ が保存力である場合は，式 (2.18) の第 2 項は，式 (2.19) に示したように外力がポテンシャルエネルギー U をもち，これを式 (2.23) の近似と同様に表すと，

$$\sum_{i=1}^{n} \boldsymbol{F}_i \cdot \delta \boldsymbol{r}_i = -\delta U(q_1, q_2, \cdots, q_m) = -\sum_{k=1}^{m} \frac{\partial U}{\partial q_k} \delta q_k \tag{2.30}$$

となり，式 (2.28) のかわりに次式が成り立つ．

$$\int_{t_1}^{t_2} \sum_{k=1}^{m} \left\{ \frac{\partial T}{\partial q_k} - \frac{d}{dt}\left(\frac{\partial T}{\partial \dot{q}_k}\right) - \frac{\partial U}{\partial q_k} \right\} \delta q_k \, dt = 0 \tag{2.31}$$

式 (2.20) で示したラグランジュ関数 $L = T - U$ を導入すると，式 (2.31) は式 (2.29) に対応して次のように書きかえられる．

$$\frac{\partial L}{\partial q_k} - \frac{d}{dt}\left(\frac{\partial L}{\partial \dot{q}_k}\right) = 0 \qquad (k = 1, 2, \cdots, m) \tag{2.32}$$

なお，外力 $\boldsymbol{F}_i$ が保存力と非保存力との両者で構成されているときは，非保存力はポテンシャルエネルギー U の仮想変分で表現できないので，式 (2.32) の右辺は 0 のかわりに非保存力による一般化力 $-Q_k$ とする必要がある．

■ **例題 2.1** 図 2.2 に示すように鉛直面内にあるリンク機構が，常にリンク BC 方向に作用する力 $\boldsymbol{F}$ を受けているとする．A 点の回転ばね定数は k_θ であり，$\theta = 60°$ のときが変形しない状態にある．この系の運動方程式を求めよ．

▷ **解**

非保存力による仮想仕事 δW は，$\boldsymbol{r}_B$ を B 点の変位とすると，

$$\delta W = \boldsymbol{F} \cdot \delta \boldsymbol{r}_B$$

となる．A 点を原点とし，AC 方向を y 軸とし，これに直交方向を x 軸とすると，

$$\boldsymbol{r}_B = (l\sin\theta)\boldsymbol{i} + (l\cos\theta)\boldsymbol{j}$$

であるから

$$\delta \boldsymbol{r}_B = \frac{\partial \boldsymbol{r}_B}{\partial \theta} \cdot \delta \theta = \left[(l\cos\theta)\boldsymbol{i} - (l\sin\theta)\boldsymbol{j}\right]\delta\theta$$

となる．また，$\boldsymbol{F} = (F\sin\theta)\boldsymbol{i} - (F\cos\theta)\boldsymbol{j}$ であるから

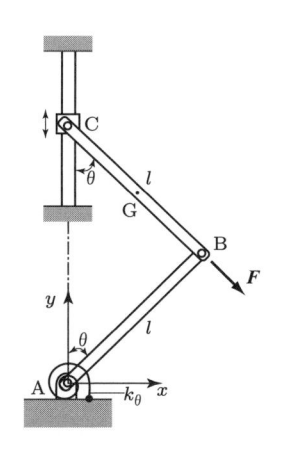

図 2.2 リンク機構

$$\delta W = \bigl[(F\sin\theta)\boldsymbol{i} - (F\cos\theta)\boldsymbol{j}\bigr] \cdot \bigl[(l\cos\theta)\boldsymbol{i} - (l\sin\theta)\boldsymbol{j}\bigr]\delta\theta$$
$$= Fl\sin 2\theta\,\delta\theta$$

ここで，一般化力は $Q_1 = Fl\sin 2\theta$ であり，一般化座標 $q_1 = \theta$ である．運動エネルギー T は，

$$T = \frac{1}{2}(I_A)_{AB}\omega_{AB}^2 + \frac{1}{2}m(v_G)_{BC}^2 + \frac{1}{2}(I_G)_{BC}\omega_{BC}^2$$

となる．ここに $(I_A)_{AB}$ はリンク AB の A 点まわりの慣性モーメント，$(I_G)_{BC}$ はリンク BC の重心点 G まわりの慣性モーメント，m はリンク BC および AB の質量である．ω_{AB} はリンク AB の角速度，ω_{BC} はリンク BC の角速度である．また $(v_G)_{BC}$ はリンク BC の重心点 G の並進速度である．これらは次のように与えられる．

$$(I_A)_{AB} = \frac{1}{3}ml^2, \quad (I_G)_{BC} = \frac{1}{12}ml^2, \quad \omega_{AB} = \omega_{BC} = \dot{\theta}$$

また，

$$(\boldsymbol{v}_G)_{BC} = \frac{d}{dt}(\boldsymbol{r}_G)_{BC} = \frac{d}{dt}\left[\left(\frac{l}{2}\sin\theta\right)\boldsymbol{i} + \left(\frac{3l}{2}\cos\theta\right)\boldsymbol{j}\right]$$
$$= \frac{l}{2}\dot{\theta}\bigl[(\cos\theta)\boldsymbol{i} - (3\sin\theta)\boldsymbol{j}\bigr]$$

以上より，

$$T = \frac{1}{2}\left(\frac{1}{3}ml^2\right)\dot{\theta}^2 + \frac{1}{2}m\left(\frac{l}{2}\dot{\theta}\right)^2(\cos^2\theta + 9\sin^2\theta) + \frac{1}{2}\left(\frac{1}{12}ml^2\right)\dot{\theta}^2$$
$$= \frac{1}{2}ml^2\dot{\theta}^2\left(\frac{2}{3} + 2\sin^2\theta\right)$$

となる．ポテンシャルエネルギー U は，

$$U = \frac{1}{2}k_\theta\left(\theta - \frac{\pi}{3}\right)^2 + mg\left(\frac{l}{2}\cos\theta\right) + mg\left(\frac{3l}{2}\cos\theta\right)$$
$$= \frac{1}{2}k_\theta\left(\theta - \frac{\pi}{3}\right)^2 + 2mg(l\cos\theta)$$

となる．T, U をラグランジュの方程式に代入すると，

$$\frac{d}{dt}\left(\frac{\partial T}{\partial \dot{\theta}}\right) = \frac{d}{dt}\left[ml^2\dot{\theta}\left(\frac{2}{3} + 2\sin^2\theta\right)\right]$$
$$= ml^2\left[\ddot{\theta}\left(\frac{2}{3} + 2\sin^2\theta\right) + 4\dot{\theta}^2\sin\theta\cos\theta\right]$$

$$\frac{\partial T}{\partial \theta} = 2ml^2\dot{\theta}^2\sin\theta\cos\theta$$

$$\frac{\partial U}{\partial \theta} = k_\theta\left(\theta - \frac{\pi}{3}\right) - 2mgl\sin\theta$$

以上より，この系の運動方程式は次のようになる．

$$ml^2\left[\ddot{\theta}\left(\frac{2}{3} + 2\sin^2\theta\right) + \dot{\theta}^2\sin 2\theta\right] + k\left(\theta - \frac{\pi}{3}\right) - 2mgl\sin\theta = Fl\sin 2\theta \quad \triangleleft$$

第3章 平面運動する機構の変位，速度および加速度

物体がその位置を変化させることを運動という．機械を機構としてとらえたとき，構成している各部品，部材は，設計者があらかじめ意図した規則に従って運動する．

機構における最大の課題は，入力による出力の関係，すなわち機構の運動の解析である．運動の解析とは運動している物体の変位，速度，加速度の解析にほかならない．変位を正確に把握しておかないと機械の組み立て時にうまくつながらなかったり，運転中に干渉を起こしたりする．また過大な加速度は大きな慣性力を生じ，部品，部材の強度を超える力が作用し，機械の破損や破壊を引き起こす．このように変位，速度，加速度の値は，機械の部品，部材の形状や寸法の決定に非常に重要となる．さらに，加速度を時間で微分したものを加加速度，または躍動 (jerk) とも呼ばれ，輸送機械などの乗り心地などに重要である．

ここでは，まず平面の機構の変位，速度，および加速度について扱う．

3.1 平面運動する機構のベクトル解析

1 2次元ベクトルの複素ベクトル表示

平面運動する機構の変位，速度，および加速度などを求める方法として，応用範囲の広いものがベクトルによる解法である．

解析の手順は次のようにすればよい．

- 機構を複素平面上に置く (直交座標系の y 軸を虚軸の j 軸とする)．
- 機構の各機素 (または節) をベクトルで表して，ベクトル方程式を作る．
- ベクトルを図 3.1 に示すように $\boldsymbol{R} = re^{j\theta}$ なる形の極形式により，複素数表示する (付録の式 (A.7) 参照)．
- 後述する平面三角形の 3 辺をベクトルで表し，閉じた三角形になっていることから，向きを考慮してベクトル方程式を求める．このベクトル方程式の平面三角の解を用いて変位 (角変位を含む) の解を求める．
- 極形式で書かれたベクトル方程式を微分することによって，速度および加速度の解を求める．これらの解を求める際に注意しなければならないことは，次の 4 点

である.
① 図 3.1 に示すベクトル $\boldsymbol{R}$ を角 θ だけ反時計まわりに回すには, ベクトルに $e^{j\theta}$ をかければよい.
② 実部および虚部に分けて, 未知数を消去する.
③ 成分演算と微分演算とがあるとき, 微分演算の方を先に行う.
④ 角度を微分する場合には, $e^{j\theta}$ の形にもどって微分をしたのち成分をとる.

などの方法を用いる.

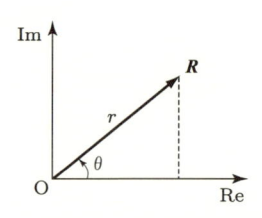

図 3.1 2 次元ベクトル $\boldsymbol{R}$ の極形式による複素数表示

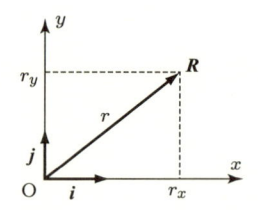

図 3.2 2 次元ベクトル $\boldsymbol{R}$ の直交座標系での表示

2 2 次元ベクトルの直交座標系表示

2 次元ベクトル $\boldsymbol{R}$ は, また図 3.2 に示すように直交座標系の x 軸, y 軸に沿って成分, r_x, r_y に分解できる. ここで単位ベクトル $\boldsymbol{i}, \boldsymbol{j}$ は図 3.2 に示すように, x, y 軸方向の単位ベクトルである. これらは次の関係で表示される.

$$\boldsymbol{R} = r_x \boldsymbol{i} + r_y \boldsymbol{j} \tag{3.1}$$

3 2 次元ベクトルの平面極座標系表示

2 次元ベクトル $\boldsymbol{R}$ は, また図 3.3 に示すように平面極座標系を用いて表すことができる. $\boldsymbol{i}_r, \boldsymbol{j}_r$ は r 方向, θ 方向の単位ベクトルである. ベクトル $\boldsymbol{R}$ は次の関係で表示される.

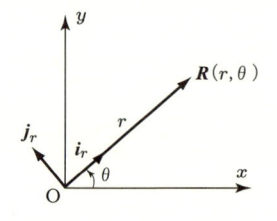

図 3.3 2 次元ベクトル $\boldsymbol{R}$ の平面極座標系での表示

$$\boldsymbol{R} = r\boldsymbol{i}_r \tag{3.2}$$

ここに $\boldsymbol{i}_r$, $\boldsymbol{j}_r$ は，x-y 平面に垂直な軸まわりに θ の矢印方向に角速度 $\dot{\theta}$ で回転している．

■ **例題 3.1** 図 3.4 のようなスライダクランク機構において，クランクが一定の回転角速度で回転し，$\theta = \omega t$ ($t =$ 時間) の関係があるとき，クランク回転角 θ に対する従節のスライダの位置，速度および加速度を極形式の複素ベクトル表示と直交座標系表示の両方で求めよ．

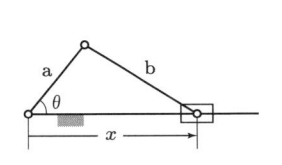

図 3.4 スライダクランク機構

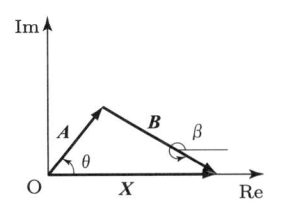

図 3.5 スライダクランク機構の極形式の複素数表示図

▷ **解**
まず，図 3.5 のようにベクトル図を描き，ベクトル $\boldsymbol{X}$ の方向を実軸に，これと直角の方向を虚軸にとる．ベクトル方程式，

$$\boldsymbol{X} = \boldsymbol{A} + \boldsymbol{B} \tag{3.3}$$

を極形式の複素数表示の形に書き直すと

$$xe^{j\gamma} = ae^{j\theta} + be^{j\beta}$$

となり，この場合 $\gamma = 0$ であるから，

$$x = ae^{j\theta} + be^{j\beta} \tag{3.4}$$

である．ここで，指数関数と三角関数の関係，

$$e^{j\theta} = \cos\theta + j\sin\theta$$

を用いて式 (3.4) を実部と虚部の 2 つの式に分けると，

$$\left.\begin{array}{l} x = a\cos\theta + b\cos\beta \\ 0 = a\sin\theta + b\sin\beta \end{array}\right\} \tag{3.5}$$

となる．式 $(3.5)_2$ から，

$$\sin\beta = -\frac{a}{b}\sin\theta \tag{3.6}$$

となり，これを式 $(3.5)_1$ に代入すると

$$x = a\cos\theta + b\cos\beta = a\cos\theta + b\sqrt{1-\sin^2\beta} = a\cos\theta + \sqrt{b^2 - a^2\sin^2\theta} \tag{3.7}$$

を得る．これで入力角 θ に対する出力変位 x の関係が求まった．上式において，平方根の前の符号を定めるときに，β が第1象限または第4象限の角であることを考慮している．

次に従節の速度 $\dot{x}$ を求めるには，式 (3.7) を時間 t で微分すれば得られないことはない．従節の加速度 $\ddot{x}$ も，その結果をさらにもう1回微分することによって得ることができる．しかし，計算がかなり複雑になることが予測される．

ここで解法の手順と注意事項に従って，極形式の複素数表示の段階にもどって，微分を行う．すなわち，式 (3.4) にもどって，これを時間 t で微分することにすると，

$$\dot{x} = j\dot{\theta}ae^{j\theta} + j\dot{\beta}be^{j\beta} \tag{3.8}$$

となる．$\dot{\theta} = \omega$ であり，β は式 (3.6) より既知であるから，上式の両辺を $e^{j\beta}$ で割ると，次式が得られる．

$$\dot{x}e^{j(-\beta)} = j\dot{\theta}ae^{j(\theta-\beta)} + j\dot{\beta}b \tag{3.9}$$

両辺の実部をとると，

$$\dot{x}\cos(-\beta) = -\dot{\theta}a\sin(\theta-\beta) \quad \Rightarrow \quad \dot{x} = \frac{-\dot{\theta}a\sin(\theta-\beta)}{\cos\beta} \tag{3.10}$$

となり，さらに，式 (3.6) を使うと未知数 β を消去することができるので，速度 $\dot{x}$ が求められる．$\dot{\beta}$ の値が必要な場合には，式 (3.9) の虚部をとって整理すれば，

$$\dot{\beta} = -\frac{1}{b}\left\{\dot{x}\sin\beta + \dot{\theta}a\cos(\theta-\beta)\right\} \tag{3.11}$$

となって，すでに $\dot{x}$ の値が求まっているので $\dot{\beta}$ の値を求めることができる．加速度 $\ddot{x}$ を求めるには式 (3.8) にもどってこれを微分すると，$\ddot{\theta} = 0$ であるから，

$$\ddot{x} = -\dot{\theta}^2 ae^{j\theta} + j\ddot{\beta}be^{j\beta} - \dot{\beta}^2 be^{j\beta} \tag{3.12}$$

となり，ここで未知数は $\ddot{x}$ と $\ddot{\beta}$ の2つのみであるから，速度を求めるときと同じように両辺を $e^{j\beta}$ で割って実部をとると，

$$\ddot{x} = \frac{-\dot{\theta}^2 a\cos(\theta-\beta) - \dot{\beta}^2 b}{\cos\beta} \tag{3.13}$$

となって加速度が求まる．

次に，極形式の複素数表示のかわりに直交座標系を用いてベクトル解析する方法について述べる．

図3.6に示すように実軸を x 軸，虚軸を y 軸にとり，それぞれの単位ベクトルを $\boldsymbol{i}$, $\boldsymbol{j}$ とすると，ベクトル $\boldsymbol{A}$, $\boldsymbol{B}$, $\boldsymbol{X}$ は次式で与えられる．

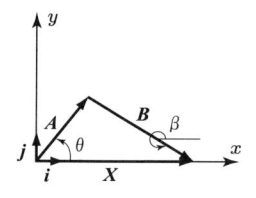

図 3.6 スライダクランク機構の直交座標系表示

$$\left.\begin{aligned}\boldsymbol{A} &= a(\cos\theta\,\boldsymbol{i} + \sin\theta\,\boldsymbol{j}) \\ \boldsymbol{B} &= b\{\cos(2\pi-\beta)\,\boldsymbol{i} - \sin(2\pi-\beta)\boldsymbol{j}\} \\ \boldsymbol{X} &= x\boldsymbol{i}\end{aligned}\right\} \tag{3.14}$$

3つの節が結ばれた状態を保つには，前述のように，

$$\boldsymbol{X} = \boldsymbol{A} + \boldsymbol{B} \tag{3.15}$$

でなければならない．この式に式 (3.14) を代入し，両辺の $\boldsymbol{i}$, $\boldsymbol{j}$ の係数を等しいとおくと，

$$\left.\begin{aligned} x &= a\cos\theta + b\cos\beta \\ 0 &= a\sin\theta + b\sin\beta \end{aligned}\right\} \tag{3.16}$$

を得る．これは式 (3.5) と一致し，これらの 2 式から β を消去すれば，x が θ の関数として与えられ，問題は解けたことになる． ◁

さらに一例として 4 節リンクについて考えてみる．

■ **例題 3.2** 図 3.7 の 4 節リンク機構において，節 a の回転角速度 $\omega =$ 一定とするとき，回転角 θ に対する従節の変位 (位置) を求める関係式を導け．

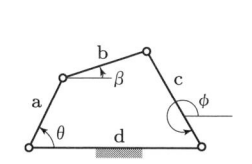

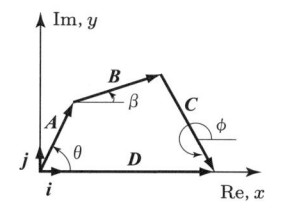

図 3.7 4 節リンク機構   **図 3.8** 4 節リンク機構のベクトル図

▷ **解**

まず，極形式の複素数表示により図 3.8 のようにベクトル図を描き，ベクトル $\boldsymbol{D}$ の方向を実軸に，これと直角の方向を虚軸にとる．

ベクトル方程式は，

$$\boldsymbol{D} = \boldsymbol{A} + \boldsymbol{B} + \boldsymbol{C} \tag{3.17}$$

を極形式の複素数表示の形に書き直すと，

$$de^{j\gamma} = ae^{j\theta} + be^{j\beta} + ce^{j\phi} \tag{3.18}$$

となり，この場合 $\gamma = 0$ であるから，

$$d = ae^{j\theta} + be^{j\beta} + ce^{j\phi} \tag{3.19}$$

である．指数関数を三角関数に変換する式

$$e^{j\theta} = \cos\theta + j\sin\theta$$

を用いて，式 (3.19) を実部と虚部に分けると，

$$\left.\begin{array}{l} d = a\cos\theta + b\cos\beta + c\cos\phi \\ 0 = a\sin\theta + b\sin\beta + c\sin\phi \end{array}\right\} \tag{3.20}$$

となる．これらの2式から ϕ あるいは β を消去すれば，β, ϕ という角変位がそれぞれの θ の関数として与えられる．具体的な解法は 6.2 節の ❶ に述べる．

同様に，4節リンク機構を直交座標系を用いてベクトル解析する．ベクトル A, B, C, D は次式で与えられる．

$$\left.\begin{array}{l} \boldsymbol{A} = a(\cos\theta \boldsymbol{i} + \sin\theta \boldsymbol{j}) \\ \boldsymbol{B} = b(\cos\beta \boldsymbol{i} + \sin\beta \boldsymbol{j}) \\ \boldsymbol{C} = c\{\cos(2\pi - \phi)\boldsymbol{i} - \sin(2\pi - \phi)\boldsymbol{j}\} = c(\cos\phi \boldsymbol{i} + \sin\phi \boldsymbol{j}) \\ \boldsymbol{D} = d\boldsymbol{i} \end{array}\right\} \tag{3.21}$$

同じく，$\boldsymbol{D} = \boldsymbol{A} + \boldsymbol{B} + \boldsymbol{C}$ であるから，式 (3.21) を使って，両辺の $\boldsymbol{i}$, $\boldsymbol{j}$ の係数を等しくすると式 (3.20) と同じ式が得られる． ◁

ここまで，平面運動する機構をベクトル解法による数式を用いて解いたが，次に図式解法による求め方を示す．機構の運動解析において，図式解法は有力な武器であり，古くから用いられてきている．本書では図式解法については多くの機構学としての名著があるので，以下記述は最小限にとどめることにする．

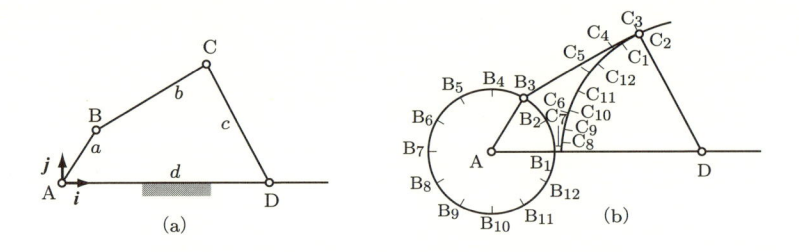

図 3.9 図式解法による 4 節リンク機構の変位

例題で述べた4節リンク機構を図式解法によって解く場合，図 3.9 の節 AB 上の点 B は，点 A を中心とする半径 a の円上を移動するので，この円上に，適当な間隔で点 B_i ($i = 0, 1, 2 \cdots$) を定める．次に，点 D を中心とする半径 c の円上に，点 B_i ($i = 0, 1, 2 \cdots$) からの距離が節 BC の長さ b に等しくなる点 C_i ($i = 0, 1, 2 \cdots$) を求める．点 C_i を求めることができれば，点 B が B_i の位置にきたとき，点 C は点 C_i の位置にくることになる．1つの点 B_i に対し，点 C_i が1つだけ見いだされるとは限らないが，運動が連続していることを考慮すると，一般には，そのうちの1つの点に定める．点 B_i からの距離が b となる点が，点 D を中心とする半径 c の円上に見いだせないときは，B はこの位置 B_i をとることができない．したがって，このときは，点

B は点 A を中心とする半径 a の円上を一周するのではなく，その円周の一部を行ったりきたりすることになる．

3.2 速度と加速度の解析

1 ベクトルの微分

ベクトル $\boldsymbol{R}$ が時間 t の関数として，

$$\boldsymbol{R} = \boldsymbol{R}(t) = re^{j\theta} \tag{3.22}$$

であるとき，これを時間 t で微分すると次の速度ベクトル $\dot{\boldsymbol{R}}$ を得る．

$$\dot{\boldsymbol{R}} = \frac{d\boldsymbol{R}}{dt} = \dot{r}e^{j\theta} + j\dot{\theta}re^{j\theta} \tag{3.23}$$

ここで，右辺の第 1 項は方向が $e^{j\theta}$，つまり，もとのベクトル $\boldsymbol{R}$ と同じ方向であって長さが $\dot{r}(=dr/dt)$ であるようなベクトル，第 2 項は方向が $je^{j\theta}$，つまり，もとのベクトルと直角をなす方向であって，長さが $\dot{\theta}r$ であるようなベクトルを示しており，速度ベクトルは，図 3.10 に示すようにこの 2 つの成分ベクトルの和である．$\dot{r}e^{j\theta}$ はベクトル $\boldsymbol{R}$ の長さの変化，$j\dot{\theta}re^{j\theta}$ はベクトル $\boldsymbol{R}$ の方向の変化によるものである．

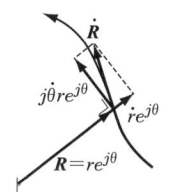

図 3.10 速度 $\dot{\boldsymbol{R}}$ の成分 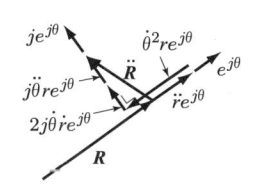 　　　　　図 3.11 加速度 $\ddot{\boldsymbol{R}}$ の成分

次に，加速度ベクトルは式 (3.23) の速度を微分すると得られる．

$$\ddot{\boldsymbol{R}} = \frac{d^2\boldsymbol{R}}{dt^2} = \ddot{r}e^{j\theta} - (\dot{\theta})^2 re^{j\theta} + 2j\dot{\theta}\dot{r}e^{j\theta} + j\ddot{\theta}re^{j\theta} \tag{3.24}$$

ここで，右辺第 1 項は $\boldsymbol{R}$ 方向の加速度，第 2 項は求心加速度，第 3 項はコリオリ (Coriolis) の加速度，第 4 項は接線加速度であって，加速度 $\ddot{\boldsymbol{R}}$ は図 3.11 に示すようにこれら 4 者の加速度ベクトルの和である．

また，加加速度すなわち躍動 (ジャーク) は，次式で表される．

$$\dddot{\boldsymbol{R}} = \frac{d^3\boldsymbol{R}}{dt^3} = \dddot{r}e^{j\theta} + 3j\dot{\theta}\ddot{r}e^{j\theta} - 3(\dot{\theta})^2\dot{r}e^{j\theta} + 3j\ddot{\theta}\dot{r}e^{j\theta}$$
$$- j(\dot{\theta})^3 re^{j\theta} - 3\dot{\theta}\ddot{\theta}re^{j\theta} + j\dddot{\theta}re^{j\theta} \tag{3.25}$$

■ **例題 3.3** インボリュート曲線は，図 3.12 に示すように円に巻きつけた糸をゆるまないように解きほぐすときの糸の先端が描く軌跡である．この軌跡と P 点における接線方向の角 ϕ を求めよ．

▷ **解**
　曲線上の P 点から基礎円に接線を引き，基礎円と接する点を Q とする．ほぐした糸の長さ $\overline{PQ}$ は弧の長さ AQ に等しいから，$\overline{OA}$ 方向を原線にとり，∠AOQ を α とおくと，糸の先端が描く軌跡を示す曲線の式は，例えば極形式の複素数表示を使って △OPQ のベクトル方程式を考えると次式のように得られる．

$$\boldsymbol{R} = re^{j\theta} = be^{j\alpha} - j\alpha be^{j\alpha} \tag{3.26}$$

上式を実部と虚部に分けて解けば，P 点の極座標 (r, θ) を，次のように得ることができる．

$$\left. \begin{aligned} \tan\theta &= \frac{\sin\alpha - \alpha\cos\alpha}{\cos\alpha + \alpha\sin\alpha} \\ r &= b\cos(\alpha - \theta) + \alpha b\sin(\alpha - \theta) \end{aligned} \right\} \tag{3.27}$$

式 $(3.27)_1$ は式 (3.26) の両辺について虚部を実部で割れば求まる．式 $(3.27)_2$ は実部に $\cos\theta$，虚部に $\sin\theta$ を乗じて両辺についてそれぞれ和をとればよい．次に，式 (3.26) を時間 t によって微分すると

$$\dot{\boldsymbol{R}} = j\dot{\alpha}be^{j\alpha} - j\dot{\alpha}be^{j\alpha} + \dot{\alpha}\alpha be^{j\alpha} = \dot{\alpha}\alpha be^{j\alpha} \tag{3.28}$$

となる．図 3.10 からわかるように $\dot{\boldsymbol{R}}$ は $\boldsymbol{R}$ に対して接線方向であるから，点 P における接線方向の角 ϕ は，図 3.12 の α に等しいことがわかる． ◁

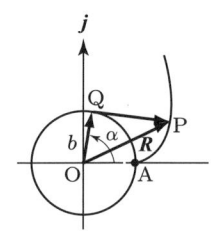

図 3.12 インボリュート曲線

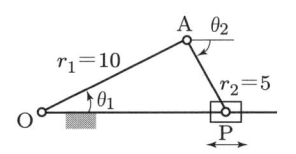

図 3.13 2 リンクアームの運動

■ **例題 3.4** 図 3.13 に示す 2 自由度アームにおいて，回転角 θ_1 と θ_2 を調節して点 P が水平方向に直線運動を行うようにする．アームの OA は点 O のまわりに図に示す矢印の方向に回転するとし，その回転角を θ_1 で表す．また，アームの AP は点 A のまわりに矢印の方向に回転し，その回転角を θ_2 で表す．なお，点 O は移動しないものとし，また，アームの運動によって生ずる弾性変形は小さく無視できるものとする．アームの長さは $r_1 = 2r_2 = 10$ cm で，$\theta_2 = \omega t$，$\omega = \pi$ rad/s である．$\theta_2 = \pi/2$ になった瞬間の点 P の速度と加速度を求めよ．

▷ **解**
　ベクトル $\boldsymbol{r}$ を $\overrightarrow{OP}$ とする．極形式の複素数で表示すると，

$$\boldsymbol{r} = \overrightarrow{OA} + \overrightarrow{AP} = r_1 e^{j\theta_1} + r_2 e^{j\theta_2'}, \qquad \theta_2' = 2\pi - \theta_2$$

速度： $\boldsymbol{v} = j\dot{\theta}_1 r_1 e^{j\theta_1} + j\dot{\theta}'_2 r_2 e^{j\theta'_2}$

加速度： $\boldsymbol{a} = j\ddot{\theta}_1 r_1 e^{j\theta_1} - \dot{\theta}_1^2 r_1 e^{j\theta_1} + j\ddot{\theta}'_2 r_2 e^{j\theta'_2} - \dot{\theta}'^2_2 r_2 e^{j\theta'_2}$ (3.29)

点 P の y 座標は 0 であるから，$r_y = 0 = r_1 \sin\theta_1 - r_2 \sin\theta_2$. ここで，$r_1 = 10$ cm, $r_2 = 5$ cm であるから，$\sin\theta_1 = \frac{1}{2}\sin\theta_2$. この式の両辺を微分すると

$$\cos\theta_1 \cdot \dot{\theta}_1 = \frac{1}{2}\cos\theta_2 \cdot \dot{\theta}_2, \qquad \therefore \quad \dot{\theta}_1 = \frac{\cos\theta_2}{2\cos\theta_1} \cdot \dot{\theta}_2$$

ここで，$\theta_2 = \omega t$, $\dot{\theta}_2 = \omega$, $\ddot{\theta}_2 = 0$ なので，$\dot{\theta}_1 = \frac{\cos\omega t}{2\cos\theta_1} \cdot \omega$. この両辺を微分すると，

$$\ddot{\theta}_1 = \frac{\omega}{2} \cdot \frac{(-\sin\omega t)\cdot\omega\cdot\cos\theta_1 - \cos\omega t\cdot(-\sin\theta_1)\dot{\theta}_1}{\cos^2\theta_1}$$

$\theta_2 = \pi/2$ のとき，$\sin\theta_2 = \sin\omega t = 1$, $\cos\theta_2 = \cos\omega t = 0$ であるから，

$$\sin\theta_1 = \frac{1}{2}, \qquad \cos\theta_1 = \pm\frac{\sqrt{3}}{2}$$

$\theta_2 = \pi/2$ の瞬間は $r_1/r_2 = 2$ より，$0 < \theta_1 < \pi/2$ と考えられるので $\cos\theta_1 = \sqrt{3}/2$ となる．これを使うと

$$\ddot{\theta}_1 = \frac{\omega}{2} \cdot \frac{-\omega\cdot\frac{\sqrt{3}}{2}}{\left(\frac{\sqrt{3}}{2}\right)^2} = -\frac{\omega^2}{\sqrt{3}}$$

また，$\dot{\theta}_1 = 0$ となる．式 $(3.29)_1$ より

$$v_x = -\dot{\theta}_1 r_1 \sin\theta_1 - \dot{\theta}'_2 r_2 \sin\theta'_2 = -\dot{\theta}'_2 r_2 \sin\theta'_2$$

ここで，

$$\sin\theta'_2 = -\sin\theta_2, \qquad \dot{\theta}'_2 = -\dot{\theta}_2, \qquad \therefore \quad v_x = -\dot{\theta}_2 r_2 \sin\theta_2 = -\omega r_2 = -5\pi$$

P は水平方向に直線運動するから，速度 $\boldsymbol{v}$ の y 方向成分は 0 である．

$$\therefore \quad v_y = 0$$

よって，$[v_x \; v_y]^T = [-5\pi \; 0]^T$. 式 $(3.29)_2$ より，

$$a_x = -\ddot{\theta}_1 r_1 \sin\theta_1 - \dot{\theta}_1^2 r_1 \cos\theta_1 - \ddot{\theta}'_2 r_2 \sin\theta'_2 - \dot{\theta}'^2_2 r_2 \cos\theta'_2$$

ここで，

$$\sin\theta'_2 = -\sin\theta_2, \; \cos\theta'_2 = \cos\theta_2, \; \dot{\theta}'_2 = -\dot{\theta}_2, \; \ddot{\theta}'_2 = -\ddot{\theta}_2$$

$$\therefore \; a_x = -\ddot{\theta}_1 r_1 \sin\theta_1 - \dot{\theta}_1^2 r_1 \cos\theta_1 - \ddot{\theta}_2 r_2 \sin\theta_2 - \dot{\theta}_2^2 r_2 \cos\theta_2$$

$$= -\left(-\frac{\omega^2}{\sqrt{3}}\right)\cdot 10\cdot\frac{1}{2} = \frac{5\omega^2}{\sqrt{3}} = \frac{5\pi^2}{\sqrt{3}}$$

加速度 $\boldsymbol{a}$ の y 方向成分 a_y も 0 である．ゆえに，$[a_x \; a_y]^T = \left[\frac{5\pi^2}{\sqrt{3}} \; 0\right]^T$. ◁

② 平面運動する機構の点の速度と加速度

ここではさらに，機構の運動解析を行うため平面運動する点の速度と加速度について考察する．

点Pは図3.14に示すように,空間に固定された直交座標系O–xyで定められる平面内を運動しているものとする.

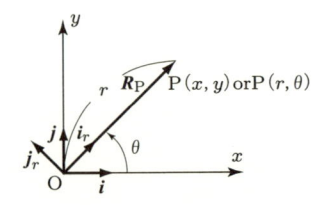

図 3.14 平面運動する点

点Oを基準とする点Pの位置ベクトル$\overrightarrow{\mathrm{OP}}$を$\boldsymbol{R}_\mathrm{P}$,長さを$r$で表示するとすれば,点Pの速度$\dot{\boldsymbol{R}}_\mathrm{P}$,加速度$\ddot{\boldsymbol{R}}_\mathrm{P}$は次のように表せる.

$$\dot{\boldsymbol{R}}_\mathrm{P} = \frac{d\boldsymbol{R}_\mathrm{P}}{dt}, \quad \ddot{\boldsymbol{R}}_\mathrm{P} = \frac{d^2\boldsymbol{R}_\mathrm{P}}{dt^2} \tag{3.30}$$

速度$\dot{\boldsymbol{R}}_\mathrm{P}$,加速度$\ddot{\boldsymbol{R}}_\mathrm{P}$を直交座標系で表示するとコンピュータ解析上便利なことが多いので,成分を用いて表すことにする.このため,点Pの座標を(x,y)とし,x軸,y軸の正の向きに単位ベクトル$\boldsymbol{i}, \boldsymbol{j}$を定めると,

$$\boldsymbol{R}_\mathrm{P} = x\boldsymbol{i} + y\boldsymbol{j} \tag{3.31}$$

となるから,

$$\dot{\boldsymbol{R}}_\mathrm{P} = \frac{dx}{dt}\boldsymbol{i} + \frac{dy}{dt}\boldsymbol{j}, \quad \ddot{\boldsymbol{R}}_\mathrm{P} = \frac{d^2x}{dt^2}\boldsymbol{i} + \frac{d^2y}{dt^2}\boldsymbol{j} \tag{3.32}$$

を得る.

物理的な意味が把握しやすい極形式の複素数表示と直交座標系表示との関係を,わかりやすくするための考察を行う.

点Pの座標をx軸を基線とする極座標系で表して(r,θ)とする.そしてrの方向およびrに直交の方向に単位ベクトル$\boldsymbol{i}_r, \boldsymbol{j}_r$を導入すると,

$$\boldsymbol{R}_\mathrm{P} = r\boldsymbol{i}_r \tag{3.33}$$

と表される.ここで後ほど詳しく説明するが,$\boldsymbol{i}_r$は$e^{j\theta}$に,$\boldsymbol{j}_r$は$je^{j\theta}$に対応する.上式を微分して速度,加速度を求める前に,$d\boldsymbol{i}_r/dt$, $d\boldsymbol{j}_r/dt$について考察する.$\boldsymbol{i}_r, \boldsymbol{j}_r$は単位ベクトルであり,長さは1であるが,点Pとともにその方向を変える.ベクトル$\overrightarrow{\mathrm{OP}}$の角速度$\omega$を

$$\omega = \frac{d\theta}{dt} \tag{3.34}$$

として導入すると,非常に短い時間dtだけ経ったときの単位ベクトル$\boldsymbol{i}_r, \boldsymbol{j}_r$の変化

$d\boldsymbol{i}_r$, $d\boldsymbol{j}_r$ は，図 3.15 からわかるように

$$\left.\begin{array}{l}d\boldsymbol{i}_r = \omega\,dt\boldsymbol{j}_r \\ d\boldsymbol{j}_r = -\omega\,dt\boldsymbol{i}_r\end{array}\right\} \quad (3.35)$$

となる．式 (3.35) を整理すると

$$\left.\begin{array}{l}\dfrac{d\boldsymbol{i}_r}{dt} = \omega\,\boldsymbol{j}_r \\[6pt] \dfrac{d\boldsymbol{j}_r}{dt} = -\omega\,\boldsymbol{i}_r\end{array}\right\} \quad (3.36)$$

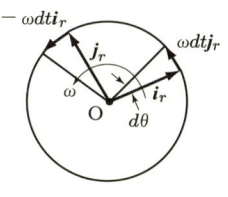

図 3.15 単位ベクトルの時間変化

となる．

式 (3.33) を時間で微分し，式 (3.34), (3.36) の関係を使うと，極形式の複素数表示の速度 $\dot{\boldsymbol{R}}_P$, 加速度 $\ddot{\boldsymbol{R}}_P$ が次のように得られる．

$$\left.\begin{array}{l}\dot{\boldsymbol{R}}_P = \dfrac{dr}{dt}\boldsymbol{i}_r + r\omega\boldsymbol{j}_r \\[6pt] \ddot{\boldsymbol{R}}_P = \left(\dfrac{d^2 r}{dt^2} - r\omega^2\right)\boldsymbol{i}_r + \left(2\omega\dfrac{dr}{dt} + r\alpha\right)\boldsymbol{j}_r\end{array}\right\} \quad (3.37)$$

ここに，α は

$$\alpha = \frac{d\omega}{dt} = \frac{d^2\theta}{dt^2} \quad (3.38)$$

で与えられ，ベクトル $\overrightarrow{\mathrm{OP}}$ の角加速度を表す．

式 $(3.37)_1$ の $\dot{\boldsymbol{R}}_P$ の $\dfrac{dr}{dt}\boldsymbol{i}_r$ は，$\boldsymbol{i}_r$ が極形式の複素数表示の $e^{j\theta}$ に対応するから，式 (3.23) の $\dot{\boldsymbol{R}}$ の $\dot{r}e^{j\theta}$ に相当する．また，極形式の複素数表示の虚軸について，$j = \cos\dfrac{\pi}{2} + j\sin\dfrac{\pi}{2} = e^{j\pi/2}$ のことであり，$je^{j\theta} = e^{j(\theta + \frac{\pi}{2})}$ となるから，ここでの $\boldsymbol{j}_r$ に対応する．よって，$r\omega\cdot\boldsymbol{j}_r$ は $j\dot{\theta}re^{j\theta}$ に相当する．

一方，式 $(3.37)_2$ の $\ddot{\boldsymbol{R}}_P$ の $\left(\dfrac{d^2 r}{dt^2} - r\omega^2\right)\boldsymbol{i}_r$ は式 (3.24) の $\ddot{\boldsymbol{R}}$ の $\{\ddot{r} - (\dot{\theta})^2 r\}e^{j\theta}$ に相当する．また，$\left(2\omega\dfrac{dr}{dt} + r\alpha\right)\boldsymbol{j}_r$ は $(2\dot{\theta}\dot{r} + \ddot{\theta}r)je^{j\theta}$ に相当する．

すなわち，式 $(3.37)_2$ の $\ddot{\boldsymbol{R}}_P$ の成分のうち，点 O に向かう成分 $-r\omega^2\boldsymbol{i}_r$ を求心加速度，$\overrightarrow{\mathrm{OP}}$ と直角方向の成分 $2\omega\dfrac{dr}{dt}\boldsymbol{j}_r$ をコリオリの加速度 (Coriolis' acceleration) という．コリオリの加速度は，速度 $\dot{\boldsymbol{R}}_P$ の成分 $\dfrac{dr}{dt}\boldsymbol{i}_r$ を，$\boldsymbol{i}_r$ が $\boldsymbol{j}_r$ に一致するよう 90°だけ回転し，2ω 倍したベクトル量，あるいは別のいい方をすると，$\dfrac{dr}{dt}\boldsymbol{i}_r$ を ω の回転向きに 90°回転し，2ω 倍したベクトル量となっている．

このように，加速度 $\ddot{\boldsymbol{R}}_P$ を極形式の複素数表示で表すと，空間に固定された絶対座標系として用いられることの多い直交座標系に比べて，物理的意味を把握しやすい．

しかし，後述するように直交座標系は，機構すなわち機械システム全体の基準座標系扱いや，機素すなわち部品毎の局所座標系の扱いなどには逆に便利であり，適切に使い分けると便利である．

■ **例題 3.5** 図 3.16 に示すような円形の回転輪中に人間が図に示すように輪の取手につかまって，スリップしないで平面内でころがり運動する場合を考える．人間の頭部の変位，速度，加速度を求めよ．

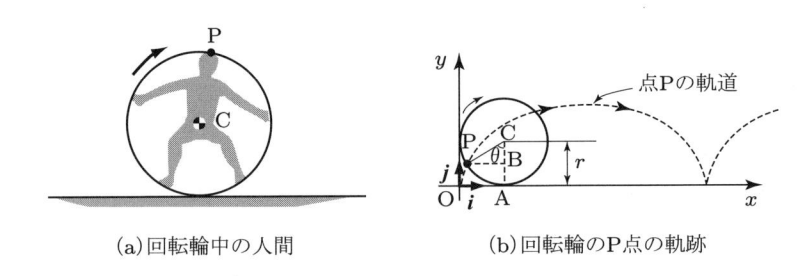

(a) 回転輪中の人間　　(b) 回転輪の P 点の軌跡

図 3.16 スリップのない回転輪中の人間運動

▷ **解**
初期状態は線分 $\overline{PC}$ が鉛直軸上にあるとし，点 P は O 点に一致するところをスタート点とする．θ は鉛直軸となす角として，スタート点では $\theta = 0$ である．点 C の位置ベクトル $\boldsymbol{R}_C$ は次式で与えられる．

$$\boldsymbol{R}_C = r\theta \boldsymbol{i} + r\boldsymbol{j}$$

また，速度，加速度は次のように与えられる．

$$\boldsymbol{v}_C = \frac{d\boldsymbol{R}_C}{dt} = r\dot{\theta}\boldsymbol{i}, \quad \boldsymbol{a}_C = \frac{d^2\boldsymbol{R}_C}{dt^2} = r\ddot{\theta}\boldsymbol{i}$$

次に，人間の頭部の位置ベクトルは

$$x_P = r\theta - r\sin\theta, \quad y_P = r - r\cos\theta$$

で表されるから，$\boldsymbol{R}_P$ は次式で与えられる．

$$\boldsymbol{R}_P = r(\theta - \sin\theta)\boldsymbol{i} + r(1 - \cos\theta)\boldsymbol{j}$$

また，速度，加速度は

$$\boldsymbol{v}_P = \frac{d\boldsymbol{R}_P}{dt} = r\dot{\theta}(1 - \cos\theta)\boldsymbol{i} + r\dot{\theta}\sin\theta \boldsymbol{j}$$

$$\boldsymbol{a}_P = \frac{d^2\boldsymbol{R}_P}{dt^2} = r\ddot{\theta}\left[(1 - \cos\theta)\boldsymbol{i} + \sin\theta \boldsymbol{j}\right] + r\dot{\theta}^2\left[\sin\theta \boldsymbol{i} + \cos\theta \boldsymbol{j}\right]$$

として，人間の頭部に加わる速度，加速度は点 P の軌跡の各位置において，$\theta, \dot{\theta}, \ddot{\theta}$ に依存して刻々と変化することがわかる． ◁

■ **例題 3.6** 図 3.17 に示すようにアーム AB が CD なる軌跡をもつガイドに沿ってスライダーを押しながら，40 rad/s の一定角速度で時計まわりに回転しているとする．

スライダーの点 P が $x = 200$ mm にきたときの速度，加速度を求めよ．なお CD の軌跡は図に示す座標系において，$y = x^2/200$ で表されるとする．

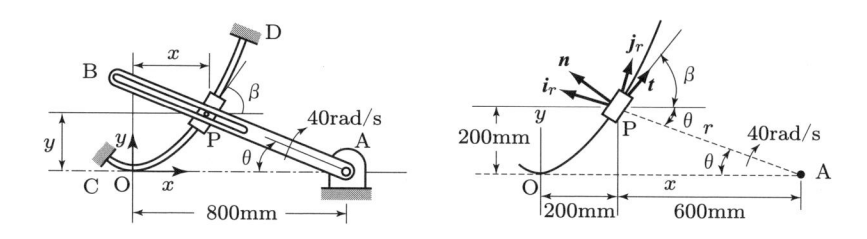

図 3.17 スライダーをもつアームの運動

▷ **解**

$x = 200$ mm のときの点 P の y 座標は，

$$y = x^2/200 = 200^2/200 = 200 \text{ mm}$$

である．これより

$$r = \sqrt{(600)^2 + (200)^2} = 632.5 \text{ mm}, \quad \theta = \tan^{-1}\left(\frac{200}{600}\right) = 18.44°$$

この $x = 200$ mm の位置の点 P のガイド CD の傾斜は，

$$\beta = \tan^{-1}\left(\frac{dy}{dx}\right) = \tan^{-1}\left(\frac{x}{100}\right) = \tan^{-1}\left(\frac{200}{100}\right) = 63.44°$$

となる．

点 P の変位，速度は，ガイド CD の軌跡の接線方向の単位ベクトルを t とすると，

$$\boldsymbol{R}_\mathrm{P} = r\boldsymbol{i}_r$$

$$\dot{\boldsymbol{R}}_\mathrm{P} = \boldsymbol{v}_\mathrm{P} = \dot{r}\boldsymbol{i}_r + r\dot{\theta}\boldsymbol{j}_r = v_\mathrm{P}\boldsymbol{t} = v_\mathrm{P}\left[-\cos(\theta+\beta)\boldsymbol{i}_r + \sin(\theta+\beta)\boldsymbol{j}_r\right]$$

となり，これより

$$\dot{r} = -v_\mathrm{P}\cos(\theta+\beta), \quad r\dot{\theta} = v_\mathrm{P}\sin(\theta+\beta)$$

となる．$\dot{\theta} = 40$ rad/s を使って上式を解くと，

$$v_\mathrm{P} = 25{,}557 \text{ mm/s} = 25.56 \text{ m/s}, \quad \dot{r} = -3{,}614 \text{ mm/s} = -3.614 \text{ m/s}$$

が得られる．

点 P の加速度は，

$$\ddot{\boldsymbol{R}}_\mathrm{P} = \boldsymbol{a}_\mathrm{P} = \left\{\ddot{r} - r(\dot{\theta})^2\right\}\boldsymbol{i}_r + \left(2\dot{\theta}\dot{r} + r\ddot{\theta}\right)\boldsymbol{j}_r$$

となる．ここで，さらにガイド CD の軌跡の法線方向の単位ベクトルを $\boldsymbol{n}$ とすると，

$$\ddot{\boldsymbol{R}}_\mathrm{P} = \boldsymbol{a}_\mathrm{P} = a_\mathrm{P}\boldsymbol{t} + \frac{v_\mathrm{P}^2}{\rho}\boldsymbol{n}$$

$$= a_\mathrm{P}\left[-\cos(\theta+\beta)\boldsymbol{i}_r + \sin(\theta+\beta)\boldsymbol{j}_r\right] + \frac{v_\mathrm{P}^2}{\rho}\left[\sin(\theta+\beta)\boldsymbol{i}_r + \cos(\theta+\beta)\boldsymbol{j}_r\right]$$

と考えることができる．ここに，ρ はガイド CD の軌跡の曲率半径である．軌跡が y で与えられるときの曲率半径は，$\rho = \left[1+(dy/dx)^2\right]^{3/2} \Big/ \left|\dfrac{d^2y}{dx^2}\right|$ で与えられるので，$x = 200$ mm の点では $\rho = \left\{1+(x/100)^2\right\}^{3/2} \Big/ (1/100) = 1118$ mm となる．

$$\left.\begin{aligned}\ddot{r} - r\dot{\theta}^2 &= -a_\mathrm{P}\cos(\theta+\beta) + \frac{v_\mathrm{P}^2}{\rho}\sin(\theta+\beta) \\ 2\dot{\theta}\dot{r} + r\ddot{\theta} &= a_\mathrm{P}\sin(\theta+\beta) + \frac{v_\mathrm{P}^2}{\rho}\cos(\theta+\beta)\end{aligned}\right\}$$

より，また，$\ddot{\theta} = 0$ であるから

$$a_\mathrm{P} = \frac{2\dot{\theta}\dot{r} - (v_\mathrm{P}^2/\rho)\cos(\theta+\beta)}{\sin(\theta+\beta)} = -3.755\times 10^5 \text{ mm/s}^2 = -375.5 \text{ m/s}^2$$

$$\ddot{r} = r\dot{\theta}^2 - a_\mathrm{P}\cos(\theta+\beta) + \frac{v_\mathrm{P}^2}{\rho}\sin(\theta+\beta) = 1.643\times 10^6 \text{ mm/s}^2 = 1643 \text{ m/s}^2$$

となる．すなわち，点 P の速度，加速度は $x = 200$ mm の点で次のように表される．

$$\dot{\boldsymbol{R}}_\mathrm{P} = 25.56\,\boldsymbol{t} \text{ m/s} = -3.614\,\boldsymbol{i}_r + 25.30\,\boldsymbol{j}_r \text{ m/s}$$

$$\ddot{\boldsymbol{R}}_\mathrm{P} = -375.5\,\boldsymbol{t} + 584.2\,\boldsymbol{n} \text{ m/s}^2 = 631.4\,\boldsymbol{i}_r - 289.1\,\boldsymbol{j}_r \text{ m/s}^2 \qquad \triangleleft$$

③ 平面運動する局所座標系上の機構の点の速度と加速度

（1）座標変換

基準座標系と局所座標系が，同じ原点を有する場合の回転による座標変換を考える．この項では，いままで一般に扱ってきたベクトルを次に説明するように幾何学的ベクトルと定義し，その後に説明する代数学的ベクトルと区別する．これにより複雑な機構解析が容易になることを述べる．

まず直交座標系について述べると，回転に関する座標変換は，図 3.18 より次のように表される．$\vec{S}$ という幾何学的ベクトルを，x–y 座標系および x'–y' 座標系で表示すると，

$$\left.\begin{aligned}\vec{S} &= s_x\boldsymbol{i} + s_y\boldsymbol{j} \\ &= s_{x'}\boldsymbol{i'} + s_{y'}\boldsymbol{j'}\end{aligned}\right\} \tag{3.39}$$

となる．ここで，$\boldsymbol{i}, \boldsymbol{j}$ は x–y 座標系の単位ベクトル，$\boldsymbol{i'}, \boldsymbol{j'}$ は x'–y' 座標系の単位ベクトルである．このベクトル $\vec{S}$ を x–y 座標系，および x'–y' 座標系における代数学的ベクトルで表すと

$$\left.\begin{aligned}\boldsymbol{S} &= [s_x \quad s_y]^T \\ \boldsymbol{S'} &= [s_{x'} \quad s_{y'}]^T\end{aligned}\right\} \tag{3.40}$$

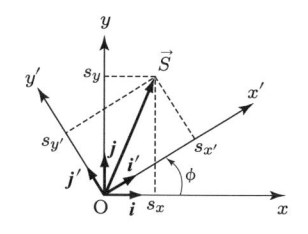

図 3.18 直交座標系表示による回転に関する座標変換

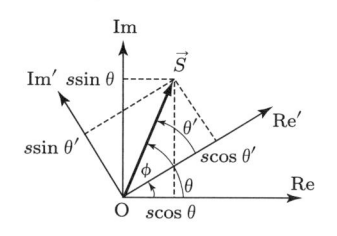

図 3.19 複素数表示による回転に関する座標変換

となる．このとき $\vec{S}$ と $\vec{S}'$ の成分要素は，同じ単位ベクトルで表されることに注意すべきである．

図 3.18 の s_x, s_y と $s_{x'}, s_{y'}$ の関係は三角関数の関係を用いて，次のように表される．

$$\left.\begin{array}{l} s_x = s_{x'}\cos\phi - s_{y'}\sin\phi \\ s_y = s_{x'}\sin\phi + s_{y'}\cos\phi \end{array}\right\} \tag{3.41}$$

したがって，マトリックス変換を用いると，次のような関係になる．

$$\bm{S} = [A]\,\bm{S}' \tag{3.42}$$

ここで，$[A]$ は平面回転座標変換マトリックスである．

$$[A] = \begin{bmatrix} \cos\phi & -\sin\phi \\ \sin\phi & \cos\phi \end{bmatrix} \tag{3.43}$$

次に，同じくすでに述べたように，極形式の複素数表示による回転に関する座標変換は，図 3.19 をみながら以下に説明する．

$\vec{S}$ という極形式の複素数表示を，r–θ 極座標系および r'–θ' 極座標系で表示すると，

$$\left.\begin{array}{l} \vec{S} = se^{j\theta} \\ \phantom{\vec{S}} = se^{j\theta'} \end{array}\right\} \tag{3.44}$$

となる．ここで，s はベクトル $\vec{S}$ の長さを示す．このベクトル $\vec{S}$ を r–θ 座標系および r'–θ' 座標系で実部，虚部に分けて表示すると，

$$\left.\begin{array}{l} \vec{S} = s\cos\theta + js\sin\theta \\ \phantom{\vec{S}} = s\cos\theta' + js\sin\theta' \end{array}\right\} \tag{3.45}$$

と表される．

いま，極形式の複素数表示を代数学的に表示することにして，

34　第3章　平面運動する機構の変位，速度および加速度

$$\left.\begin{array}{l}\boldsymbol{S} = se^{j\theta}\\ \boldsymbol{S}' = se^{j\theta'}\end{array}\right\} \tag{3.46}$$

と定義する．図 3.19 の関係より，

$$\left.\begin{array}{l}s\cos\theta = s\cos\theta'\cos\phi - s\sin\theta'\sin\phi\\ s\sin\theta = s\cos\theta'\sin\phi + s\sin\theta'\cos\phi\end{array}\right\} \tag{3.47}$$

が成り立つ．したがって，極形式の複素数表示を用いて，式 $(3.47)_1$ を実部，式 $(3.47)_2$ を虚部とすると次式が得られる．

$$s\cos\theta + js\sin\theta = (s\cos\theta'\cos\phi - s\sin\theta'\sin\phi) + j(s\cos\theta'\sin\phi + s\sin\theta'\cos\phi)$$
$$= (\cos\phi + j\sin\phi)(s\cos\theta' + js\sin\theta') \tag{3.48}$$

よって，次式が得られる．

$$\boldsymbol{S} = e^{j\phi}\boldsymbol{S}' \tag{3.49}$$

このようにすると，直交座標系と極形式の複素数表示が対応づけられる．すなわち，式 (3.49) の極形式の複素数表示の形を実部と虚部に分けて表現すると，前述の式 (3.47) が成立するので，極形式の複素数表示の実部を直交座標系の x 軸にあわせると，

$$\left.\begin{array}{ll}s\cos\theta = s_x, & \sin\theta = s_y\\ s\cos\theta' = s_{x'}, & s\sin\theta' = s_{y'}\end{array}\right\} \tag{3.50}$$

となり，式 (3.40) は式 (3.46) に対応することになる．すなわち式 (3.42) と式 (3.49) が対応し，$e^{j\phi}$ が $[A]$ に対応する．極形式の複素数表示の形では，前述したようにベクトルに $e^{j\phi}$ を乗ずることは，ベクトルを角 ϕ だけ反時計まわりに回すことである．

さらに，局所座標系が基準座標系と原点を一致してないときには，移動による座標変換を行う必要がある．

図 3.20 において，基準座標系を x–y 座標系で表し，局所座標系を，x'–y' 座標系で表すとする．局所座標系は，ベクトル $\boldsymbol{R}$ なる移動と ϕ なる回転の座標変換がなされているとする．いま，点 P は基準座標系で表示されたベクトル $\boldsymbol{R}_\mathrm{P}$ の位置にあるとし，同じく基準座標系で表示されたベクトル $\overrightarrow{\mathrm{O'P}}$ を $\boldsymbol{S}_\mathrm{P}$ とする．このときベクトル $\boldsymbol{R}_\mathrm{P}$ とベクトル $\boldsymbol{S}_\mathrm{P}$ さらに $\boldsymbol{R}$ の間には，同じ座標系で定義されている 3 つの代数学的ベクトルが平面三角形の 3 辺をなしており，そのときのベクトル方程式は次式で表される．

$$\boldsymbol{R}_\mathrm{P} = \boldsymbol{R} + \boldsymbol{S}_\mathrm{P} \tag{3.51}$$

上式 $\boldsymbol{S}_\mathrm{P}$ のかわりに式 (3.42) で示されるように局所座標系で定義される $\boldsymbol{S}'_\mathrm{P}$ を使うと，次式が得られる．

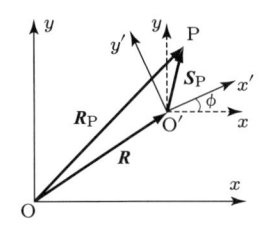

図 3.20 x'–y' 座標系の P 点の x–y 座標系での表示

$$\boldsymbol{R}_\mathrm{P} = \boldsymbol{R} + [A]\,\boldsymbol{S}'_\mathrm{P} \tag{3.52}$$

これは，幾何学的ベクトル表示としてのベクトル方程式 $\overrightarrow{\mathrm{OP}} = \overrightarrow{\mathrm{OO'}} + \overrightarrow{\mathrm{O'P}}$ に対応している．$\overrightarrow{\mathrm{O'P}}$ が x–y 座標系の代数学的ベクトル $\boldsymbol{S}_\mathrm{P}$ で表示されるときはそのままベクトルを演算してよいが，x'–y' 座標系の代数学的ベクトル $\boldsymbol{S}'_\mathrm{P}$ で表されるなら，幾何学的ベクトルのようにそのままベクトル演算することはできない．幾何学的ベクトルの場合，x'–y' 座標系で表示されたベクトルをベクトル演算するとき，その単位ベクトル $\boldsymbol{i}'$, $\boldsymbol{j}'$ を x–y 座標系の単位ベクトル $\boldsymbol{i}$, $\boldsymbol{j}$ に変換してベクトル演算をする．このときの変換が $[A]$ に相当し，代数学的ベクトルにはこの座標系の異なっていることの情報がないので，式 (3.52) に示すように $\boldsymbol{S}'_\mathrm{P}$ に $[A]$ を乗じてからベクトル演算する必要がある．

（2） 速度と加速度

次に，式 (3.52) より，点 P の速度を求める．x'–y' 座標軸系は時間とともに移動し，その方向を変えるので，ベクトル $\boldsymbol{R}$ と回転座標変換マトリックス $[A]$ は時間の関数である．

ベクトル $\boldsymbol{S}'_\mathrm{P}$ の時間微分は，P が局所座標系で固定されている場合を考えているので，時間の関数ではない．したがって，

$$\dot{\boldsymbol{R}}_\mathrm{P} = \dot{\boldsymbol{R}} + \dot{\boldsymbol{S}}_\mathrm{P} = \dot{\boldsymbol{R}} + [\dot{A}]\,\boldsymbol{S}'_\mathrm{P} \tag{3.53}$$

のように表される．ここで，$[\dot{A}]$ は

$$[\dot{A}] = \dot{\phi}\frac{d}{d\phi}[A] = \dot{\phi}\begin{bmatrix} -\sin\phi & -\cos\phi \\ \cos\phi & -\sin\phi \end{bmatrix} = \dot{\phi}[B] \tag{3.54}$$

となる．また，

$$[B] = \begin{bmatrix} -\sin\phi & -\cos\phi \\ \cos\phi & -\sin\phi \end{bmatrix} \tag{3.55}$$

である．よって次式が得られる．

$$\dot{\boldsymbol{R}}_\mathrm{P} = \dot{\boldsymbol{R}} + \dot{\phi}[B]\boldsymbol{S}'_\mathrm{P} \tag{3.56}$$

ここで直交回転マトリックス $[R]$ を使うと

$$\begin{aligned}[A][R] &= \begin{bmatrix} \cos\phi & -\sin\phi \\ \sin\phi & \cos\phi \end{bmatrix} \begin{bmatrix} 0 & -1 \\ 1 & 0 \end{bmatrix} \\ &= \begin{bmatrix} -\sin\phi & -\cos\phi \\ \cos\phi & -\sin\phi \end{bmatrix} = [B]\end{aligned} \tag{3.57}$$

また,

$$[A][R] = [R][A], \quad [\dot{B}] = -\dot{\phi}[A] \tag{3.58}$$

である.ここで,マトリックス $[R]$ は,マトリックス $[A]$ において $\phi = \pi/2$ とおいたときに相当する.極形式の複素数表示では $e^{j\pi/2}$ に相当する.

したがって,$\dot{\boldsymbol{R}}_\mathrm{P}$ は次のようにも表現できる.

$$\begin{aligned}\dot{\boldsymbol{R}}_\mathrm{P} &= \dot{\boldsymbol{R}} + \dot{\phi}[B]\boldsymbol{S}'_\mathrm{P} = \dot{\boldsymbol{R}} + \dot{\phi}[A][R]\boldsymbol{S}'_\mathrm{P} \\ &= \dot{\boldsymbol{R}} + \dot{\phi}[A]\boldsymbol{S}'^{\perp}_\mathrm{P} = \dot{\boldsymbol{R}} + \dot{\phi}\boldsymbol{S}^{\perp}_\mathrm{P}\end{aligned} \tag{3.59}$$

ここで,$\boldsymbol{S}^{\perp}_\mathrm{P}$ は $\boldsymbol{S}_\mathrm{P}$ を反時計方向に $\pi/2$ 回転したベクトルで,次の関係にある.

$$\boldsymbol{S}'^{\perp}_\mathrm{P} = [R]\boldsymbol{S}'_\mathrm{P} \tag{3.60}$$

なお,上式を極形式の複素数表示すると

$$\boldsymbol{S}'^{\perp}_\mathrm{P} = e^{j\pi/2}\boldsymbol{S}'_\mathrm{P} \tag{3.61}$$

となり,$e^{j\pi/2}$ が $[R]$ に対応する.また,

$$\dot{\boldsymbol{S}}_\mathrm{P} = \dot{\phi}[A]\boldsymbol{S}'^{\perp}_\mathrm{P} = \dot{\phi}\boldsymbol{S}^{\perp}_\mathrm{P} \tag{3.62}$$

である.

点 P の加速度は,式 $(3.59)_1$ を時間で微分すると次式となる.

$$\ddot{\boldsymbol{R}}_\mathrm{P} = \ddot{\boldsymbol{R}} + \ddot{\phi}[B]\boldsymbol{S}'_\mathrm{P} + \dot{\phi}[\dot{B}]\boldsymbol{S}'_\mathrm{P} = \ddot{\boldsymbol{R}} + \ddot{\phi}[B]\boldsymbol{S}'_\mathrm{P} - \dot{\phi}^2[A]\boldsymbol{S}'_\mathrm{P} \tag{3.63}$$

$\boldsymbol{S}'_\mathrm{P}$ のかわりに,$\boldsymbol{R}_\mathrm{P}$,$\boldsymbol{R}$ と同一の座標系で定義された $\boldsymbol{S}_\mathrm{P}$ で表現するため,上式を式 (3.57),式 (3.60) を使って変形すると,

$$\ddot{\boldsymbol{R}}_\mathrm{P} = \ddot{\boldsymbol{R}} + \ddot{\boldsymbol{S}}_\mathrm{P} = \ddot{\boldsymbol{R}} + \ddot{\phi}[A]\boldsymbol{S}'^{\perp}_\mathrm{P} - \dot{\phi}^2[A]\boldsymbol{S}'_\mathrm{P} = \ddot{\boldsymbol{R}} + \ddot{\phi}\boldsymbol{S}^{\perp}_\mathrm{P} - \dot{\phi}^2\boldsymbol{S}_\mathrm{P} \tag{3.64}$$

すなわち,次式のようになる.

$$\ddot{\boldsymbol{S}}_\mathrm{P} = \ddot{\phi}\boldsymbol{S}^{\perp}_\mathrm{P} - \dot{\phi}^2\boldsymbol{S}_\mathrm{P} \tag{3.65}$$

4 平面運動する機構の運動学的拘束

機構の機素 i の形状を特定するために，図 3.21 に示すように，機構すなわち機械システムを構成する 1 つひとつの機素に固定の x'–y' 座標系を定義する．機素 i は基準座標系の x–y 座標系に対し，絶対座標系の原点から機素の局所座標系の原点までのベクトル $\boldsymbol{R}_i = [x_i, y_i]^T$ と回転角 ϕ_i で定義することができる．これらを用いて一般化座標ベクトルを定義すると，列ベクトル $\boldsymbol{q}_i = [x_i, y_i, \phi_i]^T$ が得られる．

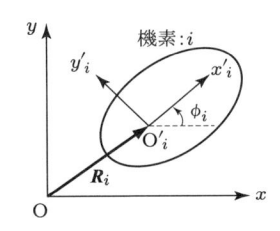

図 3.21 機素 i の形状を特定するための座標系における運動学的拘束

平面の機構が N 個の機素 (剛体) で構成されているとすると，一般化座標の数は $N_q = 3 \times N$ となる．機構すなわち機械システムを構成する機素は対偶としてなんらかの形で組み合わされているので，N_q 個の一般化座標のうちいくつかは従属の関係になる．よって，一般化座標を関係づける拘束式が存在する．

このように，これらの条件が一般化座標の代数式で表されるとき，ホロノームな運動学的拘束式 (holonomic kinematic constraint equation) と呼ばれ，次の式で表される．

$$\boldsymbol{\Phi}^K(\boldsymbol{q}) = \boldsymbol{0} \tag{3.66}$$

この時間 t に依存しない拘束式を，スクレロノームな拘束条件 (scleronomic constraints) という．一方この拘束式に時間が陽に現れ，次の式

$$\boldsymbol{\Phi}^K(\boldsymbol{q}, t) = \boldsymbol{0} \tag{3.67}$$

で表されるとき，時間に依存する拘束式となり，レオノームな拘束条件 (rheonomic constraints) と呼ばれる．不等号や速度成分間の関係を含むさらに一般的な拘束式は，非ホロノームな運動学的拘束式 (nonholonomic kinematic constraint equation) と呼ばれる．ここでは，断りのない限りホロノームな拘束式を意味している．

これらの式 (3.66), (3.67) の拘束式の数 N_r は，普通の機構すなわち機械システムでは，一般化座標の数 N_q に対して，$N_q > N_r$ である．それゆえ，一般化座標ベクトル $\boldsymbol{q}$ を決定するのに十分な数ではない．すなわち，構造物は，主にその機能として荷重

を伝達し，運動に抵抗するように設計するのに対し，機構すなわち機械システムでは運動を機能の目的に応じて達成するように設計されるからである．このような場合第1章でも述べた機構すなわち，機械システムの自由度 F は，

$$F = N_q - N_r \tag{3.68}$$

で決定することができる．

以上より，q を代数学的に決定するためには，自由度数と同じだけの機素の一部を駆動する条件式，または機構すなわち機械システムに作用する力を定義する必要がある．機構に作用する力については，第5章の機械の機構としての動力学で説明することにする．

機構の運動を解析することを可能にするためには，自由度の数に等しい独立した運動を機構に与える駆動拘束式を求める必要がある．すなわち，

$$\boldsymbol{\Phi}^D(\boldsymbol{q}, t) = \boldsymbol{0} \tag{3.69}$$

なる条件式が与えられれば，この機構すなわち機械システムの幾何学的形状が時間の関数として決定できる．式 (3.67) と式 (3.69) を結合した次式の拘束式

$$\boldsymbol{\Phi}(\boldsymbol{q}, t) = \begin{bmatrix} \boldsymbol{\Phi}^K(\boldsymbol{q}, t) \\ \boldsymbol{\Phi}^D(\boldsymbol{q}, t) \end{bmatrix} = \boldsymbol{0} \tag{3.70}$$

が得られたとき，$q(t)$ は代数学的に決定することができ，機構の運動は解けたことになる．

■ **例題 3.7** 図 3.22 に示される単振子が基準座標系の x–y 座標系で，原点 O で鉛直面内で支えられている．なお，$\overrightarrow{\mathrm{OP}} = \boldsymbol{R}_1 = [x_1\ y_1]^T$ であるとし，$\overrightarrow{\mathrm{OP}}$ の長さは単位長さ 1 とする．この単振子の運動の拘束について述べよ．

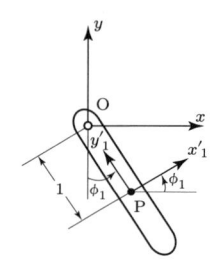

図 3.22 単振子における運動拘束

▷ **解**
この単振子における運動学的拘束式を求めると，次のように表される．

$$\boldsymbol{\Phi}^K(\boldsymbol{q}) = \begin{bmatrix} x_1 - \sin\phi_1 \\ y_1 + \cos\phi_1 \end{bmatrix} = \boldsymbol{0} \tag{3.71}$$

ここで，$\boldsymbol{q} = [x_1 \ y_1 \ \phi_1]^T$ である．式 (3.71) は，明らかに，x_1, y_1 を ϕ_1 の関数として解くことができるので，1 つの独立した変数で機構の運動を表現できる．すなわち，$N_q = 3$, $N_r = 2$ で自由度 $F = 3 - 2 = 1$ である．

このままでは，単振子の運動は対偶 O のまわりに運動することがわかっているだけで定まらない．そこで，単振子が対偶 O 点から機素 OP に変位制御の駆動力が与えられ回転角 ϕ_1 が $f(t)$ なる運動で拘束されるとする．このときの駆動拘束式は，

$$\boldsymbol{\Phi}^D(\boldsymbol{q}, t) = \phi_1 - f(t) = 0 \tag{3.72}$$

となる．式 (3.71) と式 (3.72) を結合すると，機構学的な拘束式が得られる．

$$\boldsymbol{\Phi}(\boldsymbol{q}, t) = \begin{bmatrix} \boldsymbol{\Phi}^K(\boldsymbol{q}) \\ \boldsymbol{\Phi}^D(\boldsymbol{q}, t) \end{bmatrix} = \begin{bmatrix} x_1 - \sin\phi_1 \\ y_1 + \cos\phi_1 \\ \phi_1 - f(t) \end{bmatrix} = \boldsymbol{0} \tag{3.73}$$

ここで，$\boldsymbol{\Phi}_q$ が正則 (非特異) すなわち $|\boldsymbol{\Phi}_q| \neq 0$ であれば，式 (3.73) は時間の関数として，$\boldsymbol{q}$ すなわち $[x_1 \ y_1 \ \phi_1]^T$ を求めることができる．なお，この $\boldsymbol{\Phi}_q$ は $\boldsymbol{\Phi}$ を $\boldsymbol{q}$ で偏微分したものであり，ヤコビマトリックスあるいは単にヤコビアンと呼ぶ．ちなみに，この条件を調べてみると，

$$|\boldsymbol{\Phi}_q| = \begin{vmatrix} 1 & 0 & -\cos\phi_1 \\ 0 & 1 & -\sin\phi_1 \\ 0 & 0 & 1 \end{vmatrix} = 1 \tag{3.74}$$

となり，単振子の運動が定まることになる． ◁

なお，このような運動学的拘束について，機素 i と機素 j においても，相対的な運動拘束がある場合は，次のような運動学的拘束式が得られる．

（1） 回り対偶 (回転関節)

図 3.23 に示すように機素 i と機素 j の間の点 P に回り対偶があるとき，次のような運動学的拘束式が得られる．この式のベクトルの各成分は，図 3.23 に示すとおりである．

$$\boldsymbol{\Phi}^K_{rij} = \boldsymbol{R}_i + \boldsymbol{S}_{P_i} - \boldsymbol{R}_j - \boldsymbol{S}_{P_j} = \boldsymbol{R}_i + [A_i]\boldsymbol{S}'_{P_i} - \boldsymbol{R}_j - [A_j]\boldsymbol{S}'_{P_j} = \boldsymbol{0} \tag{3.75}$$

これを直交座標系の成分で表すと，次のようになる．

$$\boldsymbol{\Phi}^K_{rij} = \begin{bmatrix} x_i + x'_{P_i}\cos\phi_i - y'_{P_i}\sin\phi_i - x_j - x'_{P_j}\cos\phi_j + y'_{P_j}\sin\phi_j \\ y_i + x'_{P_i}\sin\phi_i + y'_{P_i}\cos\phi_i - y_j - x'_{P_j}\sin\phi_j - y'_{P_j}\cos\phi_j \end{bmatrix} = \boldsymbol{0} \tag{3.76}$$

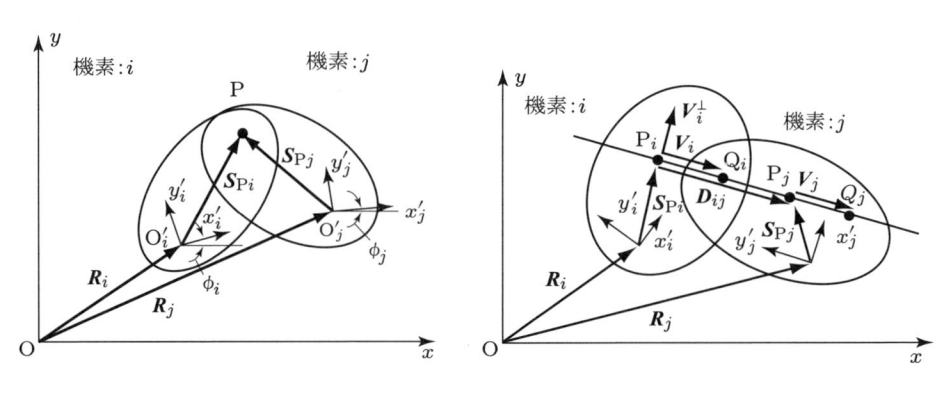

図 3.23 機素 i と j を結合する
回り対偶

図 3.24 機素 i と j を結合する
すべり対偶

（2） すべり対偶 (並進関節)

図 3.24 に示すように機素 i と機素 j の間にすべり対偶があり，同一直線上で機素 i は $P_i Q_i$ 上を運動し，機素 j は $P_j Q_j$ 上を運動する．

いま，$\overrightarrow{P_i Q_i} = V_i$，$\overrightarrow{P_i P_j} = D_{ij}$，$\overrightarrow{P_j Q_j} = V_j$ と定義すると，すべり対偶の場合，これら 3 つのベクトルが同一の直線上になければならない．すなわち，D_{ij} は $V_i^\perp$ と垂直であり，V_j が $V_i^\perp$ と垂直である条件を拘束条件とすれば，両ベクトルの内積が 0 になる条件を使うことができる．よって，

$$\boldsymbol{\Phi}_{tij}^K = \begin{bmatrix} \left(\boldsymbol{V}_i^\perp\right)^T \cdot \boldsymbol{D}_{ij} \\ \left(\boldsymbol{V}_i^\perp\right)^T \cdot \boldsymbol{V}_j \end{bmatrix} = \boldsymbol{0} \tag{3.77}$$

が，運動学的拘束式として得られる．ここで，

$$\left.\begin{aligned} \boldsymbol{V}_i &= [A_i]\boldsymbol{V}_i', \quad \boldsymbol{V}_j = [A_j]\boldsymbol{V}_j' \\ \boldsymbol{V}_i^\perp &= [R]\boldsymbol{V}_i = [R][A_i]\boldsymbol{V}_i' = [B_i]\boldsymbol{V}_i' \\ \boldsymbol{D}_{ij} &= \boldsymbol{R}_j + [A_j]\boldsymbol{S}_{P_j}' - \boldsymbol{R}_i - [A_i]\boldsymbol{S}_{P_i}' \end{aligned}\right\} \tag{3.78}$$

であるから，式 (3.77) は次のようになる．

$$\boldsymbol{\Phi}_{tij}^K = \begin{bmatrix} \boldsymbol{V}_i'^T[B_i]^T \cdot \left(\boldsymbol{R}_j + [A_j]\boldsymbol{S}_{P_j}' - \boldsymbol{R}_i - [A_i]\boldsymbol{S}_{P_i}'\right) \\ \boldsymbol{V}_i'^T[B_i]^T \cdot [A_j]\boldsymbol{V}_j' \end{bmatrix} \tag{3.79}$$

■ **例題 3.8** 図 3.25 に示すスライダクランク機構について，機素 1 としてクランク，機素 2 としてカプラの運動学的拘束条件を求めよ．

▷ **解**

基準座標系の原点 O と機素 1 の局所座標系の原点 O_1 は一致しなければならないので，ベクトル $\boldsymbol{R}_1 = \begin{bmatrix} x_1 & y_1 \end{bmatrix}^T$ は 0 となる．よって，x_1, y_1 は次のようになる．

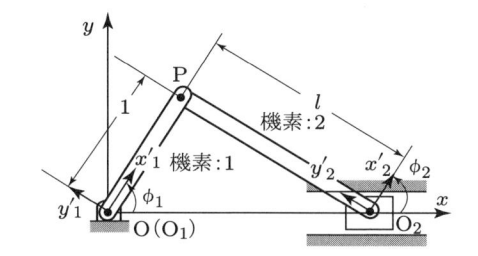

図 3.25 スライダクランク機構における運動拘束

$$x_1 = y_1 = 0 \tag{3.80}$$

機素 2 の局所座標系の原点 O_2 は基準座標系の x 軸上になければならないので，ベクトル $\boldsymbol{R}_2 = \begin{bmatrix} x_2 & y_2 \end{bmatrix}^T$ の y_2 は，次のようになる．

$$y_2 = 0 \tag{3.81}$$

機素 1 と機素 2 は点 P で回り対偶で結合されているので，式 (3.76) の $\boldsymbol{\Phi}^K_{rij} = \boldsymbol{0}$ ($i=1, j=2$) が成立する．すなわち，

$$\boldsymbol{\Phi}^K_{r12} = \begin{bmatrix} x_1 + \cos\phi_1 - x_2 + l\sin\phi_2 \\ y_1 + \sin\phi_1 - y_2 - l\cos\phi_2 \end{bmatrix} = \boldsymbol{0} \tag{3.82}$$

式 (3.80), (3.81), (3.82) をまとめると，

$$\boldsymbol{\Phi}^K(\boldsymbol{q}) = \begin{bmatrix} x_1 \\ y_1 \\ y_2 \\ x_1 - x_2 + \cos\phi_1 + l\sin\phi_2 \\ y_1 - y_2 + \sin\phi_1 - l\cos\phi_2 \end{bmatrix} = \boldsymbol{0} \tag{3.83}$$

という運動学的拘束式が得られる．ここに $\boldsymbol{q} = \begin{bmatrix} x_1 & y_1 & \phi_1 & x_2 & y_2 & \phi_2 \end{bmatrix}^T$ である．このスライダクランク機構の自由度 F は，一般化座標の数が $N_q = 2 \times 3 = 6$ であり，拘束式の数は $N_r = 5$ であり，$F = 6 - 5 = 1$ となる．したがって，このスライダクランク機構は 1 自由度の動きが可能である． ◁

ここで，機構の自由度について，第 1 章ですでに説明したが，同じように，図 3.26 のスライダクランク機構について考えると，機素数はクランク a，カプラ b，スライダ c，さらに固定の節 d の 4 となる．対偶は，A，B，C 点の回り対偶は自由度 1，機素 c と機素 d の間のすべり対偶は C′ 点と考えることができ自由度 1 となり，自由度 1 の対

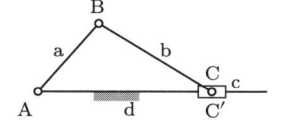

図 3.26 スライダクランク機構の自由度

偶数は 4 となる．よって，機構の自由度は，クッツバッハ (Kutzbach) の定理により，

$$F = 3 \times (4-1) - 2 \times 4 = 9 - 8 = 1 \tag{3.84}$$

となり，ここで述べた自由度の求め方による値と一致する．これは，スライダクランク機構を 2 機素モデルで考えるか 4 機素モデルで考えるかによる相違によるものである．スライダと固定節を増やすと一般化座標の数は $N_q = 3 \times 4$ となり，拘束条件式は 6 個増えて $N_r = 11$ となる．自由度はやはり $F = 3 \times 4 - 11 = 1$ である．

次に，再び図 3.25 にもどって，スライダクランク機構の運動を決めることにする．例えば，クランクの機素 1 が一定の角速度 ω で回転運動しているとする．このとき，駆動拘束式として，

$$\Phi^D(\boldsymbol{q}, t) = \phi_1 - \omega t = 0 \tag{3.85}$$

が得られる．スライダクランク機構の運動を決定する機構学的拘束式は次のように表される．

$$\boldsymbol{\Phi}(\boldsymbol{q}, t) = \begin{bmatrix} \boldsymbol{\Phi}^K(\boldsymbol{q}) \\ \Phi^D(\boldsymbol{q}, t) \end{bmatrix} = \boldsymbol{0} \tag{3.86}$$

式 (3.86) の両辺を時間 t で微分すると，

$$\boldsymbol{\Phi}_q(\boldsymbol{q}, t)\dot{\boldsymbol{q}} + \boldsymbol{\Phi}_t(\boldsymbol{q}, t) = \boldsymbol{0} \tag{3.87}$$

または，

$$\boldsymbol{\Phi}_q(\boldsymbol{q}, t)\dot{\boldsymbol{q}} = -\boldsymbol{\Phi}_t(\boldsymbol{q}, t) \tag{3.88}$$

となる．式 (3.88) を解けば，速度 $\dot{\boldsymbol{q}}(t)$ が得られる．例えば，前述の〔例題 3.8〕では，

$$\boldsymbol{\Phi}_q(\boldsymbol{q}(t), t)\dot{\boldsymbol{q}}(t) = \begin{bmatrix} 1 & 0 & 0 & 0 & 0 & 0 \\ 0 & 1 & 0 & 0 & 0 & 0 \\ 0 & 0 & 0 & 0 & 1 & 0 \\ 1 & 0 & -\sin\phi_1(t) & -1 & 0 & l\cos\phi_2(t) \\ 0 & 1 & \cos\phi_1(t) & 0 & -1 & l\sin\phi_2(t) \\ 0 & 0 & 1 & 0 & 0 & 0 \end{bmatrix} \left\{ \begin{array}{c} \dot{x}_1(t) \\ \dot{y}_1(t) \\ \dot{\phi}_1(t) \\ \dot{x}_2(t) \\ \dot{y}_2(t) \\ \dot{\phi}_2(t) \end{array} \right\} \tag{3.89}$$

$$\boldsymbol{\Phi}_t(\boldsymbol{q}, t) = -[0 \quad 0 \quad 0 \quad 0 \quad 0 \quad \omega]^T$$

となる．したがって式 (3.89) を用いると，速度に関して，式 (3.88) から次の関係式，

$$\begin{bmatrix} 1 & 0 & 0 & 0 & 0 & 0 \\ 0 & 1 & 0 & 0 & 0 & 0 \\ 0 & 0 & 0 & 0 & 1 & 0 \\ 1 & 0 & -\sin\phi_1(t) & -1 & 0 & l\cos\phi_2(t) \\ 0 & 1 & \cos\phi_1(t) & 0 & -1 & l\sin\phi_2(t) \\ 0 & 0 & 1 & 0 & 0 & 0 \end{bmatrix} \begin{Bmatrix} \dot{x}_1(t) \\ \dot{y}_1(t) \\ \dot{\phi}_1(t) \\ \dot{x}_2(t) \\ \dot{y}_2(t) \\ \dot{\phi}_2(t) \end{Bmatrix} = \begin{Bmatrix} 0 \\ 0 \\ 0 \\ 0 \\ 0 \\ \omega \end{Bmatrix} \tag{3.90}$$

が得られる．式 (3.90) より，左辺の係数行列の逆行列を求めて，これを両辺に乗じることによって，任意の時間 t における速度ベクトル $\dot{x}_1(t), \dot{y}_1(t), \dot{\phi}_1(t), \dot{x}_2(t), \dot{y}_2(t), \dot{\phi}_2(t)$ が数値解析によって求めることができる．

または，式 $(3.90)_1$ より $\dot{x}_1 = 0$，式 $(3.90)_2$ より $\dot{y}_1 = 0$，式 $(3.90)_3$ より $\dot{y}_2 = 0$ が得られる．式 $(3.90)_4$ より，$\dot{x}_1 = 0$ を使うと次式が得られる．

$$-\dot{\phi}_1 \sin\phi_1 - \dot{x}_2 + l\dot{\phi}_2 \cos\phi_2 = 0 \tag{3.91}$$

また，式 $(3.90)_5$ より，$\dot{y}_1 = \dot{y}_2 = 0$ を使うと次式が得られる．

$$\dot{\phi}_1 \cos\phi_1 + l\dot{\phi}_2 \sin\phi_2 = 0 \tag{3.92}$$

さらに，式 $(3.90)_6$ より，

$$\dot{\phi}_1 = \omega \tag{3.93}$$

が得られ，式 (3.83) より，ϕ_1, ϕ_2 を求め，これを使って式 (3.91)〜(3.93) を解けば，$\dot{x}_2, \dot{\phi}_2$ が得られる．

次に，加速度 $\ddot{\boldsymbol{q}}(t)$ を求める．式 (3.87) を時間 t で微分すると

$$\frac{\partial(\boldsymbol{\Phi}_q \dot{\boldsymbol{q}})}{\partial t} + \frac{\partial(\boldsymbol{\Phi}_q \dot{\boldsymbol{q}})}{\partial \boldsymbol{q}} \frac{d\boldsymbol{q}}{dt} + \frac{\partial \boldsymbol{\Phi}_t}{\partial t} + \frac{\partial \boldsymbol{\Phi}_t}{\partial \boldsymbol{q}} \frac{d\boldsymbol{q}}{dt}$$
$$= \frac{\partial \boldsymbol{\Phi}_q}{\partial t} \dot{\boldsymbol{q}} + \boldsymbol{\Phi}_q \frac{d\dot{\boldsymbol{q}}}{dt} + \frac{\partial(\boldsymbol{\Phi}_q \dot{\boldsymbol{q}})}{\partial \boldsymbol{q}} \frac{d\boldsymbol{q}}{dt} + \frac{\partial \boldsymbol{\Phi}_t}{\partial t} + \frac{\partial \boldsymbol{\Phi}_t}{\partial \boldsymbol{q}} \frac{d\boldsymbol{q}}{dt} = \boldsymbol{0}$$

となり，さらに整理すると

$$\boldsymbol{\Phi}_{qt} \dot{\boldsymbol{q}} + \boldsymbol{\Phi}_q \ddot{\boldsymbol{q}} + (\boldsymbol{\Phi}_q \dot{\boldsymbol{q}})_q \dot{\boldsymbol{q}} + \boldsymbol{\Phi}_{tt} + \boldsymbol{\Phi}_{tq} \dot{\boldsymbol{q}} = \boldsymbol{0} \tag{3.94}$$

となる．式 (3.94) で加速度 $\ddot{\boldsymbol{q}}$ を含む項のみ左辺におき，$\boldsymbol{\Phi}_{tq} = \boldsymbol{\Phi}_{qt}$ であるので，

$$\boldsymbol{\Phi}_q(\boldsymbol{q},t) \ddot{\boldsymbol{q}} = -\{\boldsymbol{\Phi}_q(\boldsymbol{q},t) \dot{\boldsymbol{q}}\}_q \dot{\boldsymbol{q}} - 2\boldsymbol{\Phi}_{qt}(\boldsymbol{q},t) \dot{\boldsymbol{q}} - \boldsymbol{\Phi}_{tt}(\boldsymbol{q},t) \tag{3.95}$$

となる．前述の〔例題 3.8〕では式 (3.95) の右辺の各項は次のように得られる．

$$
\begin{aligned}
&- \{ \boldsymbol{\Phi}_q(\boldsymbol{q},\,t)\,\dot{\boldsymbol{q}} \}_q \dot{\boldsymbol{q}} \\
&= - \begin{bmatrix}
0 & 0 & 0 & 0 & 0 & 0 \\
0 & 0 & 0 & 0 & 0 & 0 \\
0 & 0 & 0 & 0 & 0 & 0 \\
0 & 0 & -\dot{\phi}_1 \cos\phi_1(t) & 0 & 0 & -l\dot{\phi}_2 \sin\phi_2(t) \\
0 & 0 & -\dot{\phi}_1 \sin\phi_1(t) & 0 & 0 & l\dot{\phi}_2 \cos\phi_2(t) \\
0 & 0 & 0 & 0 & 0 & 0
\end{bmatrix}
\begin{Bmatrix} \dot{x}_1(t) \\ \dot{y}_1(t) \\ \dot{\phi}_1(t) \\ \dot{x}_2(t) \\ \dot{y}_2(t) \\ \dot{\phi}_2(t) \end{Bmatrix} \\
&= - \begin{Bmatrix} 0 \\ 0 \\ 0 \\ -\dot{\phi}_1{}^2(t)\cos\phi_1(t) - l\dot{\phi}_2{}^2(t)\sin\phi_2(t) \\ -\dot{\phi}_1{}^2(t)\sin\phi_1(t) + l\dot{\phi}_2{}^2(t)\cos\phi_2(t) \\ 0 \end{Bmatrix}
= \begin{Bmatrix} 0 \\ 0 \\ 0 \\ \dot{\phi}_1{}^2(t)\cos\phi_1(t) + l\dot{\phi}_2{}^2(t)\sin\phi_2(t) \\ \dot{\phi}_1{}^2(t)\sin\phi_1(t) - l\dot{\phi}_2{}^2(t)\cos\phi_2(t) \\ 0 \end{Bmatrix} \\
&\boldsymbol{\Phi}_{qt}(\boldsymbol{q},t)\dot{\boldsymbol{q}} = [0]\,\dot{\boldsymbol{q}} = \boldsymbol{0} \\
&- \boldsymbol{\Phi}_{tt}(\boldsymbol{q},\,t) = \boldsymbol{0}
\end{aligned}
\tag{3.96}
$$

式 (3.96) を式 (3.95) に代入すると,

$$
\boldsymbol{\Phi}_q(\boldsymbol{q}(t),t)\,\ddot{\boldsymbol{q}}(t) = \begin{Bmatrix} 0 \\ 0 \\ 0 \\ \dot{\phi}_1{}^2(t)\cos\phi_1(t) + l\dot{\phi}_2{}^2(t)\sin\phi_2(t) \\ \dot{\phi}_1{}^2(t)\sin\phi_1(t) - l\dot{\phi}_2{}^2(t)\cos\phi_2(t) \\ 0 \end{Bmatrix}
\tag{3.97}
$$

が得られる. ここで, 上式の左辺の係数マトリックス $\boldsymbol{\Phi}_q(\boldsymbol{q}(t),t)$ は式 (3.89) ですでに示されているので, これを使うと

$$
\begin{bmatrix}
1 & 0 & 0 & 0 & 0 & 0 \\
0 & 1 & 0 & 0 & 0 & 0 \\
0 & 0 & 0 & 0 & 1 & 0 \\
1 & 0 & -\sin\phi_1(t) & -1 & 0 & l\cos\phi_2(t) \\
0 & 1 & \cos\phi_1(t) & 0 & -1 & l\sin\phi_2(t) \\
0 & 0 & 1 & 0 & 0 & 0
\end{bmatrix}
\begin{Bmatrix} \ddot{x}_1(t) \\ \ddot{y}_1(t) \\ \ddot{\phi}_1(t) \\ \ddot{x}_2(t) \\ \ddot{y}_2(t) \\ \ddot{\phi}_2(t) \end{Bmatrix}
$$

$$= \begin{Bmatrix} 0 \\ 0 \\ 0 \\ \dot{\phi}_1{}^2(t)\cos\phi_1(t) + l\dot{\phi}_2{}^2(t)\sin\phi_2(t) \\ \dot{\phi}_1{}^2(t)\sin\phi_1(t) - l\dot{\phi}_2{}^2(t)\cos\phi_2(t) \\ 0 \end{Bmatrix} \quad (3.98)$$

が得られる．式 (3.98) を左辺の逆行列を求めて解けば，任意の時間 t における加速度ベクトルが数値解析によって求めることができる．

または，式 $(3.98)_1$ より $\ddot{x}_1 = 0$，式 $(3.98)_2$ より $\ddot{y}_1 = 0$，式 $(3.98)_3$ より $\ddot{y}_2 = 0$ が得られる．式 $(3.98)_4$ より，$\ddot{x}_1 = 0$ を使うと次式が得られる．

$$-\ddot{\phi}_1 \sin\phi_1 - \ddot{x}_2 + l\ddot{\phi}_2 \cos\phi_2 = \dot{\phi}_1^2 \cos\phi_1 + l\dot{\phi}_2^2 \sin\phi_2 \quad (3.99)$$

また，式 $(3.98)_5$ より，$\ddot{y}_1 = \ddot{y}_2 = 0$ を使うと次式が得られる．

$$\ddot{\phi}_1 \cos\phi_1 + l\ddot{\phi}_2 \sin\phi_2 = \dot{\phi}_1^2 \sin\phi_1 - l\dot{\phi}_2 \cos\phi_2 \quad (3.100)$$

さらに，式 $(3.98)_6$ より $\ddot{\phi}_1 = 0$ となる．式 (3.99)，(3.100) に $\ddot{\phi}_1 = 0$ を代入し，すでに求めた $\phi_1, \phi_2, \dot{\phi}_1, \dot{\phi}_2$ も使って解けば，$\ddot{x}_2, \ddot{\phi}_2$ が得られる．

演習問題

[3.1] 図 3.27 に示すインボリュートらせんが $r = r_g/\cos\alpha$ で表示されるとする．$\theta = \tan\alpha - \alpha$, $\alpha + \theta = \omega t$ の任意の瞬間の接線速度を求めよ．

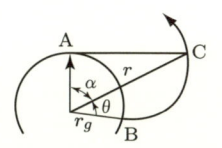

図 3.27 インボリュートらせん

[3.2] 図 3.28 に示すように，つるまき線が $x = r_0 \cos\theta$, $y = r_0 \sin\theta$, $z = (p/2\pi)\cdot\theta$ で表されるとする．この線に沿う $\theta = \omega t$ の運動で任意の点の速度と加速度および接線方向の単位ベクトルを求めよ．

[3.3] 図 3.29 のような回転と伸縮ができるロボットアームがあるとする．斜め上方に向かう等速直線運動を円筒座標ロボットアームの先端によって得ようとするとき，r, θ, z の値とその速度，加速度を計算せよ．

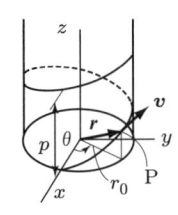

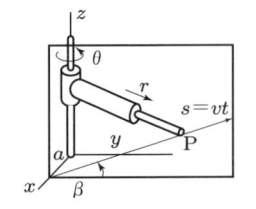

図 3.28 つるまき線状の運動軌跡

図 3.29 円筒座標ロボットアームの先端による直線運動

[3.4] 図 3.30 のように回転 2 自由度のアームの先端 P により，x 軸に垂直な $x=b$ 平面に半径 a の円を描かせるとする．先端が円周上を等速度 $v=a\omega$ で動くとき，$\theta, \phi, \dot{\theta}, \dot{\phi}, \ddot{\theta}, \ddot{\phi}$ を時間の関数として求めよ．ただし，ロボットアームの長さを r_0 とする．

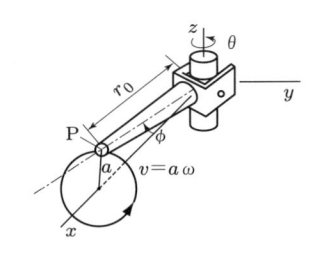

図 3.30 2 自由度ロボットアームによる円軌道創成

[3.5] ベクトル $\boldsymbol{R}$ が時間 t の関数として次のように極形式の複素数表示で，

$$\boldsymbol{R} = re^{j\theta}$$

と表されるとき，次の問に答えよ．ただし，r は長さ，θ は回転角を示し，時間の関数とする．また，j は虚数単位である．

(1) 速度ベクトルを求めよ．同じく，ベクトルの成分，およびスカラー量として速度の大きさを求めよ．

(2) 加速度ベクトルを求めよ．同じく，ベクトルの成分，およびスカラー量として加速度の大きさを求めよ．

第4章 空間運動する機構の変位,速度および加速度

　空間運動する機構も,機素をベクトルで表現し,ベクトル方程式の形で表現することによって,空間の機構の変位を得ることができる.この変位ベクトルを微分することによって速度および加速度を得ることができる.

4.1 空間運動する機構のベクトル解析

　ここでは,直交座標系,円柱座標系および球座標系によるベクトル解析の考え方を述べ,空間の機構の変位,速度,および加速度を求める.さらに,回転テンソルによるベクトル解析,また,マルチボディダイナミクスの基礎となる基準座標系と局所座標系との間の座標変換と,その速度,加速度について説明する.

1 直交座標系でのベクトル解析

　いま,空間の機構を右手直交座標系の x–y–z 系で表されるとし,各々の方向の単位ベクトルを i, j, k とすると,3次元のベクトル $\boldsymbol{R}$ は

$$\boldsymbol{R} = \boldsymbol{R}_x + \boldsymbol{R}_y + \boldsymbol{R}_z = x\boldsymbol{i} + y\boldsymbol{j} + z\boldsymbol{k} \tag{4.1}$$

のように,3軸の方向に分解できる.

　また,速度,加速度は,式 (4.1) を時間に関して1回微分または2回微分することによって得られる.

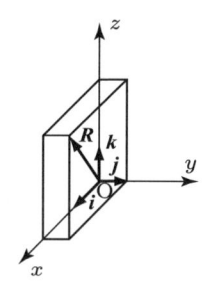

図 4.1　3次元ベクトル $\boldsymbol{R}$ の直交座標系

$$\left.\begin{array}{l}\dot{\boldsymbol{R}} = \dot{\boldsymbol{R}}_x + \dot{\boldsymbol{R}}_y + \dot{\boldsymbol{R}}_z = \dot{x}\boldsymbol{i} + \dot{y}\boldsymbol{j} + \dot{z}\boldsymbol{k} \\ \ddot{\boldsymbol{R}} = \ddot{\boldsymbol{R}}_x + \ddot{\boldsymbol{R}}_y + \ddot{\boldsymbol{R}}_z = \ddot{x}\boldsymbol{i} + \ddot{y}\boldsymbol{j} + \ddot{z}\boldsymbol{k}\end{array}\right\} \tag{4.2}$$

2 円柱座標系でのベクトル解析

円柱座標系は平面極座標系に垂直な z 座標系を加えればよい．このような円柱座標は図 4.2 に示されるように (r, θ, z) で表されるとし，r, θ, z の増加方向の単位ベクトルを $\boldsymbol{i}_r, \boldsymbol{j}_r, \boldsymbol{k}_r$ とし，右手系で互いに直交するとする．3 次元のベクトル $\boldsymbol{R}$ は，

$$\boldsymbol{R} = r\boldsymbol{i}_r + z\boldsymbol{k}_r \tag{4.3}$$

で表される．また，速度，加速度は，式 (4.3) を時間に関して 1 回微分または 2 回微分することによって得られる．

$$\dot{\boldsymbol{R}} = \frac{d\boldsymbol{R}}{dt} = \frac{dr}{dt}\boldsymbol{i}_r + r\frac{d\boldsymbol{i}_r}{dt} + \frac{dz}{dt}\boldsymbol{k}_r + z\frac{d\boldsymbol{k}_r}{dt} \tag{4.4}$$

ここで，$\boldsymbol{k}_r$ は常に z 軸方向にあって，$\boldsymbol{i}_r, \boldsymbol{j}_r$ は z 軸まわりに角速度 $\boldsymbol{\omega} = \dfrac{d\theta}{dt}\boldsymbol{k}_r$ で回転している．

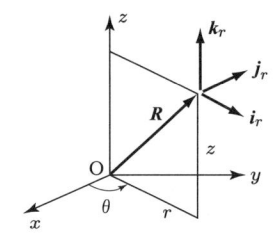

図 4.2 3 次元ベクトルの円柱座標系　　図 4.3 無限小回転

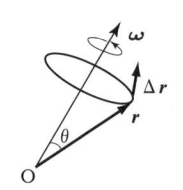

一般に，位置ベクトル $\boldsymbol{r}$ を，図 4.3 に示すように，原点 O を通るある直線まわりに，角速度 $\boldsymbol{\omega}$ で Δt 時間の間回転させたとする．$\boldsymbol{r}$ の先端は $\boldsymbol{\omega}$ に垂直な平面内の半径 $r \cdot \sin\theta$ の円周上を，$|\Delta \boldsymbol{r}| = r\sin\theta\omega dt$ だけ移動する．したがって，$\boldsymbol{r}$ の時間的変化は，時間変化の Δt の極限をとると，

$$\left|\frac{d\boldsymbol{r}}{dt}\right| = \lim_{\Delta t \to 0}\left|\frac{\Delta \boldsymbol{r}}{\Delta t}\right| = r\omega\sin\theta \tag{4.5}$$

その方向は $\boldsymbol{\omega}$ と $\boldsymbol{r}$ を含む平面に対して垂直となる．$\boldsymbol{\omega}$ の向きが回転軸に沿った右ねじの進む向きと一致するとき，

$$\frac{d\boldsymbol{r}}{dt} = \boldsymbol{\omega} \times \boldsymbol{r} \tag{4.6}$$

となる．この式 (4.6) の関係を使って r を i_r, j_r, k_r におきかえると，

$$\left.\begin{aligned}\frac{d\boldsymbol{i}_r}{dt} &= \boldsymbol{\omega} \times \boldsymbol{i}_r = \frac{d\theta}{dt}\boldsymbol{k}_r \times \boldsymbol{i}_r = \frac{d\theta}{dt}\boldsymbol{j}_r \\ \frac{d\boldsymbol{j}_r}{dt} &= \boldsymbol{\omega} \times \boldsymbol{j}_r = \frac{d\theta}{dt}\boldsymbol{k}_r \times \boldsymbol{j}_r = -\frac{d\theta}{dt}\boldsymbol{i}_r \\ \frac{d\boldsymbol{k}_r}{dt} &= \boldsymbol{\omega} \times \boldsymbol{k}_r = \frac{d\theta}{dt}\boldsymbol{k}_r \times \boldsymbol{k}_r = 0 \end{aligned}\right\} \quad (4.7)$$

となる．式 (4.7) を用いると式 (4.4) の速度は次のように得られる．

$$\dot{\boldsymbol{R}} = \frac{d\boldsymbol{R}}{dt} = \frac{dr}{dt}\boldsymbol{i}_r + r\frac{d\theta}{dt}\boldsymbol{j}_r + \frac{dz}{dt}\boldsymbol{k}_r = \dot{r}\boldsymbol{i}_r + r\dot{\theta}\boldsymbol{j}_r + \dot{z}\boldsymbol{k}_r \quad (4.8)$$

同様に，加速度は次式で得られる．

$$\begin{aligned}\ddot{\boldsymbol{R}} &= \frac{d^2\boldsymbol{R}}{dt^2} = \frac{d^2r}{dt^2}\boldsymbol{i}_r + \frac{dr}{dt}\frac{d\boldsymbol{i}_r}{dt} + \frac{dr}{dt}\frac{d\theta}{dt}\boldsymbol{j}_r + r\frac{d^2\theta}{dt^2}\boldsymbol{j}_r \\ &\quad + r\frac{d\theta}{dt}\frac{d\boldsymbol{j}_r}{dt} + \frac{d^2z}{dt^2}\boldsymbol{k}_r + \frac{dz}{dt}\frac{d\boldsymbol{k}_r}{dt} \\ &= \left\{\frac{d^2r}{dt^2} - r\left(\frac{d\theta}{dt}\right)^2\right\}\boldsymbol{i}_r + \left(r\frac{d^2\theta}{dt^2} + 2\frac{dr}{dt}\frac{d\theta}{dt}\right)\boldsymbol{j}_r + \frac{d^2z}{dt^2}\boldsymbol{k}_r \\ &= \left(\ddot{r} - r\dot{\theta}^2\right)\boldsymbol{i}_r + \left(r\ddot{\theta} + 2\dot{r}\dot{\theta}\right)\boldsymbol{j}_r + \ddot{z}\boldsymbol{k}_r \end{aligned} \quad (4.9)$$

■ **例題 4.1** 図 4.4 に示すようにネジが刻まれている鉛直の棒の先に水平な棒が取り付けられ，その先端にボール A が取り付けられている．鉛直の棒は回転駆動され，固定台 B に対してネジ運動する．鉛直の棒は，静止位置から回転速度 $\dot{\theta}$ が $\dot{\theta} = \alpha t$ に従って時間 t とともに一様に増加する運動を行うとする．なお，ネジの 1 回転あたりの鉛直方向に進む距離は L とする．

(1) ボール A が静止位置から 1 回転したときのボール A の中心の速度 $\boldsymbol{v}$ を求めよ．
(2) (1) と同じく，加速度 $\boldsymbol{a}$ を求めよ．

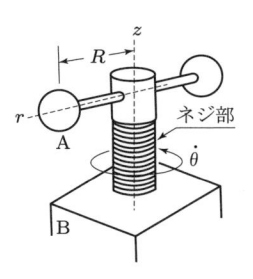

図 4.4 鉛直棒のネジ運動

▷ 解

ボール A の中心は，半径 R の円柱面上でヘリカル状に運動する．円柱座標系を図に示すように r, θ, z とする．$\dot{\theta} = \alpha t$ に対してこれを積分すると任意の時間 t における θ が次のように得られる．

$$\theta(t) = \int \dot{\theta} dt = \int \alpha t dt = \frac{1}{2}\alpha t^2 + c$$

$t = 0$ で $\theta(t) = 0$ とすると，上式で $c = 0$ となり，次の関係が得られる．

$$\theta(t) = \frac{1}{2}\alpha t^2$$

(1) ボールが静止位置から 1 回転するときの時間を T_1 とすると，$t = T_1$, $\theta(T_1) = 2\pi$ であるから，$2\pi = \frac{1}{2}\alpha T_1^2$ となり，これより $T_1^2 = 4\pi/\alpha$ となる．よって $T_1 = 2\sqrt{\pi/\alpha}$．
ボール A の変位の極形式の複素数表示すると，$\boldsymbol{R}_A = re^{j\theta}$ であるから，速度は，

$$\dot{\boldsymbol{R}}_A = \dot{r}e^{j\theta} + rj\dot{\theta}e^{j\theta}$$

となる．ここで，$e^{j\theta}$ を $\boldsymbol{i}_r$，$je^{j\theta}$ を $\boldsymbol{j}_r$ とすれば式 (4.8) と同様の表現になる．$r = R$ $\dot{r} = 0$ であるから，

$$\boldsymbol{v} = \dot{\boldsymbol{R}}_A = jR\dot{\theta}e^{j\theta} = jR\alpha te^{j\theta}$$

となる．これより，A の半径方向速度は $v_r = 0$，A の円周方向速度は $v_\theta = R\alpha t$ となる．1 回転時の円周方向速度は，

$$v_\theta(T_1) = R\alpha \cdot 2\sqrt{\frac{\pi}{\alpha}} = 2R\sqrt{\alpha\pi}$$

となる．一方，鉛直方向の速度 v_z は，鉛直棒はネジ運動するので，1 回転 $2\pi R$ で，L だけ鉛直に移動するから以下の関係がある．

$$v = \sqrt{v_z^2 + v_\theta^2}, \quad \tan\gamma = \frac{v_z}{v_\theta} = \frac{L}{2\pi R}$$

よって，

$$v(T_1) = v_\theta(T_1)\sqrt{1 + \tan^2\gamma} = 2R\sqrt{\alpha\pi}\sqrt{1 + \frac{L^2}{4\pi^2 R^2}} = \sqrt{\frac{\alpha}{\pi}}\sqrt{4\pi^2 R^2 + L^2}$$

(2) 次に，ボール A の極形式の複素数表示による加速度表示は，

$$\ddot{\boldsymbol{R}}_A = \ddot{r}e^{j\theta} + \dot{r}j\dot{\theta}e^{j\theta} + \dot{r}j\dot{\theta}e^{j\theta} + rj\ddot{\theta}e^{j\theta} + r(j\dot{\theta})^2 e^{j\theta}$$
$$= (\ddot{r} - r\dot{\theta}^2)e^{j\theta} + (2\dot{r}\dot{\theta} + r\ddot{\theta})je^{j\theta}$$

となる．同じく式 (4.9) と同様の表現になる．$r = R, \dot{r} = \ddot{r} = 0, \dot{\theta} = \alpha t, \ddot{\theta} = \alpha$ であるから，

$$\boldsymbol{a} = \ddot{\boldsymbol{R}}_A = -R\alpha^2 t^2 e^{j\theta} + R\alpha j e^{j\theta}$$

これより，A の半径方向の加速度は $a_r = -R\alpha^2 t^2$，A の円周方向の加速度は $a_\theta = R\alpha$ となる．また，A の z 方向の加速度は，

$$a_z = \frac{dv_z}{dt} = \tan\gamma \frac{dv_\theta}{dt} = \frac{L}{2\pi R} \cdot R\alpha = \frac{L\alpha}{2\pi}$$

よって

$$\left|\ddot{\boldsymbol{R}}_A\right| = a(T_1) = \sqrt{a_r^2(T_1) + a_\theta^2(T_1) + a_z^2(T_1)}$$

$$= \sqrt{(R\alpha^2 \frac{4\pi}{\alpha})^2 + (R\alpha)^2 + \left(\frac{L\alpha}{2\pi}\right)^2} = R\alpha\sqrt{16\pi^2 + 1 + \frac{L^2}{4\pi^2 R^2}} \quad \triangleleft$$

3 球座標系でのベクトル解析

球座標系は極座標と単にいわれることもある．球座標は，図 4.5 に示すように (r, ϕ, θ) で表されるとし，r, ϕ, θ の増加方向の単位ベクトルを $\bm{i}_r, \bm{j}_r, \bm{k}_r$ とし，右手系で互いに直交するものとする．3 次元ベクトル $\bm{R}$ は，

$$\bm{R} = r\bm{i}_r \tag{4.10}$$

で表される．また，速度，加速度は式 (4.10) を時間に関して 1 回微分または 2 回微分することによって得られる．

$$\dot{\bm{R}} = \frac{d\bm{R}}{dt} = \frac{dr}{dt}\bm{i}_r + r\frac{d\bm{i}_r}{dt} \tag{4.11}$$

ここで，θ と ϕ とが増加する場合を考えると，各座標軸は次の回転角速度をもつ．

$$\bm{\omega} = \frac{d\theta}{dt}\bm{z} + \frac{d\phi}{dt}\bm{k}_r \tag{4.12}$$

ここに，$\bm{z}$ は z 軸方向の単位ベクトルであり

$$\bm{z} = \cos\phi \cdot \bm{i}_r - \sin\phi \cdot \bm{j}_r \tag{4.13}$$

と表される．式 (4.12), (4.13) より，$\bm{\omega}$ は

$$\bm{\omega} = \frac{d\theta}{dt}\cos\phi \cdot \bm{i}_r - \frac{d\theta}{dt}\sin\phi \cdot \bm{j}_r + \frac{d\phi}{dt}\bm{k}_r \tag{4.14}$$

となる．円柱座標系で述べた式 (4.6) を用いると，

$$\left.\begin{aligned}\frac{d\bm{i}_r}{dt} &= \bm{\omega} \times \bm{i}_r = \frac{d\phi}{dt}\bm{j}_r + \frac{d\theta}{dt}\sin\phi\,\bm{k}_r \\ \frac{d\bm{j}_r}{dt} &= \bm{\omega} \times \bm{j}_r = -\frac{d\phi}{dt}\bm{i}_r + \frac{d\theta}{dt}\cos\phi\,\bm{k}_r \\ \frac{d\bm{k}_r}{dt} &= \bm{\omega} \times \bm{k}_r = -\frac{d\theta}{dt}\sin\phi\,\bm{i}_r - \frac{d\theta}{dt}\cos\phi\,\bm{j}_r\end{aligned}\right\} \tag{4.15}$$

となる．式 (4.15) を用いると，式 (4.11) の速度は次のようになる．

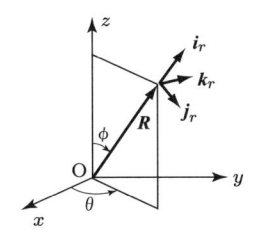

図 4.5 球座標

$$\dot{\boldsymbol{R}} = \frac{d\boldsymbol{R}}{dt} = \frac{dr}{dt}\boldsymbol{i}_r + r\frac{d\phi}{dt}\boldsymbol{j}_r + r\frac{d\theta}{dt}\sin\phi\,\boldsymbol{k}_r$$
$$= \dot{r}\boldsymbol{i}_r + r\dot{\phi}\boldsymbol{j}_r + r\dot{\theta}\sin\phi\,\boldsymbol{k}_r \tag{4.16}$$

同様に，加速度は次式で得られる．

$$\ddot{\boldsymbol{R}} = \frac{d^2\boldsymbol{R}}{dt^2} = \frac{d^2r}{dt^2}\boldsymbol{i}_r + \frac{dr}{dt}\cdot\frac{d\boldsymbol{i}_r}{dt} + \frac{dr}{dt}\cdot\frac{d\phi}{dt}\boldsymbol{j}_r + r\frac{d^2\phi}{dt^2}\boldsymbol{j}_r + r\frac{d\phi}{dt}\frac{d\boldsymbol{j}_r}{dt}$$
$$+ \frac{dr}{dt}\frac{d\theta}{dt}\sin\phi\,\boldsymbol{k}_r + r\frac{d^2\theta}{dt^2}\sin\phi\,\boldsymbol{k}_r + r\frac{d\theta}{dt}\cos\phi\frac{d\phi}{dt}\boldsymbol{k}_r + r\frac{d\theta}{dt}\sin\phi\frac{d\boldsymbol{k}_r}{dt}$$
$$= \left\{\frac{d^2r}{dt^2} - r\left(\frac{d\phi}{dt}\right)^2 - r\left(\frac{d\theta}{dt}\right)^2\sin^2\phi\right\}\boldsymbol{i}_r$$
$$+ \left\{r\frac{d^2\phi}{dt^2} + 2\frac{dr}{dt}\frac{d\phi}{dt} - r\left(\frac{d\theta}{dt}\right)^2\sin\phi\cos\phi\right\}\boldsymbol{j}_r$$
$$+ \left\{r\frac{d^2\theta}{dt^2}\sin\phi + 2\frac{dr}{dt}\frac{d\theta}{dt}\sin\phi + 2r\frac{d\theta}{dt}\frac{d\phi}{dt}\cos\phi\right\}\boldsymbol{k}_r$$
$$= (\ddot{r} - r\dot{\phi}^2 - r\dot{\theta}^2\sin^2\phi)\boldsymbol{i}_r + (r\ddot{\phi} + 2\dot{r}\dot{\phi} - r\dot{\theta}^2\sin\phi\cos\phi)\boldsymbol{j}_r$$
$$+ (r\ddot{\theta}\sin\phi + 2\dot{r}\dot{\theta}\sin\phi + 2r\dot{\theta}\dot{\phi}\cos\phi)\boldsymbol{k}_r \tag{4.17}$$

■ **例題 4.2** 図 4.6 に示すロボット装置が固定された鉛直軸のまわりを回転している．回転中にそのアームは伸びたり，起伏したりする．ある瞬間の図中に示す各記号の値は，$\phi = 30°$ のとき，$\dot{\phi} = 10$ deg/s (一定)，そして $\Omega = 20$ deg/s (一定) とする．$l = 0.5$ m，$\dot{l} = 0.2$ m/s，$\ddot{l} = -0.3$ m/s^2 であるとき，物体を把持している点 P の速度 $\boldsymbol{v}$ と加速度 $\boldsymbol{a}$ を求めよ．

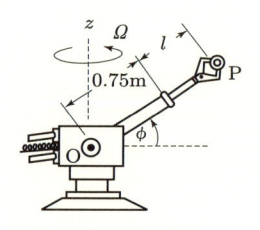

図 4.6 組立用ロボット

▷ **解**

図 4.5 に示すような球座標系でロボットアームの運動を表すとする．単位ベクトルを $\boldsymbol{R}$ とする．速度は式 (4.16) で，$\phi \to (\pi/2) - \phi$ として $\dot{\theta} = \Omega$ とすると

$$\boldsymbol{v} = \dot{\boldsymbol{R}} = \dot{r}\boldsymbol{i}_r + r(-\dot{\phi})\boldsymbol{j}_r + r\Omega\cos\phi\,\boldsymbol{k}_r$$

となる．$\phi = 30°$ のとき，$\dot{\phi} = 10$ deg/s $= \pi/18$ rad/s，$\Omega = 20$ deg/s $= \pi/9$ rad/s であるから，上式にこれらを代入すると

$$\boldsymbol{v} = \dot{r}\boldsymbol{i}_r - \frac{\pi}{18}r\boldsymbol{j}_r + \frac{\pi}{9} \times \frac{\sqrt{3}}{2}r\boldsymbol{k}_r$$

となる．いま，$r = 0.75 + l$ m であり，$l = 0.5$ m のとき $r = 0.75 + 0.5 = 1.25$ m，$\dot{r} = \dot{l} = 0.2$ m/s，$\ddot{r} = \ddot{l} = -0.3$ m/s^2 であるから，

$$\boldsymbol{v} = 0.2\,\boldsymbol{i}_r - \frac{\pi}{18} \times 1.25\boldsymbol{j}_r + \frac{\sqrt{3}\pi}{18} \times 1.25\boldsymbol{k}_r$$

$$|\boldsymbol{v}| = \sqrt{0.2^2 + \left(\frac{1.25}{18}\pi\right)^2 + \left(\frac{1.25\pi}{18}\right)^2 \times 3} = 0.480 \text{ m/s}$$

となる．加速度は，式 (4.17) より，$\phi \to (\pi/2) - \phi$，$\dot{\theta} = \Omega$ とすると

$$\boldsymbol{a} = \ddot{\boldsymbol{R}} = \left(\ddot{r} - r\left(-\dot{\phi}\right)^2 - r\Omega^2\cos^2\phi\right)\boldsymbol{i}_r + \left\{r\left(-\ddot{\phi}\right) + 2\dot{r}\left(-\dot{\phi}\right) - r\Omega^2\cos\phi\sin\phi\right\}\boldsymbol{j}_r$$
$$+ \left\{r\dot{\Omega}\cos\phi + 2\dot{r}\Omega\cos\phi + 2r\Omega\left(-\dot{\phi}\right)\sin\phi\right\}\boldsymbol{k}_r$$

となる．$\phi = 30° = \pi/6$，$\dot{\phi} = 10$ deg/s $= \pi/18$ rad/s，$\ddot{\phi} = 0$，$\dot{\theta} = \Omega = 20$ deg/s $= \pi/9$ rad/s，$\dot{\Omega} = 0$，$r = 1.25$ m，$\dot{r} = 0.2$ m/s，$\ddot{r} = -0.3$ m/s^2 を代入すると，

$$\boldsymbol{a} = -0.4523\,\boldsymbol{i}_r - 0.1358\,\boldsymbol{j}_r + 0.04475\,\boldsymbol{k}_r, \quad |\boldsymbol{a}| = 0.474 \text{ m/s}^2 \qquad \triangleleft$$

■ **例題 4.3** 図 4.7 に示すアミューズメントパークの乗り物の設計をすることを考える．車両は図に示す長さ R のアームに取り付けられているとする．このアームは一定の角速度 $\dot{\theta} = \omega$ で回転している鉛直軸の先端にヒンジで止められている．車両は $z = (h/2)(1 - \cos 2\theta)$ を満足する軌道上を上下運動する．車両が $\theta = \pi/4$ を通過するときの，車両の速度 $\boldsymbol{v}$ の R 方向，θ 方向および ϕ 方向成分を求めよ．

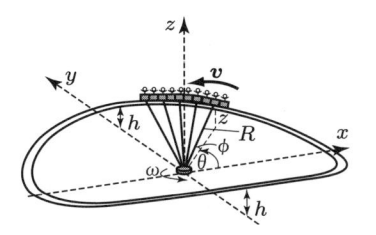

図 4.7 アミューズメントパークの乗り物

▷ **解**

図 4.5 に示した球座標系を対応させて考える．式 (4.16) より速度は，$\phi \to (\pi/2) - \phi$ として考えると

$$\boldsymbol{v} = \dot{\boldsymbol{R}} = \dot{r}\boldsymbol{i}_r + r(-\dot{\phi})\,\boldsymbol{j}_r + r\dot{\theta}\cos\phi\,\boldsymbol{k}_r$$

となる．ここで，$r = R$，$\dot{r} = 0$，$\dot{\theta} = \omega$ であり，上式は次式のようになる．

$$\boldsymbol{v} = -R\dot{\phi}\boldsymbol{j}_r + R\omega\cos\phi\,\boldsymbol{k}_r$$

ここで，$\sin\phi = \dfrac{z}{R} = \dfrac{h}{2R}(1-\cos 2\theta)$ となる．また，この両辺を時間で微分すると，$\cos\phi \cdot \dot\phi = \dfrac{h}{2R} \cdot 2\sin 2\theta \cdot \dot\theta$ となり，$\dot\phi = \dfrac{h\sin 2\theta}{R\cos\phi} \cdot \dot\theta$ が得られる．いま，$\theta = \pi/4$ の点の瞬間の速度を考えると，$(\sin\phi)_{\theta=\pi/4} = \dfrac{h}{2R}$ であり，$(\cos\phi)_{\theta=\pi/4} = \sqrt{1-\left(\dfrac{h}{2R}\right)^2}$ となる．これらを使うと，

$$(\dot\phi)_{\theta=\pi/4} = \frac{h\omega}{R\sqrt{1-\left(\dfrac{h}{2R}\right)^2}}$$

となる．図4.5で定義される R 方向，ϕ 方向および θ 方向の速度成分 v_R, v_ϕ, v_θ は，それぞれ次のようになる．

$$v_R = 0, \quad v_\phi = -\frac{h\omega}{\sqrt{1-\left(\dfrac{h}{2R}\right)^2}}, \quad v_\theta = R\omega\sqrt{1-\left(\dfrac{h}{2R}\right)^2} \quad \triangleleft$$

④ 回転テンソルによるベクトル解析

平面の機構のベクトル解析において，2次元ベクトル $\boldsymbol{R}$ を ϕ だけ回転させることにより得られる2次元ベクトル $\boldsymbol{R}'$ は，極形式の複素数表示するとき，ベクトル $\boldsymbol{R}$ に $e^{j\phi}$ をかけることである．すなわち，次式が得られる．

$$\boldsymbol{R}' = e^{j\phi}\boldsymbol{R} \tag{4.18}$$

これと同様に，3次元ベクトル $\boldsymbol{R}$ においては，図4.8に示すように，単位ベクトル $\boldsymbol{w}$ のまわりに $\boldsymbol{w}$ の正の方向からみて反時計まわりに ϕ だけ回転させることによって得られる3次元ベクトル $\boldsymbol{R}'$ は，3次元ベクトル $\boldsymbol{R}$ に回転テンソル $[E^{w\phi}]$ を乗じて求めることができる．すなわち，3次元ベクトル $\boldsymbol{R}$ および $\boldsymbol{R}'$ を列ベクトルとして

$$\{\boldsymbol{R}'\} = [E^{w\phi}]\{\boldsymbol{R}\} \tag{4.19}$$

あるいは省略して

$$\boldsymbol{R}' = E^{w\phi}(\boldsymbol{R}) \tag{4.20}$$

となる．ここで，$[E^{w\phi}]$ は単位ベクトル $\boldsymbol{w}$ の3軸方向の成分，すなわち方向余弦を λ, μ, ν とするとき

$$[E^{w\phi}] = \begin{bmatrix} \cos\phi + \lambda^2(1-\cos\phi) & \lambda\mu(1-\cos\phi) - \nu\sin\phi & \nu\lambda(1-\cos\phi) + \mu\sin\phi \\ \lambda\mu(1-\cos\phi) + \nu\sin\phi & \cos\phi + \mu^2(1-\cos\phi) & \mu\nu(1-\cos\phi) - \lambda\sin\phi \\ \nu\lambda(1-\cos\phi) - \mu\sin\phi & \mu\lambda(1-\cos\phi) + \lambda\sin\phi & \cos\phi + \nu^2(1-\cos\phi) \end{bmatrix}$$
$$\tag{4.21}$$

この $[E^{w\phi}]$ を回転変換テンソル，または回転変換マトリックスという．w が3軸の i, j, k のいずれかと一致するとき，マトリックス $[E^{w\phi}]$ は次のように極めて簡単になる．

$$\left.\begin{array}{l}[E^{i\phi}] = \begin{bmatrix} 1 & 0 & 0 \\ 0 & \cos\phi & -\sin\phi \\ 0 & \sin\phi & \cos\phi \end{bmatrix} \\[2ex] [E^{j\phi}] = \begin{bmatrix} \cos\phi & 0 & \sin\phi \\ 0 & 1 & 0 \\ -\sin\phi & 0 & \cos\phi \end{bmatrix} \\[2ex] [E^{k\phi}] = \begin{bmatrix} \cos\phi & -\sin\phi & 0 \\ \sin\phi & \cos\phi & 0 \\ 0 & 0 & 1 \end{bmatrix}\end{array}\right\} \quad (4.22)$$

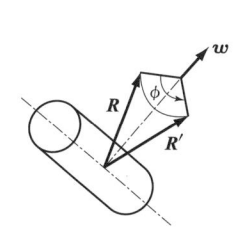

図 4.8 物体の空間における任意ベクトル w まわりの回転

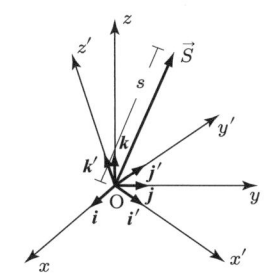

図 4.9 3次元座標における回転による座標変換

4.2 空間運動する局所座標系上の機構の点の速度と加速度

1 座標変換

まず，図 4.9 に示す基準座標系と局所座標系が同じ原点をもつ場合の回転による座標変換を考える．この項でも，一般に扱ってきたベクトルを前述したように幾何学的ベクトルと定義し，さらに代数学的ベクトルを導入し，複雑な機構解析が容易になることを述べる．

x–y–z 座標系の単位ベクトルを i, j, k，x'–y'–z' 座標系の単位ベクトルを i', j', k' とおくと，幾何学的ベクトル $\vec{S}$ は，次式で表される．

$$\left.\begin{aligned}\vec{S} &= s_x \boldsymbol{i} + s_y \boldsymbol{j} + s_z \boldsymbol{k} \\ &= s_{x'} \boldsymbol{i}' + s_{y'} \boldsymbol{j}' + s_{z'} \boldsymbol{k}'\end{aligned}\right\} \tag{4.23}$$

ここに,

$$\left.\begin{aligned}s_x &= \vec{S} \cdot \boldsymbol{i}, \quad s_y = \vec{S} \cdot \boldsymbol{j}, \quad s_z = \vec{S} \cdot \boldsymbol{k} \\ s_{x'} &= \vec{S} \cdot \boldsymbol{i}', \quad s_{y'} = \vec{S} \cdot \boldsymbol{j}', \quad s_{z'} = \vec{S} \cdot \boldsymbol{k}'\end{aligned}\right\} \tag{4.24}$$

である. 式 (4.23) は,

$$\left.\begin{aligned}\vec{S} &= [s_x \ s_y \ s_z][\boldsymbol{i} \ \boldsymbol{j} \ \boldsymbol{k}]^T = \boldsymbol{S}^T[\boldsymbol{i} \ \boldsymbol{j} \ \boldsymbol{k}]^T \\ &= [s_{x'} \ s_{y'} \ s_{z'}][\boldsymbol{i}' \ \boldsymbol{j}' \ \boldsymbol{k}']^T = \boldsymbol{S}'^T[\boldsymbol{i}' \ \boldsymbol{j}' \ \boldsymbol{k}']^T\end{aligned}\right\} \tag{4.25}$$

と変形できる. ここに, $\boldsymbol{S}$, $\boldsymbol{S}'$ は幾何学的ベクトル $\vec{S}$ を定義する代数学的ベクトルであり,

$$\left.\begin{aligned}\boldsymbol{S} &= [s_x \ s_y \ s_z]^T \\ \boldsymbol{S}' &= [s_{x'} \ s_{y'} \ s_{z'}]^T\end{aligned}\right\} \tag{4.26}$$

$\boldsymbol{S}$ と $\boldsymbol{S}'$ は, どちらも $\vec{S}$ を定義することに関係しているので, 両者の間にはある変換の関係が存在すると考えられる. いま, $\boldsymbol{i}, \boldsymbol{j}, \boldsymbol{k}$ と $\boldsymbol{i}', \boldsymbol{j}', \boldsymbol{k}'$ との間には次の関係が成立する.

$$\left.\begin{aligned}\boldsymbol{i}' &= a_{11}\boldsymbol{i} + a_{21}\boldsymbol{j} + a_{31}\boldsymbol{k} \\ \boldsymbol{j}' &= a_{12}\boldsymbol{i} + a_{22}\boldsymbol{j} + a_{32}\boldsymbol{k} \\ \boldsymbol{k}' &= a_{13}\boldsymbol{i} + a_{23}\boldsymbol{j} + a_{33}\boldsymbol{k}\end{aligned}\right\} \tag{4.27}$$

ここに

$$\left.\begin{aligned}a_{11} &= \boldsymbol{i} \cdot \boldsymbol{i}' = \cos\theta_{ii'}, \ a_{12} = \boldsymbol{i} \cdot \boldsymbol{j}' = \cos\theta_{ij'}, \ a_{13} = \boldsymbol{i} \cdot \boldsymbol{k}' = \cos\theta_{ik'} \\ a_{21} &= \boldsymbol{j} \cdot \boldsymbol{i}' = \cos\theta_{ji'}, \ a_{22} = \boldsymbol{j} \cdot \boldsymbol{j}' = \cos\theta_{jj'}, \ a_{23} = \boldsymbol{j} \cdot \boldsymbol{k}' = \cos\theta_{jk'} \\ a_{31} &= \boldsymbol{k} \cdot \boldsymbol{i}' = \cos\theta_{ki'}, \ a_{32} = \boldsymbol{k} \cdot \boldsymbol{j}' = \cos\theta_{kj'}, \ a_{33} = \boldsymbol{k} \cdot \boldsymbol{k}' = \cos\theta_{kk'}\end{aligned}\right\} \tag{4.28}$$

であり, これらは方向余弦である. 式 (4.27) を式 $(4.23)_2$ に代入すると次の式が得られる.

$$\begin{aligned}\vec{S} &= (a_{11}s_{x'} + a_{12}s_{y'} + a_{13}s_{z'})\boldsymbol{i} + (a_{21}s_{x'} + a_{22}s_{y'} + a_{23}s_{z'})\boldsymbol{j} \\ &\quad + (a_{31}s_{x'} + a_{32}s_{y'} + a_{33}s_{z'})\boldsymbol{k}\end{aligned} \tag{4.29}$$

ここで, 式 (4.29) は式 $(4.23)_1$ と等しいから

$$\left.\begin{aligned}s_x &= a_{11}s_{x'} + a_{12}s_{y'} + a_{13}s_{z'} \\ s_y &= a_{21}s_{x'} + a_{22}s_{y'} + a_{23}s_{z'} \\ s_z &= a_{31}s_{x'} + a_{32}s_{y'} + a_{33}s_{z'}\end{aligned}\right\} \tag{4.30}$$

となる．マトリックス表示すると，

$$S = [A]\,S' \tag{4.31}$$

となり，2次元の平面ベクトルのときと同様の関係が得られる．ここで $[A]$ は方向余弦マトリックス，または回転変換マトリックスと呼ばれ，次式となる．

$$[A] = \begin{bmatrix} a_{11} & a_{12} & a_{13} \\ a_{21} & a_{22} & a_{23} \\ a_{31} & a_{32} & a_{33} \end{bmatrix} \tag{4.32}$$

次に，単位ベクトル $\boldsymbol{i}, \boldsymbol{j}, \boldsymbol{k}$ を，x–y–z 座標系の成分を用いて表すと，

$$\boldsymbol{i} = \begin{bmatrix} 1 & 0 & 0 \end{bmatrix}^T, \quad \boldsymbol{j} = \begin{bmatrix} 0 & 1 & 0 \end{bmatrix}^T, \quad \boldsymbol{k} = \begin{bmatrix} 0 & 0 & 1 \end{bmatrix}^T \tag{4.33}$$

となり，式 (4.27) より

$$\boldsymbol{i}' = \begin{bmatrix} a_{11} & a_{21} & a_{31} \end{bmatrix}^T, \; \boldsymbol{j}' = \begin{bmatrix} a_{12} & a_{22} & a_{32} \end{bmatrix}^T, \; \boldsymbol{k}' = \begin{bmatrix} a_{13} & a_{23} & a_{33} \end{bmatrix}^T \tag{4.34}$$

となる．よって

$$[A] = \begin{bmatrix} \boldsymbol{i}' & \boldsymbol{j}' & \boldsymbol{k}' \end{bmatrix} \tag{4.35}$$

と書くことができ，$\boldsymbol{i}', \boldsymbol{j}', \boldsymbol{k}'$ は直交していることから，

$$[A]^T [A] = [E] \tag{4.36}$$

となり，つまり $[A]^T = [A]^{-1}$ となるから，方向余弦マトリックス $[A]$ は直交マトリックスであることがわかる．よって，

$$\boldsymbol{S}' = [A]^T \boldsymbol{S} \tag{4.37}$$

と表すことができる．さらに，局所座標系が基準座標系と原点が一致しないときは，移動による座標変換を行う必要がある．

図 4.10 において，基準座標系を x–y–z 座標系で表し，局所座標系を x'–y'–z' 座標系で表すとする．また局所座標系は，基準座標系に対してベクトル $\boldsymbol{R}$ なる平行移動と原点を中心に回転を行っているとする．このとき，同じ座標系で定義されているベクトル $\boldsymbol{R}_\mathrm{P}$ とベクトル $\boldsymbol{S}_\mathrm{P}$ さらに $\boldsymbol{R}$ が空間的に閉じているので，この3つの空間ベクトルによるベクトル方程式は次式で与えられる．

$$\boldsymbol{R}_\mathrm{P} = \boldsymbol{R} + \boldsymbol{S}_\mathrm{P} \tag{4.38}$$

上式 $\boldsymbol{S}_\mathrm{P}$ のかわりに式 (4.37) で示されるように x'–y'–z' 座標系における点 P を表す代数学的ベクトル $\boldsymbol{S}'_\mathrm{P}$ を使うと次式が得られる．

$$\boldsymbol{R}_\mathrm{P} = \boldsymbol{R} + [A]\,\boldsymbol{S}'_\mathrm{P} \tag{4.39}$$

図 4.10 x'–y'–z' 座標系の点 P の x–y–z 座標系での表示

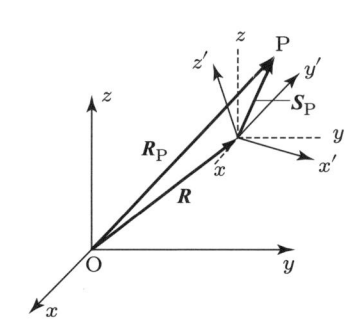

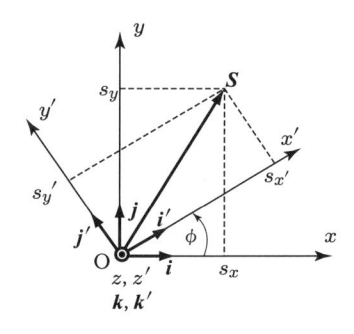

図 4.11 z 軸が z' 軸に一致しているときの基準座標

回転変換マトリックス $[A]$ の中味は異なるが，空間ベクトルも平面ベクトルと同じような表現になる．

特別な場合として，z 軸が z' 軸と一致する場合，すなわちベクトル $\boldsymbol{k}$ のまわりに座標を回転させる場合を考える．x 軸に対する x' 軸の回転角を半時計まわりを正として ϕ で示すことにする．このとき回転変換マトリックスの各成分には，次の関係がある．

$$\left.\begin{aligned}
a_{11} &= a_{22} = \cos\phi \\
a_{21} &= \cos\left(\frac{\pi}{2} - \phi\right) = \sin\phi \\
a_{12} &= \cos\left(\frac{\pi}{2} + \phi\right) = -\sin\phi \\
a_{33} &= 1, \quad a_{31} = a_{32} = a_{13} = a_{23} = 0
\end{aligned}\right\} \tag{4.40}$$

よって

$$\boldsymbol{S} = \begin{bmatrix} \cos\phi & -\sin\phi & 0 \\ \sin\phi & \cos\phi & 0 \\ 0 & 0 & 1 \end{bmatrix} \boldsymbol{S}' = [A]\,\boldsymbol{S}' \tag{4.41}$$

が得られる．これは，すでに式 (4.18)～(4.22) で説明したように，ベクトル $\boldsymbol{S}'$ をベクトル $\boldsymbol{k}$ のまわりに ϕ 回転したとき $\boldsymbol{S}$ が得られることと同じになる．つまり，式 (4.22)$_3$ の回転変換テンソル $[E^{k\phi}]$ と式 (4.41) の $[A]$ は同じ表現になっている．ただし，注意しなければならないのは，式 (4.22) は同一の座標系でベクトルを反時計まわりに回転させた場合である．一方，式 (4.41) はベクトルを固定して座標を反時計まわりに回転しているので，座標変換によりベクトルは逆に時計まわりに回転させられたことになり，これを反時計まわりに回転させることにより元のベクトルと等しくなるのである．

2 速度と加速度

次に，式 (4.38) より速度と加速度を求める．x'–y'–z' 座標軸は時間とともに移動し，その方向を変えるので，ベクトル $\boldsymbol{R}$ と回転変換マトリックス $[A]$ は時間の関数である．ベクトル $\boldsymbol{S}'_\mathrm{P}$ は局所座標系の x'–y'–z' 座標系で定義されている代数学的ベクトルで，点 P は x'–y'–z' 座標系に固定されている場合を考えると，時間の関数でないことになる．したがって，式 (4.38) を時間で微分すると，

$$\dot{\boldsymbol{R}}_\mathrm{P} = \dot{\boldsymbol{R}} + \dot{\boldsymbol{S}}_\mathrm{P} = \dot{\boldsymbol{R}} + [\dot{A}]\boldsymbol{S}'_\mathrm{P} = \dot{\boldsymbol{R}} + [\dot{A}][A]^T \boldsymbol{S}_\mathrm{P} \tag{4.42}$$

として求めることができる．次に，式 (4.42) を微分すると，次式が得られる．

$$\ddot{\boldsymbol{R}}_\mathrm{P} = \ddot{\boldsymbol{R}} + \ddot{\boldsymbol{S}}_\mathrm{P} = \ddot{\boldsymbol{R}} + [\ddot{A}]\boldsymbol{S}'_\mathrm{P} = \ddot{\boldsymbol{R}} + [\ddot{A}][A]^T \boldsymbol{S}_\mathrm{P} \tag{4.43}$$

演習問題

[4.1] 平面ベクトルにおいて，ベクトル $\boldsymbol{R}$ を θ だけ回転させたベクトル $\boldsymbol{R}'$ を求めよ．また，空間ベクトルにおいて，ベクトル $\boldsymbol{R}$ を単位ベクトル $\boldsymbol{w}$ のまわりに $\boldsymbol{w}$ の正の方向からみて反時計方向に回転させたベクトル $\boldsymbol{R}'$ を求めよ．ただし，回転変換テンソルまたは回転マトリックスは与えられているものとする．

[4.2] 図 4.12 に示すようにノズル型のスプレーが一定の角速度 $\dot{\theta} = \Omega$ で鉛直軸まわりに回転している．水の噴流はノズルの管に対して一定の相対速度 $\dot{l} = V$ で噴き出しているとする．回転している管内の回転軸からの距離 l の点 P の水の速度と加速度を求めよ．

[4.3] 図 4.13 に示す消防車の梯子が一定の角速度 $\Omega = 10$ deg/s で車台に取り付けられた鉛直軸まわりに回転しているものとする．同時に，梯子 OB は一定の角速度 $\dot{\phi} = 7$ deg/s で上昇するとする．また，梯子の AB 部分は OA 部分内を一定の速度 0.5 m/s で伸びるとする．$\phi = 30°$，$\overline{\mathrm{OA}} = 9$ m で $\overline{\mathrm{AB}} = 6$ m のとき，梯子の先端 B の速度と加速度を求めよ．

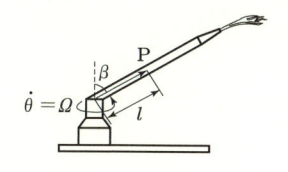

図 4.12 ノズル型スプレー   図 4.13 消防梯子車

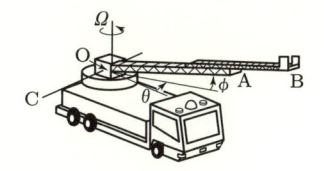

第5章 機械の機構としての動力学

　機械設計においては，意図する機能を得るため希望する運動を実現するように設計し，それに力学的な考察を加えて機械の効率や信頼性や安全性などを検討しておかねばならない．機械がゆっくりと運動するときは，おもに慣性力などは無視することができ，静力学的に強度や干渉などを検討すればよい．しかし，機械が高速で運転されるにつれて，慣性力も考慮に入れた動力学を検討しなければ，機械に予期せぬ破損や破壊を引き起こしかねない．ここでは機械の力学を静力学と動力学に分けて考察することにする．

5.1 機構における静力学

　機構において，機構がゆっくりと運動して慣性力が無視できる場合は，静力学の問題になる．機構の原動節側に力が加わると，中間の各節を通じて，従動節に力が与えられ，従動節が仕事をすることになる．このとき従動節は，静力学的に反力を受けてつり合う．機構内部に作用する力は各機素ごとに力のつり合いを見いださねばならない．機素と対偶についてどのような力関係にあるかを例をあげて説明する．

■例題 5.1 図5.1に示す，スライダクランク機構において，クランク a に回転力 T_a が作用してスライダを動かす場合の各機素にかかる力の関係を求めよ．

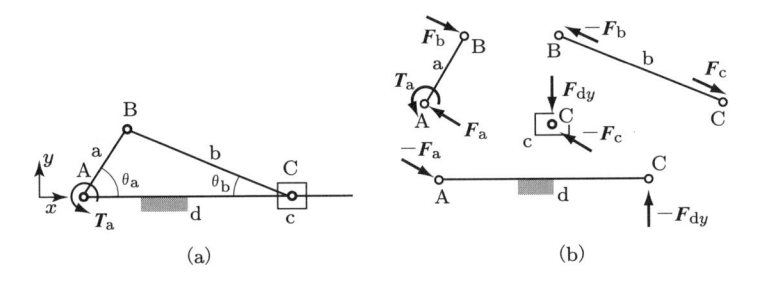

図 5.1 スライダクランク機構のクランクに回転力 T_a が作用する場合

▷ **解**
　機素 a には入力 T_a とつり合う F_b が点 B に作用し，同じ大きさの逆向きの力 F_a が点 A に作用してつり合っている．機素 b においては，点 B に $-F_b$ が作用し，点 C には同じ大き

さの力 F_c が作用してつり合っている．F_b, F_c の方向は，$\overline{BC}$ の方向である．スライダ c には $-F_c$ と F_{dy} が作用していることになり，結局，$-F_c$ の y 成分の $-F_{cy}$ は $-F_{dy}$ とつり合い，x 成分の $-F_{cx}$ が出力として，回転力 T_a の入力に対して生ずることになる．

以上の関係を式で表現すると，

$$\left. \begin{array}{l} F_{by}/F_{bx} = \tan\theta_b \\ T_a = r_a(F_{bx}\sin\theta_a + F_{by}\cos\theta_a) \\ F_{ax} = F_{bx} = F_{cx}, \quad F_{ay} = F_{by} = F_{cy} \end{array} \right\} \qquad (5.1)$$

となる．ここで F_{ax}, F_{ay}, F_{bx}, F_{by}, F_{cx}, F_{cy} はベクトル F_a, F_b, F_c の x, y 成分でスカラーである．また，r_a, r_b は機素 a, b の長さを示す．スライダ機構の寸法が与えられれば，各機素に作用する力が求められる． ◁

■ **例題 5.2** 図 5.2 に示すように図 5.1 と逆にスライダ (この場合はピストンと考える) に入力 F が作用した場合，この機構の各機素に作用する力を求めよ．

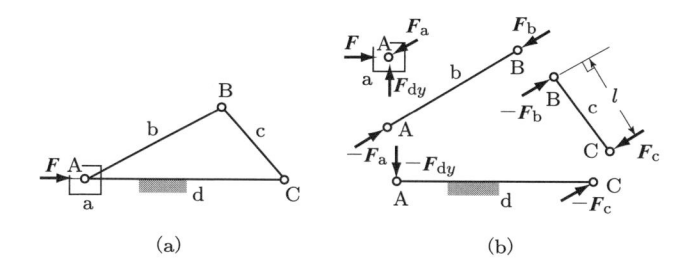

図 5.2 スライダクランク機構のスライダ (ピストン) に滑り方向に力 F が作用する場合

▷ **解**
スライダ (ピストン) a には，力 F の他に，台枠に固定されている機素 d より拘束力 F_{dy}, さらに機素 b より力 F_a が作用してつり合っている．摩擦を無視できる場合は F_{dy} の方向は，スライダ (ピストン) の滑り方向に直角方向，F_a は機素 b の長手方向である．機素 b に作用する力は A 点に $-F_a$, B 点に大きさの同じ力 F_b が作用してつり合っている．機素 c は点 B に $-F_b$ が作用し，点 C には大きさの同じ F_c が作用して並進力としてはつり合っている．

一方，回転力はつり合わず，クランクに相当する機素 c には，$T_c = F_c \cdot l$ (F_c はベクトル F_c の大きさを表すスカラー) なる回転力が出力として得られることになる．向きは機素 c に作用する $-F_b$, F_c によって形成される時計まわりの向きである． ◁

■ **例題 5.3** 図 5.3 に示す揺動従動節をもつカム機構において原動節のカム a の回転力 T_a と従動節 b の回転力 T_c の間の関係について考察せよ．

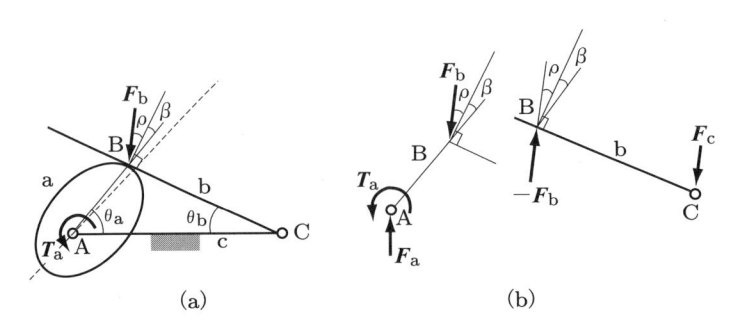

図 5.3 揺動カム機構の力の伝達

▷ **解**

接触点 B においては，摩擦のない場合，力は法線方向に作用するが，すべりの摩擦が存在するときには，摩擦による接線方向の力と法線方向の力によって形成される摩擦角 $\rho = \tan^{-1} \mu$ （μ：摩擦係数）だけ傾いた方向に実際には合力が作用する．機素 a には入力としての回転力 $\boldsymbol{T}_a$ と点 B に作用する力 $\boldsymbol{F}_b$ と，点 A に作用する $\boldsymbol{F}_b$ と同じ大きさの $\boldsymbol{F}_a$ が作用してつり合っている．機素 b には，点 B に $-\boldsymbol{F}_b$ の力が作用し，点 C には同じ大きさの $\boldsymbol{F}_c$ の力が作用して，$-\boldsymbol{F}_b$ と $\boldsymbol{F}_c$ によって形成される時計まわりの回転力 $\boldsymbol{T}_c$ が出力として機素 b に生じる．ただし，機素 b は常に機素 a に接触し，離れないものとしている．

AB，CB の長さを r_a，r_b とし，接触点 B での法線と AB のなす角を β とすると

$$\left. \begin{array}{l} T_a = r_a F_b \sin(\beta + \rho) \\ T_c = r_b F_b \cos \rho = \dfrac{r_b \cos \rho}{r_a \sin(\beta + \rho)} T_a \\ F_a = F_b = F_c \end{array} \right\} \quad (5.2)$$

が成立する．ここに，T_a, T_c, F_a, F_b, F_c は，ベクトル $\boldsymbol{T}_a$, $\boldsymbol{T}_c$, $\boldsymbol{F}_a$, $\boldsymbol{F}_b$, $\boldsymbol{F}_c$ のスカラーである．式 (5.2) より，カムの形状と AC の長さがわかれば，r_a, r_b, β がカムの回転角 θ_a の関係として求められ，それぞれの力が θ_a の関数として得られる． ◁

以上，平面機構を例にとって説明したが，空間機構においても，複雑になるが同様に考えればよい．ここではこれらの説明は省略する．

5.2 機構の動力学

機構が非常にゆっくりと運動しているときは，慣性力が無視でき，前述のように静力学で機構の入，出力のつり合いを考え，各節に作用する力を求めればよい．しかし，機構の運動の速度が増してくると，機構を構成する各機素の慣性力や節の曲げ剛性や軸のねじり剛性などが影響しはじめ，力の変動や振動を生じるようになる．これが機構の動力学の問題である．

1 剛体としての機構の運動学

（1） 運動方程式

図 5.4 に示すように，静止座標系 O–xyz と，剛体に固定された，例えば重心 G に固定された移動座標系を G–$\xi\eta\zeta$ とする．なお，静止座標系と移動座標系はそれぞれ，いままで述べてきた基準座標系と局所座標系に相当する．

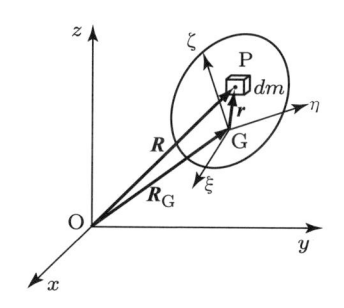

図 5.4 静止座標系と移動座標系

質点系では各質点が自由に動くことができるが，剛体はお互いの間の距離が動かないように固定されている．剛体の運動は，その重心の並進運動（自由度 3）と重心まわりの回転運動（自由度 3）に分けて考えられるので，6 個の独立した運動方程式が成り立たなければならない．

いま，剛体の微小部分 dm に作用する力を $d\boldsymbol{F}$ とすると，

$$d\dot{\boldsymbol{P}} = d\boldsymbol{F} \tag{5.3}$$

となる．ここで，$d\boldsymbol{P} = dm\dot{\boldsymbol{R}}$ であり，$\boldsymbol{P}$ は運動量，$\boldsymbol{R}$ は P の位置ベクトルである．$\boldsymbol{R} = \boldsymbol{R}_G + \boldsymbol{r}$ なる関係があるから，式 (5.3) は，

$$dm(\ddot{\boldsymbol{R}}_G + \ddot{\boldsymbol{r}}) = d\boldsymbol{F} \tag{5.4}$$

となる．式 (5.4) を剛体全体について積分すると，$m = \int_V dm$ であり，重心点では $\int_V \boldsymbol{r}\,dm = 0$ より $\int_V \ddot{\boldsymbol{r}}\,dm = 0$ であるから，

$$\frac{d\boldsymbol{P}_G}{dt} = \boldsymbol{F} \tag{5.5}$$

が得られる．ここに，$\boldsymbol{P}_G = m\dot{\boldsymbol{R}}_G$ であり，$\boldsymbol{R}_G$ は重心点の位置ベクトル，m は剛体の質量，また V は剛体全体を示す．式 (5.5) より，

$$m\ddot{\boldsymbol{R}}_G = \boldsymbol{F} \tag{5.6}$$

となる．これを O–xyz 系の 3 成分で表示すると，

$$m\ddot{x}_G = F_x, \quad m\ddot{y}_G = F_y, \quad m\ddot{z}_G = F_z \tag{5.7}$$

となり，並進運動に関する 3 個の運動方程式が得られる．ここに，(x_G, y_G, z_G) は重心の位置の座標であり，F_x, F_y, F_z は並進力の成分である．

次に，回転運動について考察する．角運動量の定理を基にして，重心点まわりの剛体の運動方程式を求める．

図 5.4 に示す静止座標系では，慣性モーメントや慣性乗積 $I_x, I_{xy}, \cdots$ などは時間の関数となり，方程式の導出がかなり繁雑となる．これに対し，剛体に固定された移動座標系を基準とすれば，$I_\xi, I_{\xi\eta}, \cdots$ の慣性モーメントや慣性乗積は不変となり，運動解析に便利な形の方程式が得られる．

すなわち，静止座標系 O–xyz と移動座標系 G–$\xi\eta\zeta$ の原点 O，G を共通化して同じ原点にあるように平行移動する．そして静止座標系に対して，点 G または O を通るある直線まわりに角速度 $\boldsymbol{\omega}$ で，移動座標系が回転するとする．このような場合，移動座標系は回転座標系となる．なお，$\boldsymbol{\omega}$ の軸は回転座標系の座標軸と必ずしも一致しない．このとき，点 G まわりの角運動量ベクトル $\boldsymbol{H}$ はそれぞれの座標系で表示すると，次のようになる．

$$\boldsymbol{H} = H_x \boldsymbol{i} + H_y \boldsymbol{j} + H_z \boldsymbol{k} = H_\xi \boldsymbol{i}' + H_\eta \boldsymbol{j}' + H_\zeta \boldsymbol{k}' \tag{5.8}$$

ここに，$\boldsymbol{i}, \boldsymbol{j}, \boldsymbol{k}$ は静止座標系の単位ベクトルを示し，$\boldsymbol{i}', \boldsymbol{j}', \boldsymbol{k}'$ は移動座標系の単位ベクトルを示す．

この $\boldsymbol{H}$ の時間微分は，静止座標系の場合，

$$\frac{d\boldsymbol{H}}{dt} = \frac{dH_x}{dt}\boldsymbol{i} + \frac{dH_y}{dt}\boldsymbol{j} + \frac{dH_z}{dt}\boldsymbol{k} \tag{5.9}$$

となる．一方，移動座標系の場合は，単位ベクトル $\boldsymbol{i}', \boldsymbol{j}', \boldsymbol{k}'$ の方向が $\boldsymbol{\omega}$ により時間とともに変わるので，次のようになる．

$$\frac{d\boldsymbol{H}}{dt} = \frac{dH_\xi}{dt}\boldsymbol{i}' + \frac{dH_\eta}{dt}\boldsymbol{j}' + \frac{dH_\zeta}{dt}\boldsymbol{k}' + H_\xi \frac{d\boldsymbol{i}'}{dt} + H_\eta \frac{d\boldsymbol{j}'}{dt} + H_\zeta \frac{d\boldsymbol{k}'}{dt} \tag{5.10}$$

ここで，式 (5.10) の $\boldsymbol{i}', \boldsymbol{j}', \boldsymbol{k}'$ は第 4 章の円柱座標のところで説明した式 (4.6) の位置ベクトル $\boldsymbol{r}$ と同じ性質をもつから，

$$\frac{d\boldsymbol{i}'}{dt} = \boldsymbol{\omega} \times \boldsymbol{i}', \quad \frac{d\boldsymbol{j}'}{dt} = \boldsymbol{\omega} \times \boldsymbol{j}', \quad \frac{d\boldsymbol{k}'}{dt} = \boldsymbol{\omega} \times \boldsymbol{k}' \tag{5.11}$$

であり，式 (5.10) は次のように書くことができる．

$$\frac{d\boldsymbol{H}}{dt} = \frac{dH_\xi}{dt}\boldsymbol{i}' + \frac{dH_\eta}{dt}\boldsymbol{j}' + \frac{dH_\zeta}{dt}\boldsymbol{k}' + \boldsymbol{\omega} \times \boldsymbol{H} \tag{5.12}$$

すなわち，静止座標系における微分演算と，角速度 $\boldsymbol{\omega}$ で回転する移動座標系における微分演算との間には，$\boldsymbol{X}$ を任意のベクトルとすると，$\dfrac{d\boldsymbol{X}}{dt} = \left[\dfrac{d\boldsymbol{X}}{dt}\right] + \boldsymbol{\omega} \times \boldsymbol{X}$ な

る関係式が成り立つことがわかる．ここに，[ ] は回転する移動座標系を静止座標系と見なした演算を示す．

角運動量の定理より，重心 G まわりの外力モーメントを $\boldsymbol{M}$ とすると，次式が得られる．

$$\frac{d\boldsymbol{H}}{dt} = \boldsymbol{M} \tag{5.13}$$

すなわち，

$$[\dot{\boldsymbol{H}}] + \boldsymbol{\omega} \times \boldsymbol{H} = \boldsymbol{M} \tag{5.14}$$

となる．ただし，$[\dot{\boldsymbol{H}}] = \dfrac{dH_\xi}{dt}\boldsymbol{i}' + \dfrac{dH_\eta}{dt}\boldsymbol{j}' + \dfrac{dH_\zeta}{dt}\boldsymbol{k}'$，$\boldsymbol{M} = \begin{bmatrix} M_\xi & M_\eta & M_\zeta \end{bmatrix}^T$ である．$[\dot{\boldsymbol{H}}]$ は回転する移動座標系で表現された角運動量を静止座標系で表現されていると見なした時間微分である．式 (5.14) を ξ, η, ζ 軸方向の成分に分けると，次のように回転運動に関する3個の運動方程式が得られる．特に，ξ, η, ζ 軸を3つの慣性主軸方向にとれば，

$$\left. \begin{array}{l} I_\xi \dot{\omega}_\xi - (I_\eta - I_\zeta)\omega_\eta \omega_\zeta = M_\xi \\ I_\eta \dot{\omega}_\eta - (I_\zeta - I_\xi)\omega_\zeta \omega_\xi = M_\eta \\ I_\zeta \dot{\omega}_\zeta - (I_\xi - I_\eta)\omega_\xi \omega_\eta = M_\zeta \end{array} \right\} \tag{5.15}$$

が得られる．ここに，

$$\begin{aligned} \boldsymbol{\omega} &= \begin{bmatrix} \omega_\xi & \omega_\eta & \omega_\zeta \end{bmatrix}^T = \begin{bmatrix} \dot{\boldsymbol{j}}' \cdot \boldsymbol{k}' & \dot{\boldsymbol{k}}' \cdot \boldsymbol{i}' & \dot{\boldsymbol{i}}' \cdot \boldsymbol{j}' \end{bmatrix}^T \\ \boldsymbol{H} &= \begin{bmatrix} H_\xi & H_\eta & H_\zeta \end{bmatrix}^T = \begin{bmatrix} I_\xi \omega_\xi & I_\eta \omega_\eta & I_\zeta \omega_\zeta \end{bmatrix}^T \end{aligned} \tag{5.16}$$

である．式 (5.15) はオイラーの運動方程式 (Euler's equation of motion) と呼び，回転運動に関する3個の運動方程式が得られる．

以上で，式 (5.7) と式 (5.15) を合わせると6個の運動方程式が得られたことになる．もし，式 (5.15) の $\boldsymbol{\omega}$ が時間 t の関数として解ければ，静止座標系と回転する移動座標系の関係が得られることになり，任意の時刻の剛体の位置を決定することができる．

■ **例題 5.4** 図 5.5 に示すように，両端にコロをもった質量 m，長さ l の一様な棒を鉛直な壁に水平床面から立てかけるとする．壁面と棒とがなす角が $30°$ の位置から静かに離したとするとき，棒の上端が壁面から離れる瞬間の棒と鉛直壁とがなす角を求めよ．ただし，コロのころがり抵抗は無視できるものとする．

▷ **解**
図 5.5 に示すように O–xy 座標をとる．重心 G の座標は (x_G, y_G) とする．棒が壁面，および床面から受ける反力をそれぞれ R_1, R_2 とする．

棒の重心の並進運動と回転運動の運動方程式は次のようになる．

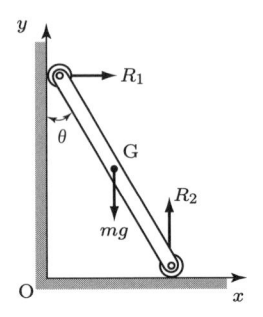

図 5.5 鉛直壁に立てかけた棒の運動

$$m\ddot{x}_G = R_1, \quad m\ddot{y}_G = R_2 - mg, \quad \frac{ml^2}{12}\ddot{\theta} = R_2 x_G - R_1 y_G$$

これらの式から R_1, R_2 を消去すると，

$$\frac{l^2}{12}\ddot{\theta} = (g + \ddot{y}_G)x_G - \ddot{x}_G y_G$$

を得る．$x_G = (l/2)\sin\theta$, $y_G = (l/2)\cos\theta$ であり，θ は任意の時間における棒と鉛直壁のなす角であるから，

$$\ddot{x}_G = (l/2)\big(\cos\theta \cdot \ddot{\theta} - \sin\theta \cdot \dot{\theta}^2\big), \quad \ddot{y}_G = (-l/2)(\sin\theta \cdot \ddot{\theta} + \cos\theta \cdot \dot{\theta}^2)$$

となる．これらを使うと，

$$\ddot{\theta} = \frac{3g}{2l}\sin\theta$$

を得る．これを解くと，

$$\frac{1}{2}\dot{\theta}^2 = -\frac{3g}{2l}\cos\theta + C$$

となり，初期条件 $t = 0$ で $\theta = 30° = \pi/6$, $\dot{\theta} = 0$ を使うと，

$$C = \frac{3g}{2l} \cdot \cos\frac{\pi}{6} = \frac{3g}{2l} \cdot \frac{\sqrt{3}}{2} = \frac{3\sqrt{3}\,g}{4l}$$

となる．よって，

$$\dot{\theta}^2 = \frac{3g}{l}\left(-\cos\theta + \frac{\sqrt{3}}{2}\right)$$

これを使うと，

$$\begin{aligned}
R_1 &= \frac{ml}{2}\big(\cos\theta \cdot \ddot{\theta} - \sin\theta \cdot \dot{\theta}^2\big) \\
&= \frac{ml}{2}\left(\frac{3g}{2l}\sin\theta \cdot \cos\theta + \frac{3g}{l}\sin\theta \cdot \cos\theta - \frac{3\sqrt{3}\,g}{2l}\sin\theta\right) \\
&= \frac{3mg}{4}\sin\theta\big(3\cos\theta - \sqrt{3}\big)
\end{aligned}$$

棒の上端が鉛直壁から離れる瞬間では $R_1 = 0$ となるから，このときの θ の値は，

$$\theta = \cos^{-1}\left(\frac{\sqrt{3}}{3}\right)$$

となる. ◁

（2）慣性モーメント

機構が回転運動するとき，その運動は慣性モーメントと角加速度の積が外力のモーメントとつり合う．これは並進運動の質量と加速度の積が外力の並進力とつり合うのに対応し，回転運動の慣性モーメントは並進運動の質量に相当することになる.

慣性モーメントの求め方は，図 5.4 を参照して，直交座標系 O–xyz において，原点に関する角運動量 $\boldsymbol{H}$ は，

$$\boldsymbol{H} = \int_V (\boldsymbol{R} \times \dot{\boldsymbol{R}})\,dm \tag{5.17}$$

で表せる．ここに，$\boldsymbol{R}$ は前述したように微小質量 dm をもつ質点の位置ベクトルである．また，V は機構全体の体積を示す．また，$\boldsymbol{R} = \boldsymbol{R}_\mathrm{G} + \boldsymbol{r}$ であるから，$\boldsymbol{R}$ の時間に関する微分 $\dot{\boldsymbol{R}}$ は，重心点の速度 $\dot{\boldsymbol{R}}_\mathrm{G}$ と，式 (5.12) で説明したように重心を中心とする回転ベクトル $\boldsymbol{\omega}$ の影響を考慮した $[\dot{\boldsymbol{r}}] + \boldsymbol{\omega} \times \boldsymbol{r}$ との和となる．しかし，微小質量 dm の相対的位置 $\boldsymbol{r}$ は不変であるので，$[\dot{\boldsymbol{r}}] = 0$ となり，結局

$$\dot{\boldsymbol{R}} = \dot{\boldsymbol{R}}_\mathrm{G} + \boldsymbol{\omega} \times \boldsymbol{r} \tag{5.18}$$

の関係が得られる．式 (5.18) を使うと式 (5.17) は，

$$\begin{aligned}\boldsymbol{H} &= \int_V (\boldsymbol{R}_\mathrm{G} + \boldsymbol{r}) \times (\dot{\boldsymbol{R}}_\mathrm{G} + \boldsymbol{\omega} \times \boldsymbol{r})\,dm \\ &= \boldsymbol{R}_\mathrm{G} \times \dot{\boldsymbol{R}}_\mathrm{G} \int_V dm + \boldsymbol{R}_\mathrm{G} \times \left(\boldsymbol{\omega} \times \int_V \boldsymbol{r}\,dm\right) \\ &\quad + \int_V \boldsymbol{r}\,dm \times \dot{\boldsymbol{R}}_\mathrm{G} + \int_V \boldsymbol{r} \times (\boldsymbol{\omega} \times \boldsymbol{r})\,dm\end{aligned} \tag{5.19}$$

となる．ここに，重心の性質より $\int_V dm = m$, $\int_V \boldsymbol{r}\,dm = 0$ であるので,

$$\boldsymbol{H} = \boldsymbol{R}_\mathrm{G} \times m\dot{\boldsymbol{R}}_\mathrm{G} + \int_V \boldsymbol{r} \times (\boldsymbol{\omega} \times \boldsymbol{r})\,dm \tag{5.20}$$

となる．式 (5.20) の第 1 項は全質量を重心に集中したと考えたときの重心点の運動による角運動量である．第 2 項は機構の重心点まわりを角速度 $\boldsymbol{\omega}$ で回転したときの角運動量であり，全運動量は両者の合計で表される．重心まわりの回転運動がないときは，第 1 項だけとなり，重心まわりの回転運動のみのときは第 2 項だけとなる.

式 (5.20) の第 2 項をさらに展開すると,

$$\left.\begin{aligned}\boldsymbol{\omega} &= \omega_\xi \boldsymbol{i}' + \omega_\eta \boldsymbol{j}' + \omega_\zeta \boldsymbol{k}' \\ \boldsymbol{r} &= \xi \boldsymbol{i}' + \eta \boldsymbol{j}' + \zeta \boldsymbol{k}'\end{aligned}\right\} \tag{5.21}$$

であるから，

$$\boldsymbol{\omega} \times \boldsymbol{r} = (\omega_\eta \zeta - \omega_\zeta \eta)\,\boldsymbol{i}' + (\omega_\zeta \xi - \omega_\xi \zeta)\boldsymbol{j}' + (\omega_\xi \eta - \omega_\eta \xi)\boldsymbol{k}' \tag{5.22}$$

となり,さらに,

$$\begin{aligned}\boldsymbol{r} \times (\boldsymbol{\omega} \times \boldsymbol{r}) = &\left\{(\eta^2 + \zeta^2)\omega_\xi - \xi\eta\omega_\eta - \zeta\xi\omega_\zeta\right\}\boldsymbol{i}' \\ &+ \left\{-\xi\eta\omega_\xi + (\zeta^2 + \xi^2)\omega_\eta - \eta\zeta\omega_\zeta\right\}\boldsymbol{j}' \\ &+ \left\{-\zeta\xi\omega_\xi - \eta\zeta\omega_\eta + (\xi^2 + \eta^2)\omega_\zeta\right\}\boldsymbol{k}'\end{aligned} \tag{5.23}$$

これより,式 (5.20) の第 2 項の回転運動に関係する重心点まわりの角運動量は,

$$\begin{aligned}\boldsymbol{H} = &\left(I_{\xi\xi}\omega_\xi - I_{\xi\eta}\omega_\eta - I_{\zeta\xi}\omega_\zeta\right)\boldsymbol{i}' + \left(-I_{\xi\eta}\omega_\xi + I_{\eta\eta}\omega_\eta - I_{\eta\zeta}\omega_\zeta\right)\boldsymbol{j}' \\ &+ (-I_{\zeta\xi}\omega_\xi - I_{\eta\zeta}\omega_\eta + I_{\zeta\zeta}\omega_\zeta)\boldsymbol{k}' = [I]\boldsymbol{\omega}\end{aligned} \tag{5.24}$$

と表される.ここに,

$$\left.\begin{aligned}I_{\xi\xi} &= \int_V (\eta^2 + \zeta^2)\,dm, \quad I_{\xi\eta} = I_{\eta\xi} = \int_V \xi\eta\,dm \\ I_{\eta\eta} &= \int_V (\zeta^2 + \xi^2)\,dm, \quad I_{\eta\zeta} = I_{\zeta\eta} = \int_V \eta\zeta\,dm \\ I_{\zeta\zeta} &= \int_V (\xi^2 + \eta^2)\,dm, \quad I_{\zeta\xi} = I_{\xi\zeta} = \int_V \zeta\xi\,dm \\ [I] &= \begin{bmatrix} I_{\xi\xi} & -I_{\xi\eta} & -I_{\zeta\xi} \\ -I_{\xi\eta} & I_{\eta\eta} & -I_{\eta\zeta} \\ -I_{\zeta\xi} & -I_{\eta\zeta} & I_{\zeta\zeta} \end{bmatrix}\end{aligned}\right\} \tag{5.25}$$

である.また,$I_{\xi\xi}$, $I_{\eta\eta}$, $I_{\zeta\zeta}$ は慣性モーメント (moment of inertia) といい,機構の回転運動に対する慣性の大きさを示す.さらに,$I_{\xi\eta}$, $I_{\eta\zeta}$, $I_{\zeta\xi}$ は慣性乗積 (product of inertia) という.座標軸を機構の慣性主軸に選ぶとき,慣性乗積を 0 にすることができる.また,$[I]$ を慣性テンソル,または慣性マトリックスと呼ぶ.

なお,慣性モーメントは,重心まわりと任意の座標軸まわりでは異なり,一般に次式によって補正できる.

$$I_\mathrm{O} = I_\mathrm{G} + ma^2 \tag{5.26}$$

ここで,I_G は重心 G を通る軸まわりの慣性モーメント,I_O は O を通り,かつ重心を通る軸と平行な軸まわりの慣性モーメント,a は G を通る軸と O を通る軸との並行軸間の距離,m は機構の剛体としての質量である.式 (5.26) の関係を平行軸の定理 (parallel axis theorem) という.

■ **例題 5.5** 図 5.6 に示すような長方形断面 $a \times b$ をもつ,長さ l の角柱の質量に関する慣性モーメントを求めよ.図に示すように重心 G を通る座標を O_0-$x_0 y_0 z_0$ とす

る．また，左端の位置に O_1-$x_1y_1z_1$ をとるときについても x_1 軸まわりについて求めよ．この角柱は密度 ρ の均質材でできているとする．

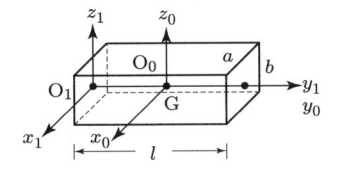

図 5.6 角柱の質量慣性モーメント

▷ **解**

重心点を通る軸 x_0, y_0, z_0 に関する質量の慣性モーメントは，

$$I_{x_0x_0} = \int_{-a/2}^{a/2}\int_{-l/2}^{l/2}\int_{-b/2}^{b/2} \rho\left(y_0^2 + z_0^2\right) dx_0 dy_0 dz_0$$

$$= \rho \int_{-a/2}^{a/2} dx_0 \int_{-l/2}^{l/2}\int_{-b/2}^{b/2} (y_0^2 + z_0^2) dy_0 dz_0 = \rho a \int_{-b/2}^{b/2}\left[\frac{y_0^3}{3} + y_0 z_0^2\right]_{-l/2}^{l/2} dz_0$$

$$= \rho a \left[\frac{l^3}{12}z_0 + l\frac{z_0^3}{3}\right]_{-b/2}^{b/2} = \rho a \left(\frac{l^3 b}{12} + \frac{lb^3}{12}\right) = \frac{m}{12}\left(l^2 + b^2\right)$$

となる．ここに，m は角柱の質量である．同様にして，

$$I_{y_0y_0} = \frac{m}{12}\left(a^2 + b^2\right), \quad I_{z_0z_0} = \frac{m}{12}\left(l^2 + a^2\right)$$

となる．慣性乗積については，

$$I_{x_0y_0} = \int_{-a/2}^{a/2}\int_{-l/2}^{l/2}\int_{-b/2}^{b/2} \rho x_0 y_0 dx_0 dy_0 dz_0 = \rho \int_{-a/2}^{a/2} x_0 dx_0 \int_{-l/2}^{l/2} y_0 dy_0 \int_{-b/2}^{b/2} dz_0$$

$$= \rho \left[\frac{x_0^2}{2}\right]_{-a/2}^{a/2}\left[\frac{y_0^2}{2}\right]_{-l/2}^{l/2} \cdot b = 0$$

となる．同様にして，$I_{y_0z_0} = 0$, $I_{z_0x_0} = 0$ である．

また，角柱の端面の x_1 軸まわりの慣性モーメントは，次のようになる．

$$I_{x_1x_1} = \int_{-a/2}^{a/2}\int_{0}^{l}\int_{-b/2}^{b/2} \rho\left(y_1^2 + z_1^2\right) dx_1 dy_1 dz_1 = \rho a \int_{-b/2}^{b/2}\left[\frac{y_1^3}{3} + y_1 z_1^2\right]_{0}^{l} dz_1$$

$$= \rho a \left[\frac{l^3}{3}z_1 + l\frac{z_1^3}{3}\right]_{-b/2}^{b/2} = \rho a \left(\frac{l^3 b}{3} + \frac{lb^3}{12}\right) = \frac{m}{3}\left(l^2 + \frac{b^2}{4}\right) \quad \triangleleft$$

2 平面運動する機構に作用する加速力およびコリオリ力

質量 m の質点に力 $\boldsymbol{F}$ が作用し，質点が $\ddot{\boldsymbol{R}}$ の加速度で運動するとき，ニュートンの第 2 法則によって，

$$\boldsymbol{F} = m\ddot{\boldsymbol{R}} \tag{5.27}$$

が成立する．ここに，この F を加速力と呼び，一方，$-m\ddot{R}$ なる力を慣性力 と呼ぶことにする．この $-m\ddot{R}$ を仮に一般の力のように考えると，前述のダランベールの定理により，動力学の問題が静力学の問題と同等に扱うことができる．

質点に働く慣性力は，質点の加速度を求めれば得られる．例えば平面機構の場合，質点 m に作用する慣性力は，直交座標系で表示すれば次のようになる．

$$F_0 = -m\frac{d^2x}{dt^2}\boldsymbol{i} - m\frac{d^2y}{dt^2}\boldsymbol{j} \tag{5.28}$$

また，極座標成分で表せば式 (3.37) より，

$$F_0 = m\left(-\frac{d^2r}{dt^2} + r\omega^2\right)\boldsymbol{i}_r - m\left(2\omega\frac{dr}{dt} + r\alpha\right)\boldsymbol{j}_r \tag{5.29}$$

となる．式 (5.29) のうち，$mr\omega^2\boldsymbol{i}_r$ の表す慣性力を遠心力，$\left(-2m\omega\dfrac{dr}{dt}\right)\boldsymbol{j}_r$ の表す慣性力をコリオリ力という．さらに極形式の複素数表示をすると，次のようになる．

$$F_0 = -m\ddot{r}e^{j\theta} + m\omega^2 re^{j\theta} - 2jm\omega\dot{r}e^{j\theta} - jm\alpha re^{j\theta}$$

■ **例題 5.6** 水平面内において，図 5.7 に示すように一様回転する機素に，さらに一様回転する質点が連結されている平面機構の加速力を求めよ．

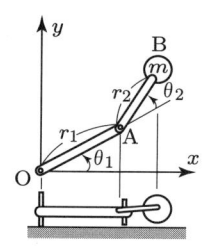

図 5.7 水平面内の二重回転機素における加速力

▷ **解**

機素 OA の回転角 $\theta_1 = \omega_1 t$ で，ω_1 なる角速度で一様回転していると考える．機素 AB とその先端の質点 B は，機素 OA に対して，相対的に回転角 $\theta_2 = \omega_2 t$ で，ω_2 なる角速度で一様回転していると考える．ベクトル $\overrightarrow{\text{OB}}, \overrightarrow{\text{OA}}, \overrightarrow{\text{AB}}$ を，それぞれ $\boldsymbol{R}, \boldsymbol{R}_1, \boldsymbol{R}_2$ で表すと

$$\boldsymbol{R} = \boldsymbol{R}_1 + \boldsymbol{R}_2 \tag{5.30}$$

となる．$\boldsymbol{R}_1, \boldsymbol{R}_2$ を極形式の複素数で表示すると

$$\boldsymbol{R}_1 = r_1 e^{j\theta_1}, \qquad \boldsymbol{R}_2 = r_2 e^{j(\theta_1 + \theta_2)} \tag{5.31}$$

となり，$\boldsymbol{R}$ は，次のように表される．

$$\boldsymbol{R} = r_1 e^{j\theta_1} + r_2 e^{j(\theta_1 + \theta_2)} \tag{5.32}$$

加速度は，

$$\ddot{R} = -r_1\omega_1^2 e^{j\theta_1} - r_2(\omega_1+\omega_2)^2 e^{j(\theta_1+\theta_2)} \tag{5.33}$$

となり，加速力は，

$$F = m\ddot{R} = -m\omega_1^2 R_1 - m(\omega_1+\omega_2)^2 R_2 = F_1 + F_2 \tag{5.34}$$

ここに，

$$F_1 = -m\omega_1^2 R_1, \quad F_2 = -m(\omega_1+\omega_2)^2 R_2$$

である．すなわち，点 B には，$-R_1$ 方向に $m\omega_1^2$，$-R_2$ 方向に $m(\omega_1+\omega_2)^2$ の各求心力が加速する力として作用していることになる．

したがって，この運動を維持するために，F_2 の引張り力と点 B に F_1 なる力を生じさせるための回転モーメント（トルク）$T_a = R_2 \times F_1$ を点 A に与える必要がある． ◁

■ **例題 5.7** 図 5.8 に示すように，水平面内で点 O のまわりに一定の角速度 ω で回転するはりがある．このはりに沿って滑る質点 m について，その運動を考える．ここでは水平面およびはりの接触面は滑らかで摩擦がないものとする．

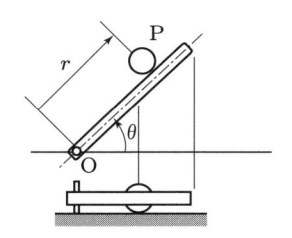

図 5.8 水平面内の回転はりに沿う質点とみなされる球の運動

▷ **解**

点 O から質点 P までの距離を r とすると質点の位置ベクトルは極形式により複素数表示すると，

$$R = re^{j\theta} = re^{j\omega t} \tag{5.35}$$

で表される．球の加速力は，次式となる．

$$F = m\ddot{R} = (m\ddot{r} - mr\omega^2)e^{j\omega t} + 2jm\dot{r}\omega e^{j\omega t} = F_1 + F_c \tag{5.36}$$

ここで，$F_1 = (m\ddot{r} - mr\omega^2)e^{j\omega t}$ は，ベクトル R の方向であり，この方向には摩擦力は 0 であるから，$F_1 = 0$，すなわち

$$m\ddot{r} - mr\omega^2 = 0 \tag{5.37}$$

となる．一方，F_c はベクトル R に直角の方向であるから，球がはりから垂直方向に受ける加速力である．式 (5.37) を解くと

$$r = C_1 e^{\omega t} + C_2 e^{-\omega t} \tag{5.38}$$

の一般解を得，C_1, C_2 は $t = 0$ の球の位置と速度によって決めることができる．また，反力 F_c は次のように求められる．

$$\boldsymbol{F}_c = -2jm\dot{r}\omega\, e^{j\omega t} = -2jm\omega^2 \left(C_1 e^{\omega t} - C_2 e^{-\omega t}\right) e^{j\omega t} \tag{5.39}$$

◁

3 空間運動する機構におけるジャイロモーメント

エネルギーを発生するタービンと発電機，流体を移送するポンプから家庭や産業用の洗濯機，掃除機などに至るまで，これらは回転軸をもつ機械であり，回転部は軸受という固定点で支えられており，回転部は角運動量をもつ．また，ロケットや人工衛星の運動も，重心まわりの回転運動を考慮するときに，固定点まわりの剛体の運動を考慮しなければならない．ここでは，機械を機構としてとらえ，剛体と見なしたときの，回転部の角運動量とそれによって生ずる運動について考える．

前述の式 (5.14) より

$$[\dot{\boldsymbol{H}}] = \boldsymbol{M} - \boldsymbol{\omega} \times \boldsymbol{H} \tag{5.40}$$

が得られる．ここで，$[\dot{\boldsymbol{H}}]$ は回転座標系で表現された角運動量を静止座標系と見なして時間微分したものであり，回転座標系では，$\boldsymbol{M}$ の実際に働く外力モーメントの他に，$-\boldsymbol{\omega} \times \boldsymbol{H}$ なる見かけのモーメントを考える必要があることがわかる．式 (5.15) のオイラーの運動方程式で述べると，M_ξ, M_η, M_ζ の外力モーメントの他に $(I_\eta - I_\zeta)\omega_\eta\omega_\zeta$, $(I_\zeta - I_\xi)\omega_\zeta\omega_\xi$, $(I_\xi - I_\eta)\omega_\xi\omega_\eta$ の見かけのモーメントを考える必要がある．このようなモーメントをジャイロモーメント (gyroscopic moment) と呼ぶ．このモーメントにより，回転運動が起こることをジャイロ効果という．

■**例題 5.8** 図 5.9 に示すような軸受に支えられ，η 軸まわりに一定の角速度 $\boldsymbol{\omega}_0$ で回転する軸対称円板を考える．さらに $\boldsymbol{\omega}_0$ に垂直な軸まわり，すなわち ζ 軸まわりに一定の角速度 $\boldsymbol{\Omega}$ で回転させる場合，回転体に加わるモーメントを求めよ．

▷ **解**

角運動量 $\boldsymbol{H}$ は $\eta\zeta$ 面内にあることになるから，$\boldsymbol{\Omega}$ で回転する座標系 O–$\xi\eta\zeta$ からみた角運動量 $\boldsymbol{H}$ は一定となり，

$$[\dot{\boldsymbol{H}}] = \frac{dH_\xi}{dt}\boldsymbol{i}' + \frac{dH_\eta}{dt}\boldsymbol{j}' + \frac{dH_\zeta}{dt}\boldsymbol{k}' = 0 \tag{5.41}$$

となる．したがって，式 (5.14) の $\boldsymbol{\omega}$ は静止座標系に対する回転座標系の回転速度であるから，ここでは $\boldsymbol{\omega}$ を $\boldsymbol{\Omega}$ でおき直して，

$$\boldsymbol{\Omega} \times \boldsymbol{H} = \boldsymbol{M} \tag{5.42}$$

となる．円板の角速度 $\boldsymbol{\omega}$ は

$$\boldsymbol{\omega} = \boldsymbol{\omega}_0 + \boldsymbol{\Omega} \tag{5.43}$$

となり，また $\boldsymbol{\omega}_0$, $\boldsymbol{\Omega}$ は

$$\left.\begin{array}{l}\boldsymbol{\omega}_0 = \omega_0 \boldsymbol{j}' \\ \boldsymbol{\Omega} = \Omega \boldsymbol{k}'\end{array}\right\} \tag{5.44}$$

であるから，円板の角運動量 $\boldsymbol{H}$ は $\boldsymbol{\omega}$ によって生じるので式 (5.16) を用いると

$$\boldsymbol{H} = I_\eta \omega_0 \boldsymbol{j}' + I_\zeta \Omega \boldsymbol{k}' \tag{5.45}$$

となる．よって式 (5.42) は，

$$\boldsymbol{M} = \boldsymbol{\Omega} \times \boldsymbol{H} = \Omega \boldsymbol{k}' \times (I_\eta \omega_0 \boldsymbol{j}' + I_\zeta \Omega \boldsymbol{k}') = -\omega_0 \Omega I_\eta \boldsymbol{i}' \tag{5.46}$$

となる．ここに，I_η は円板の η 軸まわりの慣性モーメントである．式 (5.46) のモーメントが回転体に加わるモーメントであり，この反作用のモーメントが軸受けに加わることになる．

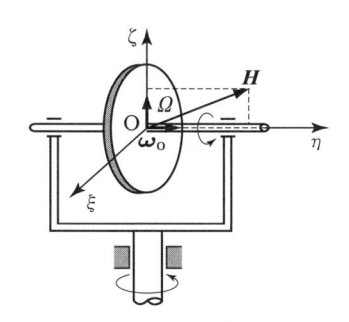

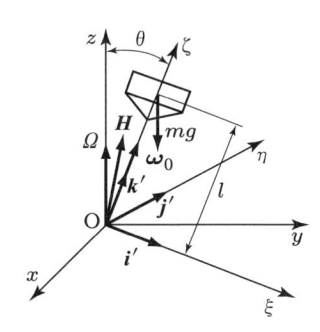

◁

図 5.9 ジャイロ効果   図 5.10 重力場における軸対称こまの運動

■ **例題 5.9**　図 5.10 に示すように，重力場におかれた軸対称こまの運動について考察せよ．

▷ **解**

こまの下端は固定点とする．O–xyz は静止座標系であり，O–$\xi\eta\zeta$ は回転座標系である．ξ, η, ζ 軸をこまの慣性主軸と一致させ，ζ 軸をこまの回転軸と一致させることにする．こまは軸対称であるから慣性モーメント I_ξ, I_ζ, I_η のうち，$I_\xi = I_\eta$ である．$\xi\zeta$ 面を z 軸を含むように定め，この平面内において単位ベクトル $\boldsymbol{i}'$ を考え，$\boldsymbol{i}'$ は ζ 軸に垂直であるとする．ζ 軸方向の単位ベクトルを $\boldsymbol{k}'$ とし，$\boldsymbol{i}'$ と $\boldsymbol{k}'$ に垂直な単位ベクトルを $\boldsymbol{j}'$ とする．$\boldsymbol{i}'$ と $\boldsymbol{j}'$ はこまに固定されていないが慣性主軸方向であり，図の ξ 軸，η 軸上にある．こまが ζ 軸まわりに一定の角速度 ω_0 で自転運動し，かつ z 軸に対して θ の傾きで z 軸まわりに一定の角速度 Ω で公転しているとすると，こまの角速度ベクトル $\boldsymbol{\omega}$ は，自転と公転とのベクトル和となる．

$$\begin{aligned}\boldsymbol{\omega} &= \boldsymbol{\omega}_0 + \boldsymbol{\Omega} = \omega_0 \boldsymbol{k}' - \Omega \sin\theta \boldsymbol{i}' + \Omega \cos\theta \boldsymbol{k}' \\ &= -\Omega \sin\theta \boldsymbol{i}' + (\omega_0 + \Omega \cos\theta)\boldsymbol{k}'\end{aligned} \tag{5.47}$$

この $\boldsymbol{\omega}$ が，こまの角運動量を生ずることになるので

$$\begin{aligned}\boldsymbol{H} &= I_\xi \omega_\xi \boldsymbol{i}' + I_\eta \omega_\eta \boldsymbol{j}' + I_\zeta \omega_\zeta \boldsymbol{k}' \\ &= -I_\xi \Omega \sin\theta \boldsymbol{i}' + I_\zeta (\omega_0 + \Omega \cos\theta)\boldsymbol{k}'\end{aligned} \tag{5.48}$$

となる．一方 M は

$$M = mgl\sin\theta \boldsymbol{j}' \tag{5.49}$$

となる．したがって，式 (5.14) に相当する式において，ω_0，Ω および θ が一定とすると，回転座標系で表現された角運動量を静止座標系と見なしての時間微分 $[\dot{\boldsymbol{H}}] = 0$ となり，前述と同様 $\boldsymbol{\Omega} \times \boldsymbol{H} = \boldsymbol{M}$ となる．すなわち

$$\begin{aligned}\boldsymbol{\Omega} \times \boldsymbol{H} &= (-\Omega\sin\theta \boldsymbol{i}' + \Omega\cos\theta \boldsymbol{k}') \times \{-I_\xi \Omega\sin\theta \boldsymbol{i}' + I_\zeta(\omega_0 + \Omega\cos\theta)\boldsymbol{k}'\}\\ &= \{-I_\xi \Omega^2 \sin\theta\cos\theta + I_\zeta \Omega(\omega_0 + \Omega\cos\theta)\sin\theta\}\boldsymbol{j}'\end{aligned} \tag{5.50}$$

であるから，式 (5.49)，式 (5.50) より，

$$-I_\xi \Omega^2 \cos\theta + I_\zeta \Omega(\omega_0 + \Omega\cos\theta) = mgl \tag{5.51}$$

となる．以上より，軸対称なこまが定常な回転運動しながら，公転運動するとき，こまの自転運動の角速度 ω と公転運動の角速度 Ω とこまの傾き角 θ との間には，式 (5.51) が満足される必要がある． ◁

このように，図 5.10 に示したように重力場における軸対称こまが斜めになって自転運動しながら公転運動するとき倒れないのは，こまの支点に作用する重力のモーメントが公転運動することによって生ずるジャイロモーメントとつり合うためである．この公転運動を歳差運動 (precession) という．

5.3 機構へのマルチボディ・ダイナミクス適用の基礎

1 機構を構成する機素の運動方程式

質点のかわりに，1 つの剛体の機素が平面上を図 5.11 に示すように運動しているとする．この機素の重心に座標系をとることにする．このとき，重心に加速力 $\boldsymbol{F}$，加速モーメント力 $\boldsymbol{T}$ が作用するとき，ニュートンの第二法則によって運動方程式は次式で表される．

$$m\ddot{\boldsymbol{R}} = \boldsymbol{F} \tag{5.52}$$

$$I\ddot{\phi} = T \tag{5.53}$$

ここで，m は機素の質量，I は物体の重心まわりの慣性モーメントである．

また，$-m\ddot{\boldsymbol{R}}$，$-I\ddot{\phi}$ は慣性力，慣性モーメント力である．式 (5.52) と式 (5.53) について，$\boldsymbol{R}$ と ϕ の微小変化 $\delta\boldsymbol{R}$ と $\delta\phi$ に対する仮想仕事を考える．式 (2.12) より，次式が得られる．

$$\delta\boldsymbol{R}^T[m\ddot{\boldsymbol{R}} - \boldsymbol{F}] + \delta\phi[I\ddot{\phi} - T] = 0 \tag{5.54}$$

まとめなおすと，次の変分運動方程式が得られる．

$$\delta \boldsymbol{q}^T \left[[M] \ddot{\boldsymbol{q}} - \boldsymbol{Q} \right] = 0 \tag{5.55}$$

ここに，

$$\boldsymbol{q} = \begin{bmatrix} x & y & \phi \end{bmatrix}^T, \quad [M] = \begin{bmatrix} m & 0 & 0 \\ 0 & m & 0 \\ 0 & 0 & I \end{bmatrix}, \quad \boldsymbol{Q} = \begin{bmatrix} \boldsymbol{F}^T & T \end{bmatrix} \tag{5.56}$$

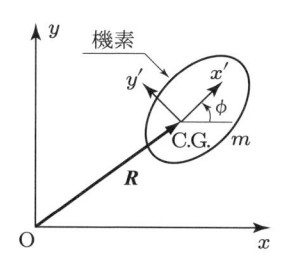

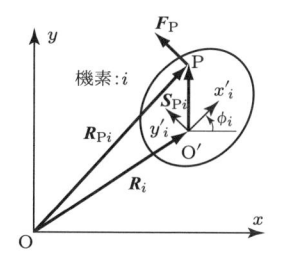

図 5.11 機素の重心に設定した座標系　　図 5.12 機素 i の P 点に作用する力

2 機構を構成する機素に作用する加速力と慣性力

図 5.12 に示す平面機構の機素 (剛体) i の点 P に作用している力 $\boldsymbol{F}_\mathrm{P}$ について考える．点 P には第 3 章で述べたように，次の関係が成立する．

$$\boldsymbol{R}_{\mathrm{P}i} = \boldsymbol{R}_i + \boldsymbol{S}_{\mathrm{P}i} = \boldsymbol{R}_i + [A_i]\, \boldsymbol{S}'_{\mathrm{P}i} \tag{5.57}$$

また，点 P における仮想変位は，同じく第 3 章の式 (3.55) のマトリックス $[B]$ を導入すると

$$\delta \boldsymbol{R}_{\mathrm{P}i} = \delta \boldsymbol{R}_i + \delta \phi_i [B_i]\, \boldsymbol{S}'_{\mathrm{P}i} \tag{5.58}$$

となるので，$\boldsymbol{F}_\mathrm{P}$ による仮想仕事は次の式になる．

$$\delta W = \delta \boldsymbol{R}_{\mathrm{P}i}^T \boldsymbol{F}_\mathrm{P} = \delta \boldsymbol{R}_i^T \boldsymbol{F}_\mathrm{P} + \delta \phi_i \boldsymbol{S}'^T_\mathrm{P} [B_i]^T \boldsymbol{F}_\mathrm{P} \tag{5.59}$$

したがって機素 i の点 P に作用する力 $\boldsymbol{F}_\mathrm{P}$ に関し，対応する一般化力 $\boldsymbol{Q}_\mathrm{P}$ は以下のようになる．

$$\boldsymbol{Q}_\mathrm{P} = \begin{bmatrix} \boldsymbol{F}_\mathrm{P} \\ \boldsymbol{S}'^T_{\mathrm{P}i} [B_i]^T \boldsymbol{F}_\mathrm{P} \end{bmatrix} \tag{5.60}$$

上式の一般化力の 2 番目の成分は x'_i-y'_i 座標系の原点に関する $\boldsymbol{F}_\mathrm{P}$ の回転成分力 (モーメント) である．ここで，$\boldsymbol{F}_\mathrm{P}$ が図 5.12 に示すように機素 i に固定されているならば，$\boldsymbol{F}_\mathrm{P} = [A_i] \boldsymbol{F}'_\mathrm{P}$ であり，式 (5.60) は次のように表される．

$$\boldsymbol{Q}_{\mathrm{P}} = \begin{bmatrix} [A_i]\,\boldsymbol{F}'_{\mathrm{P}} \\ \boldsymbol{S}'^{T}_{\mathrm{P}\,i}[B_i]^T[A_i]\boldsymbol{F}'_{\mathrm{P}} \end{bmatrix} \tag{5.61}$$

ところで，$[B_i] = [A_i][R]$ であるから，

$$\boldsymbol{S}'_{\mathrm{P}\,i}[B_i]^T[A_i] = \boldsymbol{S}'^{T}_{\mathrm{P}\,i}[R]^T = ([R]\boldsymbol{S}'_{\mathrm{P}\,i})^T \tag{5.62}$$

となり，

$$\boldsymbol{Q}_{\mathrm{P}} = \begin{bmatrix} [A_i] \\ ([R]\,\boldsymbol{S}'_{\mathrm{P}\,i})^T \end{bmatrix} \boldsymbol{F}'_{\mathrm{P}} \tag{5.63}$$

と表される．この式 (5.63) の $\boldsymbol{Q}_{\mathrm{P}}$ は，前述の式 (5.56)$_3$ と対応づけるとよい．さらに，式 (5.56)$_{1,\,2}$ より

$$\begin{aligned} \delta\,\boldsymbol{q}_i &= \begin{bmatrix} \delta\,\boldsymbol{R}^T_i & \delta\,\phi_i \end{bmatrix}^T \\ [M_i] &= \mathrm{diag}\,(m_i,\,m_i,\,I_i) \end{aligned} \tag{5.64}$$

となるから，機素 $i=1$ の単独である式 (5.54) に相当する変分運動方程式は，任意の機素 i に対して，式 (5.55) と同様に次のように書ける．

$$\delta\,\boldsymbol{q}^T_i [[M_i]\,\ddot{\boldsymbol{q}}_i - \boldsymbol{Q}_i] = 0 \tag{5.65}$$

3　機構の運動方程式

ここでは，平面上にある複数個の機素 (剛体) で構成される機構すなわち機械システムを考える．機素が複数個存在するときは，機素間の力の伝達，運動の拘束が存在する．これを拘束力と呼ぶことにすると，個々の機素に作用する慣性力，一般化作用力，拘束力のすべての力がわかっていれば，式 (5.52)，(5.53) の微分運動方程式および式 (5.65) の変分運動方程式が，機素ごとに成立する．

機素と機素との間の力学的，運動学的な拘束を含む式について，その定式化について述べる．

いま，任意の n 個の機素によって機構すなわち機械システムが構成されているとする．機素 i の変分運動方程式については，すでに式 (5.65) で求めたが，この一般化力 $\boldsymbol{Q}_i$ にすべての力が含まれているとすると，$i=1,\cdots,n$ について，式 (5.65) を足し合わせると次の式が得られる．

$$\sum_{i=1}^{n} \delta\,\boldsymbol{q}^T_i [[M_i]\ddot{\boldsymbol{q}}_i - \boldsymbol{Q}_i] = 0 \tag{5.66}$$

この式に，次の

$$\left.\begin{aligned}\boldsymbol{q} &= \begin{bmatrix}\boldsymbol{q}_1^T & \boldsymbol{q}_2^T & \cdots & \boldsymbol{q}_n^T\end{bmatrix}^T \\ [M] &= \mathrm{diag}\left(M_1, M_2, \cdots, M_n\right) \\ \boldsymbol{Q} &= \begin{bmatrix}\boldsymbol{Q}_1^T & \boldsymbol{Q}_2^T & \cdots & \boldsymbol{Q}_n^T\end{bmatrix}^T\end{aligned}\right\} \tag{5.67}$$

なる複数個の機素で構成される機構すなわち機械システム全体の変分運動方程式として，改めて一般化座標ベクトル $\boldsymbol{q}$，質量マトリックス $[M]$ および一般化力ベクトル $\boldsymbol{Q}$ を定義すると都合がよい．これらの表現を用いると前述の式 (5.55) と同じになるが，

$$\delta\boldsymbol{q}^T\left[[M]\ddot{\boldsymbol{q}} - \boldsymbol{Q}\right] = 0 \tag{5.68}$$

と表される．ここで，$\boldsymbol{Q}$ には一般化作用力 $\boldsymbol{Q}^A$ と一般化拘束力 $\boldsymbol{Q}^C$ が含まれているので，

$$\boldsymbol{Q} = \boldsymbol{Q}^A + \boldsymbol{Q}^C \tag{5.69}$$

と表現できる．これを式 (5.68) に代入すると，次式を得る．

$$\delta\boldsymbol{q}^T\left[[M]\ddot{\boldsymbol{q}} - \boldsymbol{Q}^A\right] - \delta\boldsymbol{q}^T\boldsymbol{Q}^C = 0 \tag{5.70}$$

この式の第 3 項は

$$\delta\boldsymbol{q}^T\boldsymbol{Q}^C = \sum_{i=1}^n \delta\boldsymbol{q}_i^T\boldsymbol{Q}_i^C \tag{5.71}$$

であり，$\delta\boldsymbol{q}_i^T\boldsymbol{Q}_i^C$ は機素 i における拘束力の仮想仕事であり，各機素 i においては仮想仕事は 0 でないが，機構すなわち機械システム全体としては，ニュートンの作用・反作用の法則により，すべての拘束力による仮想仕事は 0 となる．すなわち，

$$\delta\boldsymbol{q}^T\boldsymbol{Q}^C = \sum_{i=1}^n \delta\boldsymbol{q}_i^T\boldsymbol{Q}_i^C = 0 \tag{5.72}$$

となる．一方，機構の拘束式

$$\boldsymbol{\Phi}(\boldsymbol{q}, t) = \boldsymbol{0} \tag{5.73}$$

から

$$\boldsymbol{\Phi}_q \delta\boldsymbol{q} = \boldsymbol{0} \tag{5.74}$$

が得られる．

一般に，$\boldsymbol{x}$ が n 次元の変数ベクトル，$\boldsymbol{b}$ を n 次元の定数ベクトル，そして $[A]$ を $m \times n$ の定数マトリックスとし，

$$\boldsymbol{b}^T\boldsymbol{x} = 0 \tag{5.75}$$

が，次式のような等号拘束式

$$[A]\boldsymbol{x} = \boldsymbol{0} \tag{5.76}$$

を満足するすべての $\boldsymbol{x}$ について成り立つならば，任意の $\boldsymbol{x}$ に対して

$$\boldsymbol{b}^T\boldsymbol{x} + \boldsymbol{\lambda}^T[A]\boldsymbol{x} = 0 \tag{5.77}$$

となるような Lagrange 乗数の m 次元ベクトル $\boldsymbol{\lambda}$ が存在することは，古典力学では知られており，

$$\boldsymbol{b} + [A]^T\boldsymbol{\lambda} = \boldsymbol{0} \tag{5.78}$$

が成り立つ．
いま，$\boldsymbol{b}$ を $[[M]\ddot{\boldsymbol{q}} - \boldsymbol{Q}^A]$ とし，$\boldsymbol{x}$ を $\delta\boldsymbol{q}$ とし，$[A]$ を $\boldsymbol{\Phi}_q$ と考えるなら，

$$[M]\ddot{\boldsymbol{q}} - \boldsymbol{Q}^A + \boldsymbol{\Phi}_q^T\boldsymbol{\lambda} = \boldsymbol{0} \tag{5.79}$$

よって

$$[M]\ddot{\boldsymbol{q}} + \boldsymbol{\Phi}_q^T\boldsymbol{\lambda} = \boldsymbol{Q}^A \tag{5.80}$$

が成り立つ．これが拘束をもった機構すなわち機械システムの運動方程式である．一方，式 (5.73) より速度と加速度は，第 3 章でも述べたように

$$\left.\begin{aligned} \boldsymbol{\Phi}_q\dot{\boldsymbol{q}} &= -\boldsymbol{\Phi}_t = v \\ \boldsymbol{\Phi}_q\ddot{\boldsymbol{q}} &= -\left(\boldsymbol{\Phi}_q\dot{\boldsymbol{q}}\right)_q\dot{\boldsymbol{q}} - 2\boldsymbol{\Phi}_{qt}\dot{\boldsymbol{q}} - \boldsymbol{\Phi}_{tt} = \gamma \end{aligned}\right\} \tag{5.81}$$

であるが，式 (5.80) の運動方程式と式 (5.81)$_2$ との加速度方程式を連立させると，次の式が得られる．

$$\begin{bmatrix} [M] & \boldsymbol{\Phi}_q^T \\ \boldsymbol{\Phi}_q & 0 \end{bmatrix} \begin{Bmatrix} \ddot{\boldsymbol{q}} \\ \boldsymbol{\lambda} \end{Bmatrix} = \begin{Bmatrix} \boldsymbol{Q}^A \\ \gamma \end{Bmatrix} \tag{5.82}$$

この式を混合微分代数方程式 (DAE, mixed system of differential-algebraic equations) と呼ぶ．この式を解くと，$\ddot{\boldsymbol{q}}$ が次式で得られる．（ただし，$\boldsymbol{\Phi}_t = \boldsymbol{0}$ の場合）

$$\begin{aligned} \ddot{\boldsymbol{q}} =\ & \{[M]^{-1} - [M]^{-1}\boldsymbol{\Phi}_q^T(\boldsymbol{\Phi}_q[M]^{-1}\boldsymbol{\Phi}_q^T)^{-1}\boldsymbol{\Phi}_q[M]^{-1}\}\boldsymbol{Q}^A \\ & - [M]^{-1}\boldsymbol{\Phi}_q^T(\boldsymbol{\Phi}_q[M]^{-1}\boldsymbol{\Phi}_q^T)^{-1}(\boldsymbol{\Phi}_q\dot{\boldsymbol{q}})_q\dot{\boldsymbol{q}} \end{aligned} \tag{5.83}$$

式 (5.83) を数値積分などによって数値解析し，$\ddot{\boldsymbol{q}}$ を求めることができる．

5.3 機構へのマルチボディ・ダイナミクス適用の基礎　79

■ **例題 5.10** 図 5.13 のように単振子についてその運動方程式を求めよ．一般化座標ベクトルは，$\boldsymbol{q} = [x_1 \quad y_1 \quad \phi_1]^T$ であるとする．

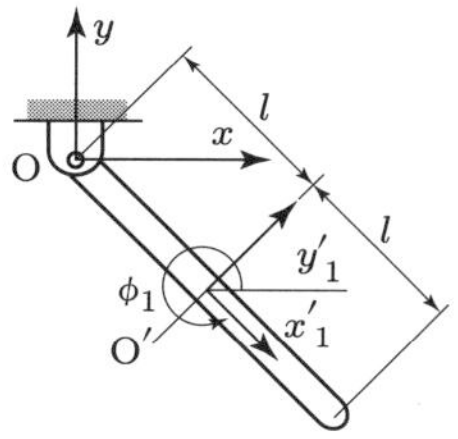

▷ **解**

単振子は鉛直面内にあって重力が作用しているとすると，この重力による仮想仕事は，

$$\delta W = \begin{bmatrix} \delta x_1 & \delta y_1 & \delta \phi_1 \end{bmatrix}^T \begin{bmatrix} 0 \\ -mg \\ 0 \end{bmatrix} \quad (5.84)$$

図 5.13 単振子

ここで，m は振り子の質量である．そのため，一般化作用力 $\boldsymbol{Q}^A$ は

$$\boldsymbol{Q}^A = \begin{bmatrix} 0 & -mg & 0 \end{bmatrix}^T \quad (5.85)$$

となる．変分運動方程式は，

$$\delta \boldsymbol{q}^T \left[[M] \ddot{\boldsymbol{q}} - \boldsymbol{Q}^A \right] = \begin{bmatrix} \delta x_1 & \delta y_1 & \delta \phi_1 \end{bmatrix}^T \begin{bmatrix} m\ddot{x}_1 \\ m\ddot{y}_1 + mg \\ (ml^2/3)\ddot{\phi}_1 \end{bmatrix} = 0 \quad (5.86)$$

ここで，振り子の慣性モーメント (回転慣性 2 次モーメントとも呼ぶ) は，$I = ml^2/3$ である．

一般化座標の間に次の拘束が存在する．

$$\boldsymbol{\Phi}(\boldsymbol{q}) = \begin{bmatrix} x_1 - l\cos\phi_1 \\ y_1 - l\sin\phi_1 \end{bmatrix} = \boldsymbol{0} \quad (5.87)$$

これより変分運動方程式は，$\boldsymbol{\Phi}_q \delta \boldsymbol{q} = 0$ より次式が得られる．

$$\begin{bmatrix} 1 & 0 & l\sin\phi_1 \\ 0 & 1 & -l\cos\phi_1 \end{bmatrix} \begin{bmatrix} \delta x_1 \\ \delta y_1 \\ \delta \phi_1 \end{bmatrix} = \boldsymbol{0} \quad (5.88)$$

式 (5.73) を時間に関して微分すると，速度および加速度が得られる．すなわち速度は，式 (5.81) より $\boldsymbol{\Phi}_q \dot{\boldsymbol{q}} + \boldsymbol{\Phi}_t = 0$ であり，$\boldsymbol{\Phi}_t = 0$ であるから，

$$\boldsymbol{\Phi}_q \dot{\boldsymbol{q}} = \begin{bmatrix} 1 & 0 & l\sin\phi_1 \\ 0 & 1 & -l\cos\phi_1 \end{bmatrix} \begin{Bmatrix} \dot{x}_1 \\ \dot{y}_1 \\ \dot{\phi}_1 \end{Bmatrix} = \boldsymbol{0} = v \quad (5.89)$$

となる．加速度は式 (5.81) で $\boldsymbol{\Phi}_{qt} = \boldsymbol{0}$，$\boldsymbol{\Phi}_{tt} = \boldsymbol{0}$ であるから $\boldsymbol{\Phi}_q \ddot{\boldsymbol{q}} + (\boldsymbol{\Phi}_q \dot{\boldsymbol{q}})_q \dot{\boldsymbol{q}} = \boldsymbol{0}$ となり

$$\boldsymbol{\Phi}_q \ddot{\boldsymbol{q}} = -\begin{bmatrix} l\dot{\phi}_1^2 \cos\phi_1 \\ l\dot{\phi}_1^2 \sin\phi_1 \end{bmatrix} = \gamma \quad (5.90)$$

式 (5.82), (5.86), 式 (5.88) および式 (5.90) より，単振子の機構としての混合微分代数方程式の DAE は次の式になる．

$$\begin{bmatrix} m & 0 & 0 & 1 & 0 \\ 0 & m & 0 & 0 & 1 \\ 0 & 0 & ml^2/3 & l\sin\phi_1 & -l\cos\phi_1 \\ 1 & 0 & l\sin\phi_1 & 0 & 0 \\ 0 & 1 & -l\cos\phi_1 & 0 & 0 \end{bmatrix} \begin{Bmatrix} \ddot{x}_1 \\ \ddot{y}_1 \\ \ddot{\phi}_1 \\ \lambda_1 \\ \lambda_2 \end{Bmatrix} = \begin{Bmatrix} 0 \\ -mg \\ 0 \\ -l\dot{\phi}_1^2\cos\phi_1 \\ -l\dot{\phi}_1^2\sin\phi_1 \end{Bmatrix} \tag{5.91}$$

式 (5.91) を数値積分することによって，単振子の運動が得られる． ◁

■ **例題 5.11** 式 (5.82) から式 (5.83) を導出せよ．

▷ **解**

式 (5.82) の $\begin{bmatrix} [M] & \boldsymbol{\Phi}_q^T \\ \boldsymbol{\Phi}_q & 0 \end{bmatrix}$ の逆行列を以下の手順によって求める．

$$\left[\begin{array}{cc|cc} [M] & \boldsymbol{\Phi}_q^T & [E] & 0 \\ \boldsymbol{\Phi}_q & 0 & 0 & [E] \end{array}\right]$$

の 1 行目に左から $[M]^{-1}$ をかけると，

$$\left[\begin{array}{cc|cc} [E] & [M]^{-1}\boldsymbol{\Phi}_q^T & [M]^{-1} & 0 \\ \boldsymbol{\Phi}_q & 0 & 0 & [E] \end{array}\right]$$

となる．次に，上式の 2 行目から，1 行目に左から $\boldsymbol{\Phi}_q$ をかけたものをひくと，

$$\left[\begin{array}{cc|cc} [E] & [M]^{-1}\boldsymbol{\Phi}_q^T & [M]^{-1} & 0 \\ 0 & -\boldsymbol{\Phi}_q[M]^{-1}\boldsymbol{\Phi}_q^T & -\boldsymbol{\Phi}_q[M]^{-1} & [E] \end{array}\right]$$

が得られる．さらに 2 行目に左から $-\left(\boldsymbol{\Phi}_q[M]^{-1}\boldsymbol{\Phi}_q^T\right)^{-1}$ をかけると，次のようになる．

$$\left[\begin{array}{cc|cc} [E] & [M]^{-1}\boldsymbol{\Phi}_q^T & [M]^{-1} & 0 \\ 0 & [E] & \left(\boldsymbol{\Phi}_q[M]^{-1}\boldsymbol{\Phi}_q^T\right)^{-1}\boldsymbol{\Phi}_q[M]^{-1} & -\left(\boldsymbol{\Phi}_q[M]^{-1}\boldsymbol{\Phi}_q^T\right)^{-1} \end{array}\right]$$

上式の 1 行目から，上式の 2 行目に左から $[M]^{-1}\boldsymbol{\Phi}_q^T$ をかけたものをひくと，

$$\left[\begin{array}{cc|cc} [E] & 0 & [M]^{-1} - [M]^{-1}\boldsymbol{\Phi}_q^T(\boldsymbol{\Phi}_q[M]^{-1}\boldsymbol{\Phi}_q^T)^{-1}\boldsymbol{\Phi}_q[M]^{-1} & [M]^{-1}\boldsymbol{\Phi}_q^T(\boldsymbol{\Phi}_q[M]^{-1}\boldsymbol{\Phi}_q^T)^{-1} \\ 0 & [E] & \left(\boldsymbol{\Phi}_q[M]^{-1}\boldsymbol{\Phi}_q^T\right)^{-1}\boldsymbol{\Phi}_q[M]^{-1} & -\left(\boldsymbol{\Phi}_q[M]^{-1}\boldsymbol{\Phi}_q^T\right)^{-1} \end{array}\right]$$

となる．よって，次式が得られる．

$$\begin{bmatrix} [M] & \boldsymbol{\Phi}_q^T \\ \boldsymbol{\Phi}_q & 0 \end{bmatrix}^{-1}$$
$$= \begin{bmatrix} [M]^{-1} - [M]^{-1}\boldsymbol{\Phi}_q^T(\boldsymbol{\Phi}_q[M]^{-1}\boldsymbol{\Phi}_q^T)^{-1}\boldsymbol{\Phi}_q[M]^{-1} & [M]^{-1}\boldsymbol{\Phi}_q^T(\boldsymbol{\Phi}_q[M]^{-1}\boldsymbol{\Phi}_q^T)^{-1} \\ \left(\boldsymbol{\Phi}_q[M]^{-1}\boldsymbol{\Phi}_q^T\right)^{-1}\boldsymbol{\Phi}_q[M]^{-1} & -\left(\boldsymbol{\Phi}_q[M]^{-1}\boldsymbol{\Phi}_q^T\right)^{-1} \end{bmatrix}$$

式 (5.82) に上式を左からかけると，次式が得られる．

$$\begin{Bmatrix} \ddot{q} \\ \lambda \end{Bmatrix} = \begin{bmatrix} [M] & \boldsymbol{\Phi}_q^T \\ \boldsymbol{\Phi}_q & 0 \end{bmatrix}^{-1} \begin{Bmatrix} \boldsymbol{Q}_A \\ \gamma \end{Bmatrix}$$
$$= \begin{bmatrix} [M]^{-1} - [M]^{-1}\boldsymbol{\Phi}_q^T(\boldsymbol{\Phi}_q[M]^{-1}\boldsymbol{\Phi}_q^T)^{-1}\boldsymbol{\Phi}_q[M]^{-1} & [M]^{-1}\boldsymbol{\Phi}_q^T(\boldsymbol{\Phi}_q[M]^{-1}\boldsymbol{\Phi}_q^T)^{-1} \\ \left(\boldsymbol{\Phi}_q[M]^{-1}\boldsymbol{\Phi}_q^T\right)^{-1}\boldsymbol{\Phi}_q[M]^{-1} & -\left(\boldsymbol{\Phi}_q[M]^{-1}\boldsymbol{\Phi}_q^T\right)^{-1} \end{bmatrix} \begin{Bmatrix} \boldsymbol{Q}_A \\ \gamma \end{Bmatrix}$$

ここで，$\gamma = \boldsymbol{\Phi}_q \ddot{\boldsymbol{q}} = -(\boldsymbol{\Phi}_q \dot{\boldsymbol{q}})_q \dot{\boldsymbol{q}}$ ($\boldsymbol{\Phi}_t = \boldsymbol{0}$ の場合) である．よって，次の式 (5.83) が得られる．

$$\ddot{\boldsymbol{q}} = \left\{[M]^{-1} - [M]^{-1}\boldsymbol{\Phi}_q^T \left(\boldsymbol{\Phi}_q[M]^{-1}\boldsymbol{\Phi}_q^T\right)^{-1} \boldsymbol{\Phi}_q[M]^{-1}\right\} \boldsymbol{Q}_A$$
$$- [M]^{-1}\boldsymbol{\Phi}_q^T \left(\boldsymbol{\Phi}_q[M]^{-1}\boldsymbol{\Phi}_q^T\right)^{-1} \left(\boldsymbol{\Phi}_q \dot{\boldsymbol{q}}\right)_q \dot{\boldsymbol{q}} \qquad \triangleleft$$

演習問題

[5.1] 図 5.14 に示す鉛直面内にある 2 自由度ロボットアームの先端の把持物体を支えるために必要なトルク T_1, T_2 を図に示す記号を使って示せ．

[5.2] 本文の図 5.9 に示すような軸受に支えられ，η 軸まわりに一定の角速度 $\boldsymbol{\omega}_\eta$ で回転する軸対称円板を考える．次の問いに答えよ．
　(1) ベクトル $\boldsymbol{\omega}_\eta$ に垂直な軸まわり，すなわち ζ 軸まわりに一定の角速度 $\boldsymbol{\omega}_\zeta$ で回転させる場合，この系の角運動量を求めよ．
　(2) このとき，系に加わるジャイロモーメントを求めよ．

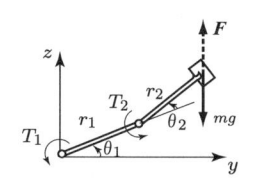

図 5.14　2 自由度アーム

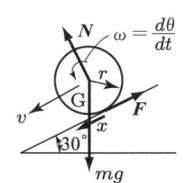

図 5.15　斜面をころがる円柱

[5.3] 図 5.15 に示すように，水平面に対して傾斜 30°の坂がある．この坂を質量 m の円柱がまっすぐにころがるように，円柱の両端を同じ高さに保って手を離した．円柱がすべることなくころがるとしたときの運動方程式を求めよ．重心は図心に一致するものとする．

[5.4] 図 5.16 に示すブレーキ機構において，質量 m，半径 r の回転体が角速度 ω で等速回転しているとする．点 B に垂直力 P を加えてブレーキをかけた．回転体とブレーキ間に働く摩擦係数を μ として，回転体が停止するまでの回転数と時間を計算せよ．

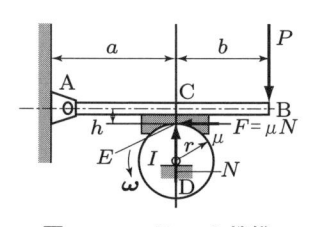

図 5.16　ブレーキ機構

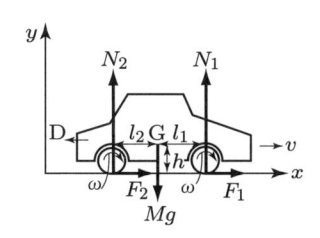

図 5.17　自動車の走行運動

[5.5] 図 5.17 に示すように，自動車の後輪に一定の駆動トルク T が与えられるときの自動車の走行運動について考察する．ただし，車輪は地面に対しすべらないとする．

(1) 車輪の接地点における地面の垂直反力 N_1, N_2 を求めよ．
(2) 一定速度で走行するためにはトルクについてどのような条件が必要か．
(3) (2) のときタイヤがスリップしないための摩擦力の条件を求めよ．
　　記号について，M: 車体の質量，h: 車体の重心 G の高さ，l_1, l_2: G と前後車輪軸との距離，a: 車輪半径，I: 車軸に関する車輪の慣性モーメント，ω: 車軸の回転角速度，v: 車体の前進速度，T: エンジンからの駆動トルク，D: 車体の走行抵抗 (空気抵抗，車輪のころがり抵抗などの和)，F_1, F_2: 車輪の接地点における地面の摩擦力，とする．

[5.6] 図 5.18 のスライダクランク機構を考える．節 A は固定点 O_1 のまわりを $\omega = 10$ rad/s で等速回転している．O_1O_2 の長さが 0.1 m であり，節 B が節 A に対して 0.3 m/s の速度と 7 m/s^2 の加速度をもつとき，節 B に働いている力の大きさを求めよ．ただし，節 B の質量は 1 kg とする．また，摩擦は無視できるとする．

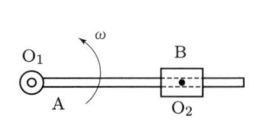

図 5.18　スライダクランク機構

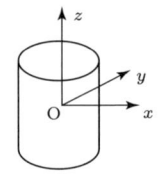

図 5.19　円筒形の回転体

[5.7] 図 5.19 に示す原点 O を固定点とし，z 軸まわりに ω_z rad/s で等速回転している円筒形の回転体を考える．この回転体を x 軸まわりに ω_x rad/s で等速回転されるとき生じるジャイロモーメントを求めよ．ただし，x, y, z 軸は回転体の慣性主軸と一致しているものとする．

[5.8] 列車が南に向かって 250 km/h で走行しているとする．このときコリオリ力はどちらの方向にどれだけの大きさで働くか述べよ．また，これは重力の何 % になるか．ただし列車は北緯 34 度の地点を走行しているとし，列車の質量を 43 t とする．

第6章 リンク機構の運動学

リンク機構 (linkage mechanism) は，エネルギーを供給される原動節の運動を設計者の望む運動に変換し，従動節に出力させる場合に多く用いられる機構の1つである．リンク機構は比較的細長いはり状の剛体を，回り対偶やすべり対偶などの低次対偶で連結した機構のことである．すでに昔から人々はいろいろな種類のリンク機構を考察し，作業の合理化や，生産の自動化に利用してきており，身のまわりにすぐ事例をみることができる．なお，ここでは機素が連鎖の一員として考えられているので，節またはリンク (link) と呼ぶことにしている．

6.1 平面リンク機構

リンク機構は連鎖を構成している1つの節を固定し，運動を限定したものにする機構である．最も基本的なものとして，平面内では，4節リンク機構があげられる．この他，6節リンク機構などもある．4節リンク機構では，一般に長さの異なる4本の節と，4個の平面内の運動を可能とする回り対偶，すべり対偶などで構成されている．

1 4節リンク機構

4節リンク機構は，もっとも簡潔で基本的であり，多くの機械に実用されてきている．これらを，節の長さ，対偶の種類により分類すれば，図6.1のようになる．

ここで，スライダクランク機構と両スライダ機構は，4節回転リンク機構の瞬間中心の永久中心が無限遠，回転運動がすべり運動になった場合である．

(a) 4節回転リンク機構　(b) スライダクランク機構　(c) 両スライダ機構

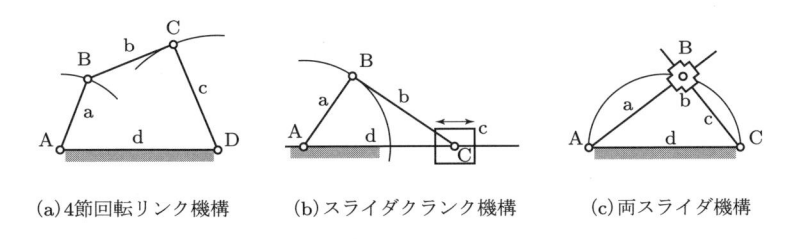

図 **6.1** 4節リンク機構の分類

2　4節回転リンク機構

4節回転リンク機構を構成する各節の長さの大小によって，図 6.2 に示すように，両クランク機構，てこクランク機構，両てこ機構の3種類に分けられる．

図 6.2 に示すように，同図 (a) の両クランク機構では，長さが最小の節 AD が固定されており，節 AB, BC, CD は永久中心である対偶 A, D 点まわりに回転することができる．同図の (b) のてこクランク機構では，節 AB の長さが最小であり，節 AD が固定されているとき，節 AB は完全に回転できるが，節 CD は部分的な回転運動だけ可能となる．同図の (c) 両てこ機構では，節 AD の長さは節 BC の長さより大きく，節 AD が固定されているとき，節 AB と節 CD は部分的に回転運動できるだけとなる．

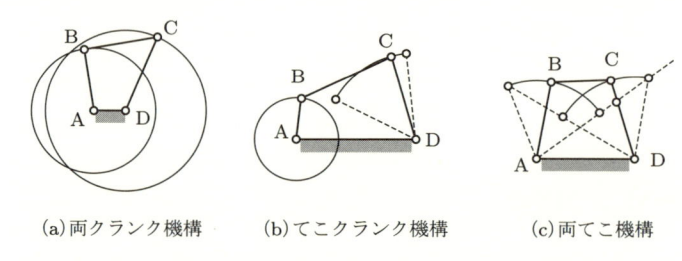

(a)両クランク機構　　(b)てこクランク機構　　(c)両てこ機構

図 6.2　4節回転リンク機構の節の長さと運動可能範囲の関係

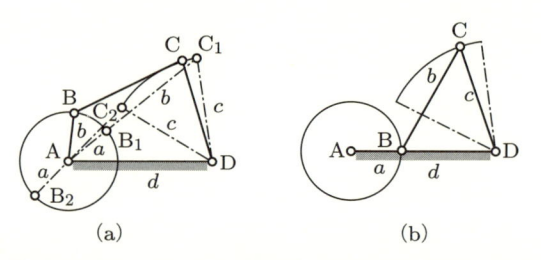

図 6.3　てこクランク機構が成立する節の長さの条件

ここで，例えば図 6.2 の (b) のてこクランク機構について，最短の節 AB が完全に回転できる条件を検討する．

図 6.3 に示すように，運動状態の瞬間における各位置において，三角形をなしている場合を考える．同図の (a) において，てこである節 DC が節 DC_1 として右端に位置している場合を考える．$\overline{AB_1}$ と $\overline{B_1C_1}$ は一直線上にあるので，$\triangle AC_1D$ において三角形の辺の長さの不等式は，a, b, c, d をてこクランク機構の節の長さとするとき，次式が成立する

$$a + b < c + d \tag{6.1}$$

次に，節 DC が節 DC_2 で表されるように左端にきた場合は，$\triangle AC_2D$ において，$(b-a)+c>d$ であるから，

$$a+d<b+c \tag{6.2}$$

が得られる．また，同図の (b) の位置では，$\triangle BCD$ において，$(d-a)+b>c$ であるから，次式が得られる．

$$a+c<b+d \tag{6.3}$$

また，B が A に関して同図 (b) とは反対の側にあるときも，式 (6.2) の $a+d<b+c$ が成り立つ．

したがって，最短の節が完全に回転できるためには，式 (6.1), (6.2), (6.3) が同時に成立すること，すなわち最短の節と他の 1 つの節の長さの和が残りの節の長さの和よりも小さいことが必要である．これをグラスホフの定理 (Grashof's theorem) という．

さらに，てこクランク機構についての運動学的特徴を述べる．

図 6.4 において点 A, B, C が一直線上になる B, C の位置を B_1, C_1 とする．これから，節 AB が反時計まわりに θ_0 だけ回転したときの位置を点 B_2 として，このとき点 C_1 が C_2 に移動し，点 B_2, A, C_2 が一直線上になったとする．

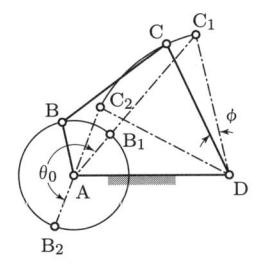

図 6.4 てこクランク機構の早戻り運動と思案点

さらに節 AB が回転すると点 B_1 にもどり 1 回転することができる．このとき節 CD は揺動角 $\phi = \angle C_1DC_2$ の範囲で揺動運動する．この場合，図より明らかなように，$\theta_0 > \pi$ であり，節 AB が一定回転角速度 ω で，すなわち $\theta = \omega t$ の関係で回転しているとき，揺動角 ϕ は C_1 から C_2 へ移動する場合と，C_2 から C_1 へ移動する場合で所要時間が異なることになる．このような運動を早戻り運動と呼び，機械が作業しているときは，ゆっくりと動かし，早く元の位置にもどして，くり返し効率のよい作業をさせる機械に利用される．

また，図 6.4 において，てこである節 CD を原動節，クランクである節 AB を従動節とするとき，節 CD の先端 C が同図の C_1 あるいは C_2 に一致する位置をとるとき，節

CD にどれだけ大きな力を加えてもクランクの節 AB を回転させるトルク (回転モーメント) を生じさせることはできない．このような B_1 あるいは B_2 の点を死点 (dead point) という．これは，1 回転中 2 回存在する．また運動学的にみると，点 B_1 および点 B_2 では，この位置からさらに動かそうとすると，反時計まわりか時計まわりに動くのかわからない．このように，拘束運動の途中で不拘束を生じるような点 B_1 あるいは B_2 を思案点 (change point) というが，この機構では，死点と思案点が一致している．このとき出力軸である従動節 AB に望む方向に慣性をつけておくと，この死点を乗り切ることができる．なお，逆に，クランクである節 AB を原動節とするときは，これらの点は死点でなくなる．

なお，てこクランク機構は，ワットが蒸気機関を発明したときに，機関車の車輪部にてこクランク機構を取り付けて，蒸気力によって往復運動を揺動運動に変換し，クランクに回転運動を生じさせたが，このてこクランク機構の応用としては，原動節に加えた小さな力で，従動節に大きな力を発生させる倍力機構 (toggle joint) がある．すなわち，前述の死点を積極的に利用したものである．ワイヤを切断するカッターや鋼板などに孔をあけたり，切断したりするプレス機械に応用されている．

図 6.5 (a) に示すように，4 節リンク機構で対偶 A, B, C がほとんど一直線上にくると，図に示すように，これにほぼ直角方向に力 P を加えると，C 点では拡大された力 Q が与えられることになる．図 6.5 (b) は手押しせん断機への応用例を示し，力の拡大の機構を図に示す力のベクトル記号で示す．

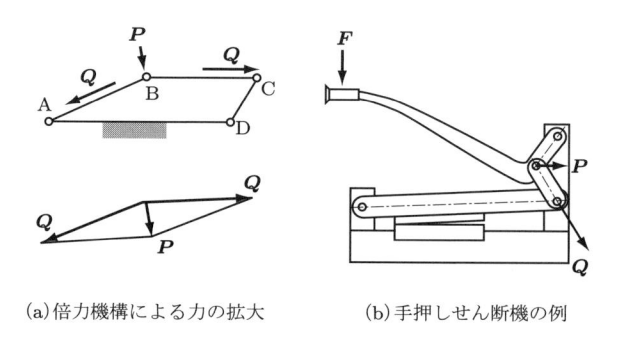

(a) 倍力機構による力の拡大 (b) 手押しせん断機の例

図 6.5 倍力機構の原理と応用例

3 スライダクランク機構

スライダクランク機構は，4 節回転リンク機構の 1 つの節をスライダにおきかえ，4 個の節を 3 個の回り対偶と 1 個のすべり対偶で結びつけた機構をいう．図 6.6 に示すように，これらの 4 個の節のうち固定する節をかえることによって 4 種類の運動が得

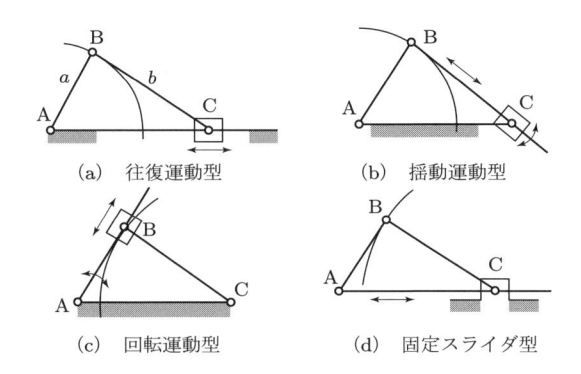

図 6.6 スライダの運動からみたスライダクランク機構の種類

られる．

たとえば，図 6.6 (a) の往復運動型において，節 AB が節 BC, AC のまわりを完全に回転できるための条件は，節 AB, BC の長さ a, b が $a \leqq b$ を満たすことである．同図中他の (b), (c), (d) についても節間の長さの条件によって運動も規定される．

4 両スライダ機構

両スライダ機構は，2 個の回り対偶と 2 個のすべり対偶を組み合わせ，固定する節をかえることによって，図 6.7 に示す次の 4 種類の運動に分類できる．

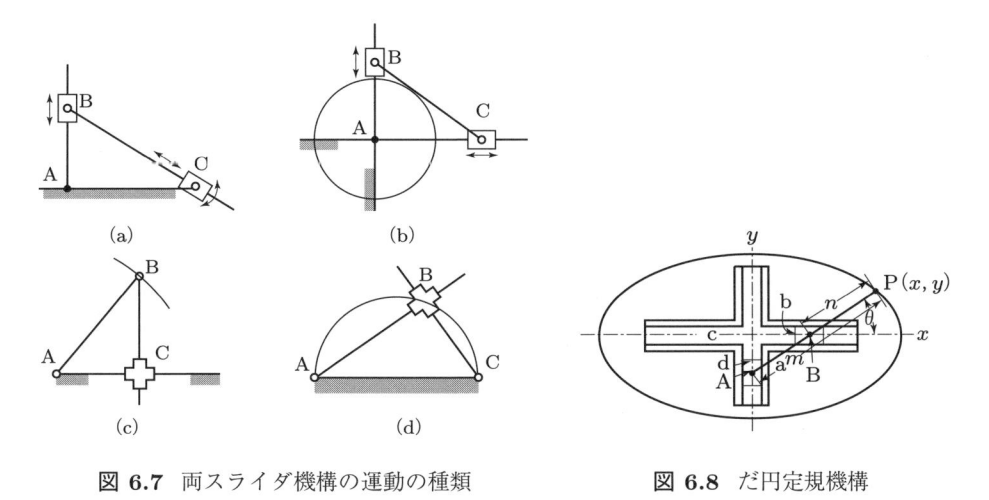

図 6.7 両スライダ機構の運動の種類　　**図 6.8** だ円定規機構

（1）だ円定規機構 (elliptic trammel)

図 6.7 (b) の運動を示す機構を利用してだ円コンパスを作ることができる．

図 6.8 に示すように，節 c を固定し，これに直角をなす 2 つの溝を設けると，この

中をそれぞれスライダ b と d がすべることができる．節 a の延長上の点 P の軌跡はだ円であることを示す．節 c のすべり方向に沿って x 軸，y 軸をとり，点 P の座標を (x,y) とおく．$\overline{\mathrm{AP}} = m$，$\overline{\mathrm{BP}} = n$ とおき，直線 AP が x 軸となす角を θ とすると，

$$x = m\cos\theta, \quad y = n\sin\theta \tag{6.4}$$

となる．すなわち

$$\cos\theta = \frac{x}{m}, \quad \sin\theta = \frac{y}{n} \tag{6.5}$$

であるから，$\cos^2\theta + \sin^2\theta = 1$ の関係より，次式が得られる．

$$\frac{x^2}{m^2} + \frac{y^2}{n^2} = 1 \tag{6.6}$$

（2） **単弦運動機構** (Scotch yoke)

図 6.7(c) の運動を示す機構を利用して，単弦運動が得られる．

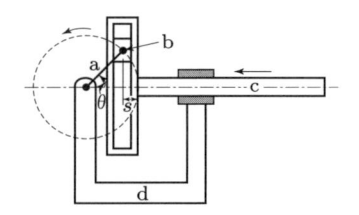

図 6.9 単弦運動機構

図 6.9 に示すように，節 a の回転角を θ とすると，スライダ c の変位 s は，

$$s = a(1 - \cos\theta) \tag{6.7}$$

となる．ここで，a は節 a の長さである．節 a が角速度 ω で回転すれば，スライダ c の速度 v は，$\theta = \omega t$ とすると，

$$v = \dot{s} = a\sin\theta \cdot \dot{\theta} = a\omega\sin\omega t \tag{6.8}$$

となり，スライダ c は単弦運動することになる．このような機構はスコッチヨーク (Scotch yoke) ともいわれる．

（3） **オルダム軸継手** (Oldham's shaft coupling)

図 6.7 (d) を運動を示す機構を利用して，図 6.10 のようなオルダム軸継手が得られる．入力軸と出力軸がずれていても等しい角速度で回転する．すなわち，節 b を回転させると，節 c は b に対してすべりながら等しい角速度で回転し，節 d も c に対してすべりながらまた等しい角速度で回転する．

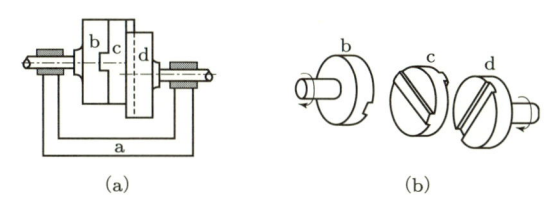

図 6.10 オルダム軸継手

6.2 4節リンク機構の運動解析

1 4節回転リンク機構の入出力関係

図 6.11 に示す 4 節リンク機構の運動解析を行う．まず，極形式の複素数表示による解析を示す．

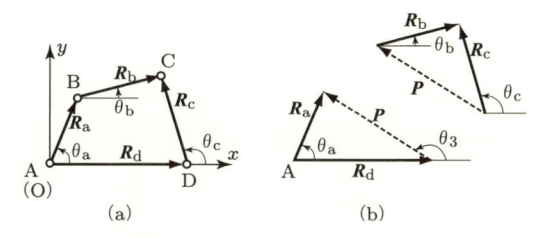

図 6.11 4節リンク機構における入力回転角 θ_a と出力回転角 θ_b の関係

節 AB, BC, CD, AD は，それぞれ図に示すようにベクトル R_a, R_b, R_c, R_d で表わされ，長さ r_a, r_b, r_c, r_d が既知であるとき，入力回転角 θ_a が与えられたときの出力回転角 θ_c を求めることにする．

同図 (a) のベクトルの向きの定義より

$$R_a + R_b = R_d + R_c \tag{6.9}$$

これを，例えば極形式の複素数表示すると，

$$r_a e^{j\theta_a} + r_b e^{j\theta_b} = r_d + r_c e^{j\theta_c} \tag{6.10}$$

となる．ここで，同図 (a) の四角形のベクトル図を同図 (b) に示すベクトル P を導入して，2 つのベクトル三角形に分けることにする．すなわち，

$$P = R_a - R_d \quad \text{または，} \quad pe^{j\theta_3} = r_a e^{j\theta_a} - r_d \tag{6.11}$$

一方，

$$R_c = P + R_b \quad \text{または，} \quad r_c e^{j\theta_c} = pe^{j\theta_3} + r_b e^{j\theta_b} \tag{6.12}$$

ここで，p は線分 $\overline{BD}$ の長さを示し，θ_3 は $\boldsymbol{P}$ の実軸に対する傾き角である．

式 (6.11) より実部と虚部の自乗和をとると θ_3 を消去することができる．すなわち

$$p = \sqrt{r_a^2 - 2r_a r_d \cos\theta_a + r_d^2} \tag{6.13}$$

この p を用いて，θ_3 を求めると

$$(\cos\theta_3, \sin\theta_3) = \left(\frac{r_a \cos\theta_a - r_d}{p}, \frac{r_a \sin\theta_a}{p}\right) \tag{6.14}$$

となる．式 (6.12) の両辺を $e^{j\theta_3}$ で除すると

$$r_c e^{j(\theta_c - \theta_3)} = p + r_b e^{j(\theta_b - \theta_3)} \tag{6.15}$$

となる．さらに，式 (6.15) の実部と虚部の自乗和をとると

$$r_c^2 = r_b^2 + p^2 + 2r_b p \cos(\theta_b - \theta_3) \tag{6.16}$$

となり，

$$\cos(\theta_b - \theta_3) = \frac{r_c^2 - r_b^2 - p^2}{2r_b p}, \quad \sin(\theta_b - \theta_3) = \pm\sqrt{1 - \cos^2(\theta_b - \theta_3)} \tag{6.17}$$

が得られる．および，式 (6.12) の実部と虚部より

$$(\cos\theta_c, \sin\theta_c) = \left(\frac{p\cos\theta_3 + r_b \cos\theta_b}{r_c}, \frac{p\sin\theta_3 + r_b \sin\theta_b}{r_c}\right) \tag{6.18}$$

となる．式 (6.13)～(6.18) より，原動節 AB に入力回転角 θ_a が与えられると，p, θ_3 が求まり，さらに中間従動節と呼ばれる節 BC の回転角 θ_b が求まり，最後に従動節 CD の出力回転角 θ_c を求めることができる．

■ **例題 6.1** 図 6.11 において，原動節 AB が一定の角速度 ω で回転している場合について，入出力軸の回転速度比を求めよ．

▷ **解**

式 (6.10) を時間で微分すると，

$$jr_a \dot{\theta}_a e^{j\theta_a} + jr_b \dot{\theta}_b e^{j\theta_b} = jr_c \dot{\theta}_c e^{j\theta_c} \tag{6.19}$$

式 (6.19) の両辺を $e^{j\theta_b}$ で除して，実部のみをとると

$$jr_a \dot{\theta}_a \cdot j\sin(\theta_a - \theta_b) = jr_c \dot{\theta}_c \cdot j\sin(\theta_c - \theta_b) \tag{6.20}$$

となるから

$$\dot{\theta}_c = \frac{r_a \sin(\theta_a - \theta_b)}{r_c \sin(\theta_c - \theta_b)} \cdot \dot{\theta}_a \tag{6.21}$$

ここで，$\theta_a = \omega t$，$\dot{\theta}_c = \dfrac{d\theta_c}{dt} = \dfrac{d\theta_c}{d\theta_a}\dfrac{d\theta_a}{dt} = \dfrac{d\theta_c}{d\theta_a}\omega$ であるから式 (6.21) より原動節と従動節の入出力回転速度比 $d\theta_c/d\theta_a$ は

$$\frac{d\theta_c}{d\theta_a} = \frac{r_a \sin(\theta_a - \theta_b)}{r_c \sin(\theta_c - \theta_b)} \tag{6.22}$$

で，θ_a の関数となり，出力の回転変動などが検討できる． ◁

2 4節回転リンク機構の運動解析

次に，4節回転リンク機構の入出力関係について，基準座標系と局所座標系を使って機構運動解析することができる．すでに第3章で説明した速度，加速度の解析法を利用すればよい．

■ **例題 6.2** 図 6.12 に示す4節回転リンク機構について基準座標系と局所座標系を図に示すように定義し，入出力関係を求めよ．

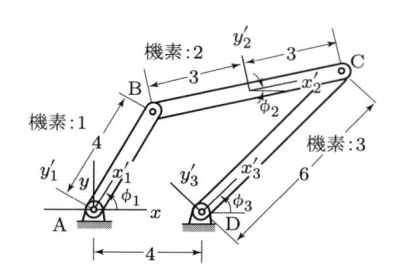

図 6.12 基準座標系と局所座標系を用いた4節リンク機構

▷ **解**

すでに，第3章で説明したように自由度を計算すると1になる．したがって，いま節 AB が〔例題 6.1〕と同様，一定の角速度 ω で回転するとすると，図 6.12 に示す記号の定義により，回転の駆動は $\phi_1 = \omega t$ として節 AB の1箇所に与えると，完全にこの機構の運動が定まる．図に示された一般化座標の数は9個であるから，$x_1 = y_1 = y_3 = 0$，$x_3 = 4$ であるため，求めたい一般化座標にかぎって，一般化座標ベクトルを

$$\boldsymbol{q} = \begin{bmatrix} \phi_1 & x_2 & y_2 & \phi_2 & \phi_3 \end{bmatrix}^T \tag{6.23}$$

と選ぶ．機構の寸法を図 6.12 に与えられたとすると，一般化座標を用いた拘束条件式は，

$$\boldsymbol{\Phi}(\boldsymbol{q}, t) = \begin{Bmatrix} x_2 - 4\cos\phi_1 - 3\cos\phi_2 \\ y_2 - 4\sin\phi_1 - 3\sin\phi_2 \\ 4 - 4\cos\phi_1 - 6\cos\phi_2 + 6\cos\phi_3 \\ 4\sin\phi_1 + 6\sin\phi_2 - 6\sin\phi_3 \\ \phi_1 - \omega t \end{Bmatrix} = \boldsymbol{0} \tag{6.24}$$

で表される．時間で微分すると速度式が得られる．

$$\begin{bmatrix} 4\sin\phi_1 & 1 & 0 & 3\sin\phi_2 & 0 \\ -4\cos\phi_1 & 0 & 1 & -3\cos\phi_2 & 0 \\ 4\sin\phi_1 & 0 & 0 & 6\sin\phi_2 & -6\sin\phi_3 \\ 4\cos\phi_1 & 0 & 0 & 6\cos\phi_2 & -6\cos\phi_3 \\ 1 & 0 & 0 & 0 & 0 \end{bmatrix} \begin{Bmatrix} \dot\phi_1 \\ \dot x_2 \\ \dot y_2 \\ \dot\phi_2 \\ \dot\phi_3 \end{Bmatrix} = \begin{Bmatrix} 0 \\ 0 \\ 0 \\ 0 \\ \omega \end{Bmatrix} \qquad(6.25)$$

式 (6.25) の解は次のようになる．

$$\left.\begin{aligned} \dot x_2 &= -4\omega\sin\phi_1 - 2\omega\sin\phi_2\frac{\sin(\phi_3-\phi_1)}{\sin(\phi_2-\phi_3)} \\ \dot y_2 &= 4\omega\cos\phi_2 + 2\omega\cos\phi_2\frac{\sin(\phi_3-\phi_1)}{\sin(\phi_2-\phi_3)} \\ \dot\phi_1 &= \omega \\ \dot\phi_2 &= \frac{2\omega\sin(\phi_3-\phi_1)}{3\sin(\phi_2-\phi_3)} \\ \dot\phi_3 &= -\frac{2\omega\sin(\phi_1-\phi_2)}{3\sin(\phi_2-\phi_3)} \end{aligned}\right\} \qquad(6.26)$$

式 (6.26) より原動節 AB の回転速度が与えられると，中間従属節 BC の回転角，回転速度，さらには並進変位，並進速度が求まり，出力の従動節 CD の回転角，回転速度が得られる．◁

❸ スライダクランク機構の入出力関係

図 6.13 に示すスライダクランク機構の運動解析を行う．4 節回転リンク機構と同様，まず極形式の複素数表示による解析を示す．

図のように，スライダに相当するピストンが，油圧により往復運動が与えられたとき，クランクの節 AB の回転運動を求める．

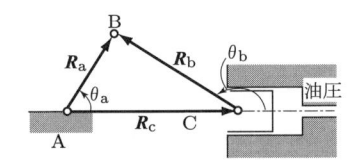

図 6.13 スライダクランク機構のベクトル図

図のように各節のベクトルを定義すると，ベクトル方程式は次のようになる．

$$\boldsymbol{R}_a = \boldsymbol{R}_b + \boldsymbol{R}_c \qquad(6.27)$$

極形式の複素数表示すると，

$$r_a e^{j\theta_a} = r_b e^{j\theta_b} + r_c \qquad(6.28)$$

式 (6.28) の実部をとると

$$r_b \cos\theta_b = r_a \cos\theta_a - r_c \tag{6.29}$$

式 (6.28) の虚部をとると

$$r_b \sin\theta_b = r_a \sin\theta_a \tag{6.30}$$

式 (6.29), (6.30) の両辺をそれぞれ 2 乗して，両者を合計し整理すると

$$r_b^2 = (r_a \cos\theta_a - r_c)^2 + r_a^2 \sin^2\theta_a$$

ゆえに

$$\cos\theta_a = \frac{r_a^2 - r_b^2 + r_c^2}{2 r_a r_c} \tag{6.31}$$

式 (6.31) より，クランクの回転運動 θ_a は往復運動 r_c が与えられると，求めることができる．

■ **例題 6.3** 図 6.13 において $r_c = C(t)$ なる運動をする場合の，クランクの節 AB の回転速度を求めよ．

▷ **解**

式 (6.28) の両辺を微分すると

$$j r_a \dot\theta_a e^{j\theta_a} = \dot r_c + j r_b \dot\theta_b e^{j\theta_b} \tag{6.32}$$

式 (6.32) の実部より

$$r_b \dot\theta_b \sin\theta_b = \dot r_c + r_a \dot\theta_a \sin\theta_a \tag{6.33}$$

一方，式 (6.32) の虚部より

$$r_b \dot\theta_b \cos\theta_b = r_a \dot\theta_a \cos\theta_a \tag{6.34}$$

式 (6.33) に $\cos\theta_b$，式 (6.34) に $\sin\theta_b$ をかけて，両辺を相減ずると，

$$r_a \dot\theta_a (\sin\theta_a \cos\theta_b - \cos\theta_a \sin\theta_b) + \dot r_c \cos\theta_b = 0$$

となる．この式に $\dot r_c = \dot C(t)$ を代入し，三角関数の加法定理を用いると，

$$r_a \dot\theta_a = -\frac{\dot C(t) \cos\theta_b}{\sin(\theta_a - \theta_b)} \tag{6.35}$$

となる．式 (6.29)〜(6.31) より θ_a, θ_b は $C(t)$ の関数として与えられるので，式 (6.35) より，クランクの節 AB の回転速度 $\dot\theta_a$ は，スライダの変位 $C(t)$ と速度 $\dot C(t)$ を用いて数値計算などによって求めることが可能であることがわかる．

❹ スライダクランク機構の運動解析

次は，スライダクランク機構の入出力について，同じく基準座標系と局所座標系を使って機構運動解析することにする．

第 3 章で駆動拘束条件を説明したが，いま，図 6.14 に示す機素 i 上に固定された点 P_i に駆動拘束として，基準座標系 O–xy で表される基準座標拘束である運動駆動

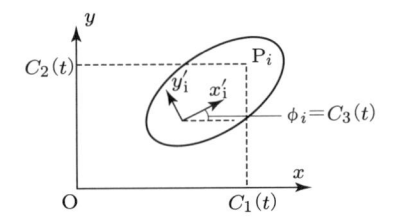

図 6.14 機素 i 上の点 P_i に与えられる基準座標拘束

$C_1(t)$, $C_2(t)$, $C_3(t)$ を与えることができる．すなわち

$$\left.\begin{array}{l} \varPhi_{xi}^D = x_{pi} - C_1(t) = 0 \\ \varPhi_{yi}^D = y_{pi} - C_2(t) = 0 \\ \varPhi_{\phi i}^D = \phi_i - C_3(t) = 0 \end{array}\right\} \tag{6.36}$$

ここで，駆動拘束条件を定義するとき，点 P_i の位置で基準座標拘束とその運動駆動が与えられるので，機素 i 上の点 P_i について基準座標拘束での位置の記述が必要であり，(x_i, y_i) と $(x_{\mathrm{P}i}, y_{\mathrm{P}i})$ を混同してはならない．

■ **例題 6.4** 図 6.15 に示すように，基準座標系 O–xy とする．局所座標系 O_1–$x_1' y_1'$ をクランクである節 AB にとる．また，局所座標系 O_2–$x_2' y_2'$ を中間の節 BC におく．スライダであるピストンは油圧でもって基準座標の x 方向に，運動駆動 $C(t)$ が与えられているとする．このときの各節の運動，およびスライダを原動節として，クランクを従動節としたときの入出力関係を求めよ．

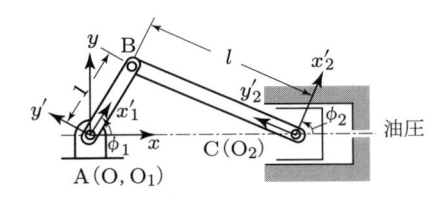

図 6.15 スライダクランク機構におけるスライダに与える基準座標拘束

▷ **解**

解析を簡単にするため，一般化座標を，

$$\boldsymbol{q} = \begin{bmatrix} x_2 & \phi_1 & \phi_2 \end{bmatrix}^T \tag{6.37}$$

とする．ここで，基準座標拘束は，式 (6.36) の点 P は O_2–$x_2' y_2'$ の原点 O_2 と一致する場合であるから x_{P_2} は x_2 とすることができ，

$$x_2 - C(t) = 0 \tag{6.38}$$

となる．これより，運動学的拘束と前述の駆動の基準座標拘束をあわせると

$$\boldsymbol{\Phi}(\boldsymbol{q},t) = \begin{bmatrix} -x_2 + \cos\phi_1 + l\sin\phi_2 \\ \sin\phi_1 - l\cos\phi_2 \\ x_2 - C(t) \end{bmatrix} = \boldsymbol{0} \tag{6.39}$$

を得る．式 (6.39) の時間微分を行うと

$$\begin{bmatrix} -1 & -\sin\phi_1 & l\cos\phi_2 \\ 0 & \cos\phi_1 & l\sin\phi_2 \\ 1 & 0 & 0 \end{bmatrix} \begin{Bmatrix} \dot{x}_2 \\ \dot{\phi}_1 \\ \dot{\phi}_2 \end{Bmatrix} = \begin{Bmatrix} 0 \\ 0 \\ \dot{C}(t) \end{Bmatrix} \tag{6.40}$$

となる．式 (6.40) より，入力の原動節のスライダの往復運動変位 $C(t)$ の速度 $\dot{C}(t)$ を用いて，中間節の BC の回転速度，さらには出力の従動節 AB の回転速度が得られる． ◁

6.3 空間リンク機構

これまで，平面連鎖から作られるリンク機構を考えてきた．ここでは球面連鎖から作られるリンク機構について述べる．平面リンク機構では回り対偶の軸心がみな平行であって，各節は平面上を運動する場合であったが，空間リンク機構では，回り対偶の軸心がすべて 1 点を通る場合である．このような機構を球面運動連鎖 (spherical chain) という．球面 4 節リンク機構などがよく用いられる．また，ロボットアームのように，1 自由度の回り対偶とすべり対偶を空間的に直列につないだ場合もある．

1 球面 4 節リンク機構

球面 4 節リンク機構の代表的なものとして，図 6.16 に示す自在継手 (universal joint)，またはフック継手 (Hook's joint) と呼ばれるもので，自動車のエンジンの回転力を車輪の回転力に伝えるために，なくてはならぬものとして，応用されてきている．

自在継手は，図 6.16 (a) に示すように，ある角度をなして交わる 2 軸の間に，原動節に相当する節 a 側から中間節 b を介して，従動節 c に回転運動を伝えるためのもの

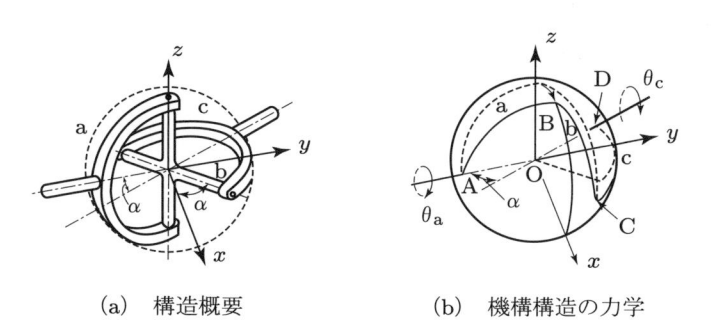

(a) 構造概要　　(b) 機構構造の力学

図 **6.16** 自在継手またはフック継手

である．構造的には，節 a, c の端は二又になっていて，これが十字形の節 b の 4 つの端部に自由度 1 の対偶でピン止めされている．

同図 (b) に示すように，この自在継手を機構学的にとらえると，ある 1 つの球面上に，4 つの回り対偶が 90°の角度ずつ離れて配置され，節 a, b, c を連結している．いま，球の中心 O から点 A, B, C, D に引いたベクトルを $\boldsymbol{R}_a, \boldsymbol{R}_b, \boldsymbol{R}_c, \boldsymbol{R}_d$ とすると，それぞれ 90°をなしているから

$$\boldsymbol{R}_a \cdot \boldsymbol{R}_b = \boldsymbol{R}_b \cdot \boldsymbol{R}_c = \boldsymbol{R}_c \cdot \boldsymbol{R}_d = 0 \tag{6.41}$$

となる．入力軸と出力軸のなす角を α とし，球の半径を r として，各軸の回転角を θ_a, θ_c とすると，図 6.16 (b) に固定された直交座標系 O–xyz に対して，$\boldsymbol{R}_b$ ベクトルは，点 B は x–z 面内にあって，y 軸まわりに回転するから，

$$\boldsymbol{R}_b = [r\sin\theta_a \quad 0 \quad r\cos\theta_a]^T \tag{6.42}$$

となる．$\boldsymbol{R}_c$ ベクトルは，点 C は x–z 面に対して α だけ傾いた面内にあり，y 軸に対して α 傾いた軸まわりに回転するから，

$$\boldsymbol{R}_c = [r\cos\theta_c \cos\alpha \quad r\cos\theta_c \sin\alpha \quad -r\sin\theta_c]^T \tag{6.43}$$

となる．式 (6.42), (6.43) を式 (6.41) の 2 番目の式に代入すると，

$$\boldsymbol{R}_b \cdot \boldsymbol{R}_c = r^2 \cos\theta_c \sin\theta_a \cos\alpha - r^2 \sin\theta_c \cos\theta_a = 0 \tag{6.44}$$

となる．これより，

$$\tan\theta_a \cos\alpha = \tan\theta_c \tag{6.45}$$

が得られ，入力回転角と出力回転角の関係が得られる．

式 (6.45) を時間で微分すれば，次のようになる．

$$\frac{1}{\cos^2\theta_a} \frac{d\theta_a}{dt} \cos\alpha = \frac{1}{\cos^2\theta_c} \frac{d\theta_c}{dt} \tag{6.46}$$

ここで，$d\theta_a/dt = \omega_a, d\theta_c/dt = \omega_c$ と置換すると，

$$\frac{\omega_c}{\omega_a} = \cos\alpha \frac{\cos^2\theta_c}{\cos^2\theta_a} \tag{6.47}$$

となる．原動節を a とし，$\omega_a = \omega$ の一定の回転数で回転しているとき，式 (6.47) は式 (6.45) を使って，次のように表される．

$$\omega_c = \frac{\cos\alpha}{\cos^2\theta_a (1 + \tan^2\theta_c)} \omega_a = \frac{\cos\alpha}{\cos^2\omega t + \cos^2\alpha \sin^2\omega t} \omega \tag{6.48}$$

となる．式 (6.48) からわかるように，入力軸が ω で一定の角速度で等速回転しても，出力軸は $\alpha = 0°$ でない限り，速度変動をもち，不等速回転をする．すなわち，出力軸

は，図 6.17 に示すように入力軸が ω で 1 回転する間に，入出力軸の交差角 α に左右されて変動する．最小値 $\cos\alpha\cdot\omega$ から最大値 $\dfrac{\omega}{\cos\alpha}$ まで 2 回変動しながら 1 回転することになる．

このような問題への対策として，図 6.18 に示すように，2 つの自在継手を平行または対称に配置すればよい．これによって，入力軸の等速回転を出力軸でも等速回転にすることができる．

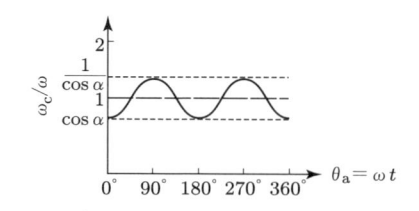

図 6.17 自在継手における従動節の角速度変動

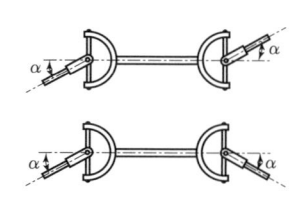

図 6.18 平行または対称に結合した自在継手

2 多関節ロボットアーム

生産の自動化のために多く用いられている産業用ロボットや，不特定の作業にも有用な自律形の汎用的なロボットアームにおいては，空間を運動できる多自由度の機構で構成されている．第 4 章で空間機構の変位，速度，および加速度の解析について，回転変換マトリックス $[A]$ について説明した．ここで改めてわかりやすく説明する．

図 6.19 のように，局所座標系 O'-$x'y'z'$ が基準座標系 O-xyz に対し，図に示すように回転したとすると，O'-$x'y'z'$ 上の点 $P(x',y',z')$ は O-xyz 座標系からみると (x,y,z) となる．この両者の関係は，各座標軸のなす角を $\theta_{xx'}, \theta_{xy'}, \cdots, \theta_{zz'}$ とすると，

$$\begin{Bmatrix} x \\ y \\ z \end{Bmatrix} = \begin{bmatrix} \cos\theta_{xx'} & \cos\theta_{xy'} & \cos\theta_{xz'} \\ \cos\theta_{yx'} & \cos\theta_{yy'} & \cos\theta_{yz'} \\ \cos\theta_{zx'} & \cos\theta_{zy'} & \cos\theta_{zz'} \end{bmatrix} \begin{Bmatrix} x' \\ y' \\ z' \end{Bmatrix} \tag{6.49}$$

となる．これは，第 4 章の式 (4.31) の $\boldsymbol{S} = [A]\boldsymbol{S}'$ に相当することになる．

次に，図 6.20 に示すように局所座標系 O'-$x'y'z'$ を基準座標系 O-xyz に対し，基準座標系表示で，$O(0,0,0)$ から $O'(x_0,y_0,z_0)$ まで移動し，この O' を中心にして，図 6.19 に示すように回転したとする．このときの O'-$x'y'z'$ 上の点 $P(x',y',z')$ を O-xyz 座標系からみたときの (x,y,z) は，

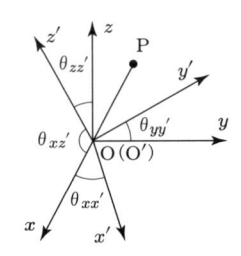

図 6.19 局所座標系 O'–$x'y'z'$ を基準座標系 O–xyz に対して回転したときの点 P の座標変換

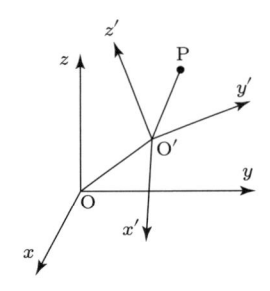

図 6.20 局所座標系 O'–$x'y'z'$ を基準座標系 O–xyz に対して並進と回転を伴う移動をしたときの点 P の座標変換

$$\begin{Bmatrix} x \\ y \\ z \\ 1 \end{Bmatrix} = \begin{bmatrix} \cos\theta_{xx'} & \cos\theta_{xy'} & \cos\theta_{xz'} & x_0 \\ \cos\theta_{yx'} & \cos\theta_{yy'} & \cos\theta_{yz'} & y_0 \\ \cos\theta_{zx'} & \cos\theta_{zy'} & \cos\theta_{zz'} & z_0 \\ 0 & 0 & 0 & 1 \end{bmatrix} \begin{Bmatrix} x' \\ y' \\ z' \\ 1 \end{Bmatrix} \tag{6.50}$$

と表すことができる．この座標変換マトリックスの

$$\begin{bmatrix} \cos\theta_{xx'} & \cos\theta_{xy'} & \cos\theta_{xz'} \\ \cos\theta_{yx'} & \cos\theta_{yy'} & \cos\theta_{yz'} \\ \cos\theta_{zx'} & \cos\theta_{zy'} & \cos\theta_{zz'} \end{bmatrix}$$

の部分マトリックスは，第 4 章の式 (4.39) の $\boldsymbol{R}_\mathrm{P} = \boldsymbol{R} + [A]\boldsymbol{S}'_\mathrm{P}$ の関係の $[A]$ に相当することになる．すなわち，$\boldsymbol{R}_\mathrm{P} = [x \; y \; z]^T$, $\boldsymbol{R} = [x_0 \; y_0 \; z_0]^T$, $\boldsymbol{S}'_\mathrm{P} = [x' \; y' \; z']^T$ とすると，式 (6.50) は $\begin{Bmatrix} \boldsymbol{R}_\mathrm{P} \\ 1 \end{Bmatrix} = \begin{bmatrix} [A] & \boldsymbol{R} \\ 0 & 1 \end{bmatrix} \begin{Bmatrix} \boldsymbol{S}'_\mathrm{P} \\ 1 \end{Bmatrix}$ となる．

例題 6.5 図 6.21 に示すように，2 自由度の回転が可能なロボットアームが先端に把持している物体の重心 G の運動を，図に示すように基準座標系で表現せよ．

▷ **解**
図に示すように基準座標系 O–xyz の z 軸まわりに θ だけ回転させて，局所座標系 O'–$x'y'z'$ を定義する．次に，O'–$x'y'z'$ 系の x' 軸上の $(a, 0, 0)$ に第 2 の局所座標系 O''–$x''y''z''$ の原点 O'' をおき，かつ x' 軸と z'' 軸を一致させるとする．まず，O'–$x'y'z'$ 系より O–xyz 系への変換は，

$$\begin{Bmatrix} x \\ y \\ z \\ 1 \end{Bmatrix} = \begin{bmatrix} \cos\theta & -\sin\theta & 0 & 0 \\ \sin\theta & \cos\theta & 0 & 0 \\ 0 & 0 & 1 & 0 \\ 0 & 0 & 0 & 1 \end{bmatrix} \begin{Bmatrix} x' \\ y' \\ z' \\ 1 \end{Bmatrix} \tag{6.51}$$

OA=a, AG=b

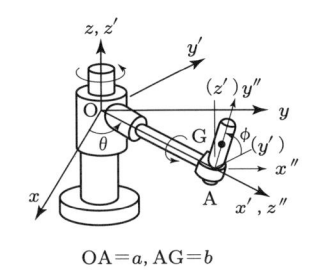

図 6.21 回転 2 自由度をもつロボットアームの先端の物体の重心の運動

となる．次に，O''–$x''y''z''$ 系より O'–$x'y'z'$ 系への変換は，ロボットアームの腕の長さ a のところに原点 O'' が並進移動しているので，

$$\begin{Bmatrix} x' \\ y' \\ z' \\ 1 \end{Bmatrix} = \begin{bmatrix} 0 & 0 & 1 & a \\ \sin\phi & \cos\phi & 0 & 0 \\ -\cos\phi & \sin\phi & 0 & 0 \\ 0 & 0 & 0 & 1 \end{bmatrix} \begin{Bmatrix} x'' \\ y'' \\ z'' \\ 1 \end{Bmatrix} \tag{6.52}$$

となる．重心点 G は O''–$x''y''z''$ 系での表示として，$(0, b, 0)$ であるから，点 G の基準座標系 O–xyz 上の座標としての表現 (x, y, z) は，次式で与えられる．

$$\begin{Bmatrix} x \\ y \\ z \\ 1 \end{Bmatrix} = \begin{bmatrix} \cos\theta & -\sin\theta & 0 & 0 \\ \sin\theta & \cos\theta & 0 & 0 \\ 0 & 0 & 1 & 0 \\ 0 & 0 & 0 & 1 \end{bmatrix} \begin{bmatrix} 0 & 0 & 1 & a \\ \sin\phi & \cos\phi & 0 & 0 \\ -\cos\phi & \sin\phi & 0 & 0 \\ 0 & 0 & 0 & 1 \end{bmatrix} \begin{Bmatrix} 0 \\ b \\ 0 \\ 1 \end{Bmatrix}$$

$$= \begin{Bmatrix} a\cos\theta - b\sin\theta\cos\phi \\ a\sin\theta + b\cos\theta\cos\phi \\ b\sin\phi \\ 1 \end{Bmatrix} \tag{6.53}$$

例えば，θ, ϕ に特定の運動が与えられると，式 (6.53) より重心の運動が得られる． ◁

■ **例題 6.6** 図 6.22 に示すような多関節ロボットアームの先端の手に相当する点 C の運動を，アームの固定部においた基準座標系 O–xyz で表現せよ．ただし，点 O は面外の回転 θ_0 が，点 A，点 B には面内の回転 θ_A, θ_B が与えられるとする．さらに，点 A，点 B に面外の回転，点 C には面内，面外の回転を与えられる場合や，さらに関節の数が多い例もあるが，ここでは簡易化のため，これだけにとどめる．

▷ **解**
座標変換を考えるにあたり，点 C の座標を，腕が真下に直線状になった状態を初期位置として，その位置から測った回転角 $\theta_0, \theta_A, \theta_B$ の関数として，点 C の基準座標系の位置を求める．各腕の長さをそれぞれ a, b, c とすると，図 6.23 の (a) の O–$x_0 y_0 z_0$ 系より O–xyz 系への座標変換は，

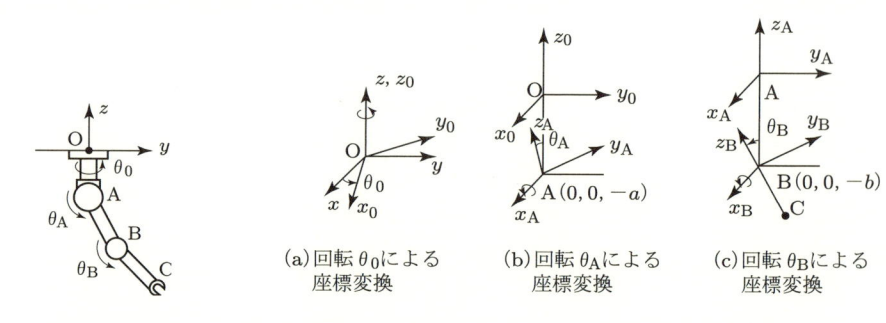

図 6.22 多関節ロボットアーム　　**図 6.23** 多関節ロボットアームの各関節での座標変換

(a) 回転 θ_0 による座標変換

(b) 回転 θ_A による座標変換

(c) 回転 θ_B による座標変換

$$\begin{Bmatrix} x \\ y \\ z \\ 1 \end{Bmatrix} = \begin{bmatrix} \cos\theta_0 & -\sin\theta_0 & 0 & 0 \\ \sin\theta_0 & \cos\theta_0 & 0 & 0 \\ 0 & 0 & 1 & 0 \\ 0 & 0 & 0 & 1 \end{bmatrix} \begin{Bmatrix} x_0 \\ y_0 \\ z_0 \\ 1 \end{Bmatrix} \tag{6.54}$$

となる．図 6.23 (b) の A–$x_A y_A z_A$ 系より O–$x_0 y_0 z_0$ 系への座標変換は，次のようになる．

$$\begin{Bmatrix} x_0 \\ y_0 \\ z_0 \\ 1 \end{Bmatrix} = \begin{bmatrix} 1 & 0 & 0 & 0 \\ 0 & \cos\theta_A & -\sin\theta_A & 0 \\ 0 & \sin\theta_A & \cos\theta_A & -a \\ 0 & 0 & 0 & 1 \end{bmatrix} \begin{Bmatrix} x_A \\ y_A \\ z_A \\ 1 \end{Bmatrix} \tag{6.55}$$

さらに，図 6.23 (c) の B–$x_B y_B z_B$ 系より A–$x_A y_A z_A$ 系への座標変換は次のようになる．

$$\begin{Bmatrix} x_A \\ y_A \\ z_A \\ 1 \end{Bmatrix} = \begin{bmatrix} 1 & 0 & 0 & 0 \\ 0 & \cos\theta_B & -\sin\theta_B & 0 \\ 0 & \sin\theta_B & \cos\theta_B & -b \\ 0 & 0 & 0 & 1 \end{bmatrix} \begin{Bmatrix} x_B \\ y_B \\ z_B \\ 1 \end{Bmatrix} \tag{6.56}$$

C 点は局所座標系 B–$x_B y_B z_B$ 系上で定義された座標 $(0, 0, -c)$ に位置するから，

$$[x_B \quad y_B \quad z_B \quad 1]^T = [0 \quad 0 \quad -c \quad 1]^T \tag{6.57}$$

として，式 (6.57) を式 (6.56) に代入し，さらにそれを式 (6.55) に代入し，そのまたさらにそれを式 (6.54) に代入すれば次式が得られる．

$$\begin{Bmatrix} x \\ y \\ z \\ 1 \end{Bmatrix} = \begin{Bmatrix} -\{c\sin(\theta_A + \theta_B) + b\sin\theta_A\}\sin\theta_0 \\ \{c\sin(\theta_A + \theta_B) + b\sin\theta_A\}\cos\theta_0 \\ -\{a + c\cos(\theta_A + \theta_B) + b\cos\theta_A\} \\ 1 \end{Bmatrix} \tag{6.58}$$

例えば，各関節の $\theta_0, \theta_A, \theta_B$ に特定の運動が与えられると，これらを関数として，式 (6.58) より，多関節のロボットアームの手に相当する点 C の運動が与えられる． ◁

演習問題

[6.1] 図 6.24 のマニピュレーター機構において，腰部が π rad/s，肩部が $-\pi/4$ rad/s，肩部とひじ部の相対角速度が $\pi/4$ rad/s，でそれぞれ等速回転運動する．運動開始から 1 秒後の手首部の位置を，SI 単位を用いて直交座標系で表せ．ただし，初期位置は図のように肩，ひじ，手首が x 軸に平行な状態とする．また角度は図の矢印の方向を正とする．

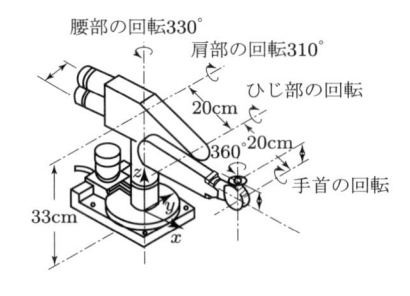

図 6.24 マニピュレーターの運動

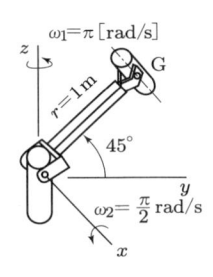

図 6.25 ロボットアーム

[6.2] 図 6.25 に示すロボットアームの先端の把持物体の重心 G について，図示した瞬間の位置における速度と加速度を求めよ．

[6.3] 図 6.26 に示す 2 自由度ロボットアーム先端 P の速度と加速度を求める式を導け．

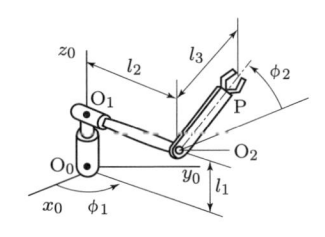

図 6.26 2 自由度関節ロボットのアーム

[6.4] 本文の図 6.13 に示すスライダクランク機構について，スライダの運動が与えられたとき，次の問いに答えよ．
  (1) ベクトル解析によって，同じく機素 AB の回転角 θ_a および回転角速度 $\dot{\theta}_a$ を求めよ．ただし，機素 AB, BC, AC の長さを r_a, r_b, r_c とし，r_c を変数として扱うこと．
  (2) 機構運動解析によって，同じく機素 AB の回転角および回転角速度を求めよ．ただし，スライダの運動を $C(t)$ として，運動学的拘束条件と駆動学的拘束条件を使って求めよ．角度の記号は (1) の問いの θ_a を使ってもよいし，別の定義をして ϕ を使ってもよい．

[6.5] 図 6.27 に示す 2 関節ロボットアームの先端に相当する B 点の運動を，アームの固定点においた基準座標系 O–xyz (右手系) で表現せよ．O 点は面外の回転 θ_0 が，A 点には面内の回転が θ_A 与えられるとする．なお，B 点の座標を，腕が真下に直線状になった状態を初期位置とし，各回転角はこの位置から測られるものとし，各腕の長さは a, b とする．

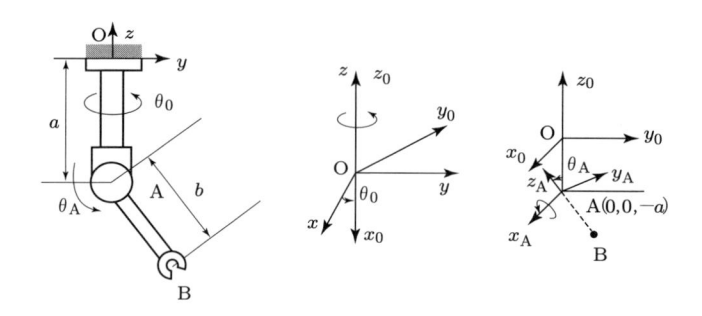

図 6.27 2 関節ロボットアーム

第7章 カム機構の運動学

カム機構とは，図7.1に示すように特殊な形状をもつ原動節aに回転運動を与えて，従動節bに往復運動を与える機構のことをいう．この原動節をカム (cam)，従動節をフォロワ (follower) という．

カム機構はすべり接触機構の代表的なものであり，接触部はすべり運動により摩耗が生じるので，ローラなどをおいてころがり接触するようにする場合も多い．カムとフォロワの組み合わせは第1章で説明した自由度2の対偶に相当する．カムの形状を工夫することによって，自由自在の周期的運動を創成できるので，多くの機械に実用されてきている．

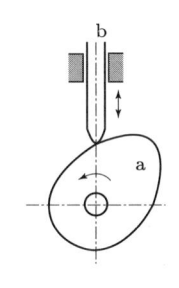

図 7.1 カム機構

7.1 カム機構の種類

カム機構を分類すると，平面カム機構と立体カム機構に大別することができる．平面カム機構は，原動節および従動節が同一の平面内において運動を互いに伝達する場合で，立体カム機構は，空間運動をする場合である．

1 平面カム機構

原動節であるカムの運動としては，直線運動と回転運動に分類することができる．また，従動節は直線運動と揺動運動に分類できる．

(1) **板カム (plate cam)**
 平面板の周縁に特殊な輪郭をもったカムで，図7.2に示すように往復直線運動または揺動運動を与える．また，周縁カムとも呼ばれる．

(2) **正面カム (face cam)**
 板の周縁でなく，図7.3に示すように側面に相当する正面にカムの輪郭曲線に対応する溝を切って，この溝に従動節の先端をはめ込んだ機構になっている．また，溝カムとも呼ばれる．

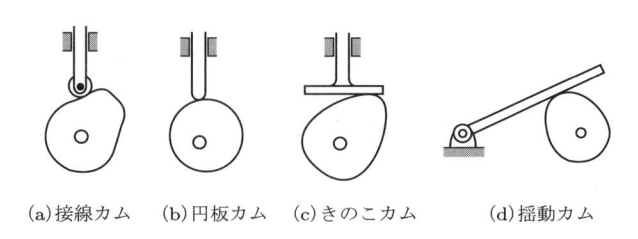

(a)接線カム (b)円板カム (c)きのこカム (d)揺動カム

図 7.2 板カム

(3) **直動カム** (translation cam)

図 7.4 に示すように，原動節のカムの往復直線運動により，従動節にカムの端面の輪郭曲線にもとづく特殊な運動を与える機構である．

(4) **反対カム** (inverse cam)

普通は，原動節のカム側に複雑な輪郭曲線などを与えて，フォロワを運動させるが，図 7.5 に示すように，フォロワ側の先端部に特殊な形状をもたせたものを反対カムという．

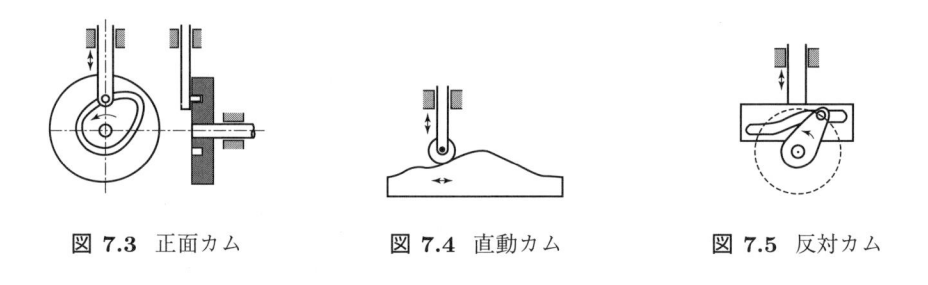

図 7.3 正面カム　　図 7.4 直動カム　　図 7.5 反対カム

2　立体カム機構

原動節のカムは回転運動することが多く，従動節のフォロワは，直線，揺動，間欠回転運動することが多い．

(1) **円筒カム** (cylindrical cam)

円筒カムは，図 7.6 に示すように円筒の表面に溝を切り，その溝に従動節の突起部をはめ込み，原動節の回転運動を従動節の往復運動に変える機構である．

(2) **円すいカム** (conical cam)

円筒カムと同様，図 7.7 に示すように円すい柱の表面に溝を切り，その溝に従動節の突起部をはめ込む構造になっている．

(3) **球形カム** (spherical cam)

図 7.8 に示すように，球表面に溝を切り，従動節の突起部をはめ込む構造になっている．従動節に回転揺動運動を与える．

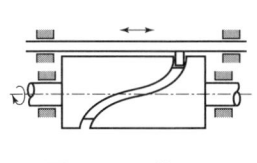

図 7.6 円筒カム 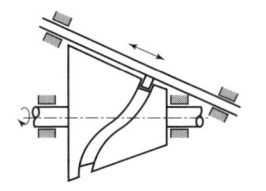　　　　図 7.7 円すいカム

(4) 端面カム

円筒の一部を切り出して，図 7.9 に示すように，その端面に特殊な輪郭曲線を与えて，フォロワに運動を与える機構である．

(5) 斜板カム

斜板カムは，図 7.10 に示すように，円板を回転軸に傾斜して取り付け，回転する機構にしたもので，フォロワはこの板に接触させることによって往復直線運動を伝える機構である．

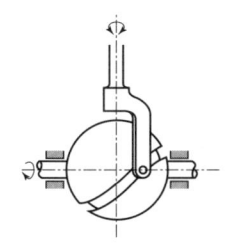

図 7.8 球形カム 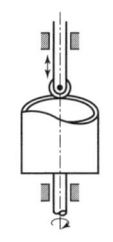　　　図 7.9 端面カム 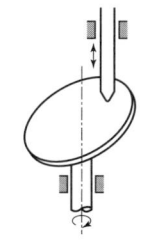　　　図 7.10 斜板カム

7.2 カム曲線と速度，加速度

カム機構のフォロワの運動曲線をカム曲線という．従動節のフォロワの時間または，カムの回転角に対する運動を意味する．すなわち，フォロワの変位，速度，加速度，加加速度運動と時間の関係をいう．一方，フォロワが接触するカム自身の輪郭を輪郭曲線といい，両者は同じではない．カム機構の設計としては，原動節のカムの輪郭曲線を決めて，カム曲線である従動節の運動 (変位，速度，加速度，加加速度) を決定する場合と，逆に従動節の運動を決めて，カムの種類や輪郭曲線を決める場合がある．

1 等加速度運動

等加速度運動 (parabolic motion) は，T をカム曲線の変位 s が最大変位，すなわちリフト (lift) S に達するまでの時間とすると，$0 \leqq t \leqq T/2$ の前半の時間 t に対して正の一定値の加速度 A をもち，$T/2 \leqq t < T$ の後半の時間で負の一定値の加速度 A をもつときのことになる．このとき，加速度が正から負に不連続に変化するため振動を起こしやすい．

曲線の式は次のように与えられる．$0 \leqq t \leqq T/2$ では，$\ddot{s} = A$ だから

$$\dot{s} = \int_0^t \ddot{s} dt' = At, \quad s = \int_0^t \dot{s} dt' = \frac{1}{2} At^2 \tag{7.1}$$

$T/2 < t \leqq T$ では，$\ddot{s} = -A$ だから

$$\dot{s} = \int_{T/2}^t \ddot{s} dt' + (\dot{s})_{t=T/2} = -A\left(t - \frac{T}{2}\right) + \frac{AT}{2} = -A(t - T)$$

$$s = \int_{T/2}^t \dot{s} dt' + (s)_{t=T/2} = -A\left[\frac{t'^2}{2} - Tt'\right]_{T/2}^t + \frac{AT^2}{8}$$

$$= -A\left(\frac{t^2}{2} - Tt\right) + A\left(\frac{T^2}{8} - \frac{T^2}{2}\right) + \frac{AT^2}{8}$$

$$= -\frac{A}{2}\left(t^2 - 2Tt + \frac{3T^2}{4}\right) + \frac{AT^2}{8} \tag{7.2}$$

となる．このように等加速度運動のカム曲線は図 7.11 に示すようになる．

ここで，$V = AT/2$, $S = AT^2/4$ である．

図 7.11 等加速度運動のカム曲線

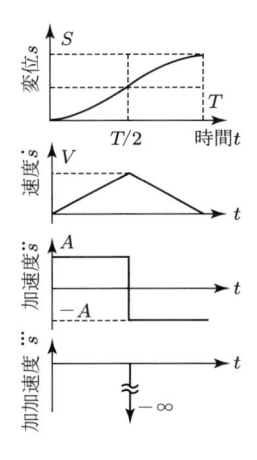

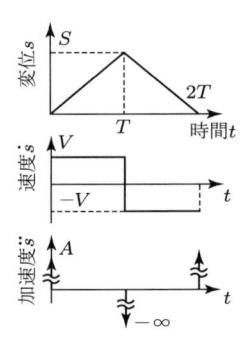

図 7.12 等速度運動のカム曲線

2 等速度運動

等速度運動 (linear motion) は，カム曲線の変位すなわち従動節の変位 s が時間 t に対して，次の式で表される．

$$s = Vt, \quad \dot{s} = V \qquad (0 \leqq t \leqq T) \tag{7.3}$$

ここで $S = VT$ とする．このような式で表示される運動を等速度運動と呼び，図 7.12 で表される．

速度はこの図からわかるように矩形波状に変化するので，この点で加速度は無限大になる．すなわち，慣性力の変化が無限大になり，衝撃力を生じることになる．

3 調和運動

正弦関数または余弦関数でカム曲線が表されるような運動を調和運動 (harmonic motion) という．また，単弦運動とも呼ばれる．カム曲線の変位は，

$$s = \frac{S}{2}\left(1 - \cos\frac{\pi t}{T}\right) \qquad (0 \leqq t \leqq T) \tag{7.4}$$

となる．速度，加速度，加加速度は，

$$\left.\begin{array}{l} \dot{s} = \dfrac{\pi S}{2T} \sin \dfrac{\pi t}{T} \\[6pt] \ddot{s} = \dfrac{\pi^2 S}{2T^2} \cos \dfrac{\pi t}{T} \\[6pt] \dddot{s} = -\dfrac{\pi^3 S}{2T^3} \sin \dfrac{\pi t}{T} \end{array}\right\} \tag{7.5}$$

となる．図 7.13 にこれらのカム曲線を示す．1 行程の継ぎ目を調和運動で直接つなぐことにより，連続曲線化でき，高速にも使える．

4 サイクロイド運動

一般にいわれるサイクロイド曲線とは一直線上を円がころがるとき，ころがり円上の 1 点が描く軌跡である．円の回転角を，円が直線に接している点を原点にして，θ としてとったときの円上の 1 点のころがる方向の座標を従動節の変位にとると，カム曲線のサイクロイド運動 (cycloidal motion) の変位，

$$s = \frac{D}{2}(\theta - \sin\theta) \tag{7.6}$$

となる．ここで D は円の直径である．いま，$t = T$ のとき $\theta = \theta_0$ となり，$s = \pi D$ となるとする．いま，カムが θ_0 回転したとき，

$$\left(\frac{ds}{d\theta}\right)_{\theta=\theta_0} = \frac{D}{2}(1 - \cos\theta_0)$$

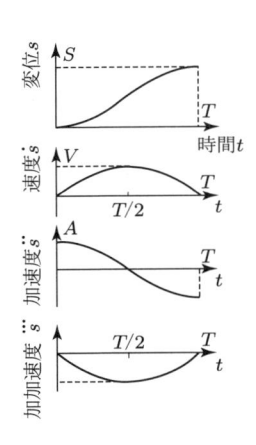

図 7.13 調和運動のカム曲線

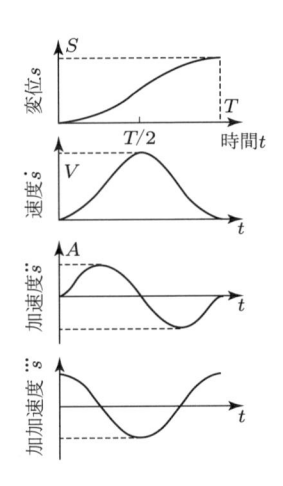

図 7.14 サイクロイド運動のカム線図

が得られる．例えばこの値がちょうど 0 になるようにすると，$\theta_0 = 2\pi$ となる．このとき，時間は $t = T$ となると考えると，$\theta = 2\pi t/T$ とおきかえられる．すなわち，

$$s = \frac{D}{2}\left(\frac{2\pi t}{T} - \sin\frac{2\pi t}{T}\right) \qquad (0 \leqq t \leqq T) \tag{7.7}$$

というカム曲線の変位が得られる．また，速度，加速度，加加速度は，次のようになる．

$$\left.\begin{array}{l} \dot{s} = \dfrac{\pi D}{T}\left(1 - \cos\dfrac{2\pi t}{T}\right) \\[2mm] \ddot{s} = \dfrac{2\pi^2}{T^2} D \sin\dfrac{2\pi t}{T} \\[2mm] \dddot{s} = \dfrac{4\pi^3}{T^3} D \cos\dfrac{2\pi t}{T} \end{array}\right\} \tag{7.8}$$

図 7.14 に，これらのカム曲線を示す．1 行程のはじめと終わりにおいて速度，加速度が 0 になるので，行程の往きと復りの継ぎ目を連続的に接続できる．

以上述べた 4 個のカム曲線以外に，変形台形曲線，変形正弦曲線および変形等速度曲線などのカム曲線がある．これら 3 曲線は 1 行程を数区間に区分して，正弦または余弦曲線と直線を組み合わせ，速度，加速度，加加速度の最大値をできるだけ抑えて，高速に回転させても振動や衝撃や慣性負荷トルクを小さくするように設計されている．また，カム曲線の種類によって，高速向きか低速向きか，さらに軽荷重向きか高荷重向きか選別できる．

7.3 カム機構の力学

図 7.15 にカム機構と変位カム曲線を示す．カムの輪郭に内接し，カムの回転中心 O を中心とする円を基礎円 (base circle) と呼ぶ．輪郭曲線と基礎円の接点が変位カム曲線の横軸の原点 (開始点) となる．カムの輪郭曲線への法線がフォロワの運動方向に対してなす角を圧力角 (pressure angle) α という．この圧力角が大きくなると，同一荷重に対して法線力が大きくなってカムの摩耗の原因となるとともに，側圧によるフォロワのたわみが生じて円滑に運動しなくなり，極端な場合，こじれなどの干渉や永久変形などを生じてフォロワが動かなくなったり，破損したりする．さらに，変位カム曲線のカムとフォロワの接触点 P に対応する変位カム曲線上の点 P′ の傾角を勾配角 ϕ という．

■ **例題 7.1** 図 7.15 に示す圧力角 α と，変位カム曲線上の勾配角の関係を求めよ．

▷ **解**
カムの輪郭曲線上の点 P を極座標 (r, θ) で表す．これに対応する変位カム曲線上の点 P′ の直交座標系を (s, θ) とし，基礎円の半径を r_g とすると，

$$r = r_g + s \tag{7.9}$$

従動節のフォロワの速度を v，原動節のカムの回転角速度を ω とすれば，

$$\left. \begin{array}{l} v = \dfrac{dr}{dt} \\ \omega = \dfrac{d\theta}{dt} \end{array} \right\} \tag{7.10}$$

であり，圧力角 α は，図の接点 P での水平変位に対する鉛直変位の比率で求められ，

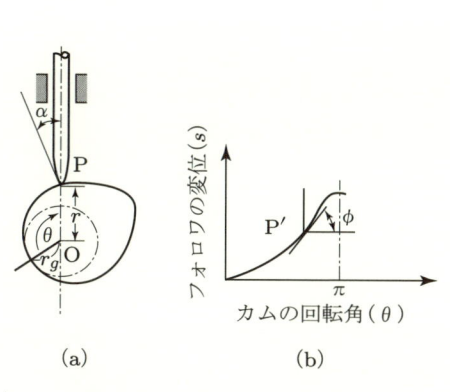

図 7.15 カムと変位カム曲線

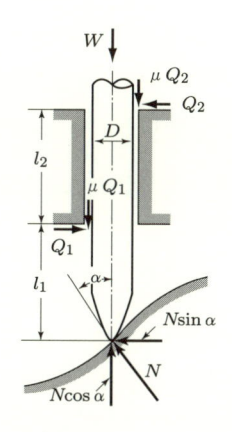

図 7.16 直動型フォロワにおける圧力角と負荷荷重の関係

$$\tan\alpha = \frac{v}{r\omega} \tag{7.11}$$

で表されることを使うと，

$$\tan\alpha = \frac{dr}{dt}\cdot\frac{dt}{rd\theta} = \frac{dr}{rd\theta} \tag{7.12}$$

となる．式 (7.12) で r は θ によって変化するから，圧力角はカムの回転角 θ によって変わる．
式 (7.9) より $dr/ds = 1$ であり，

$$\frac{dr}{d\theta} = \frac{dr}{ds}\cdot\frac{ds}{d\theta} = \frac{ds}{d\theta} \tag{7.13}$$

となる．一方，図 7.15 の (b) 図における点 P′ の勾配角 ϕ は，$\tan\phi = ds/d\theta$ であるから，次の関係が圧力角と勾配角の間に成立する．

$$\tan\alpha = \frac{\tan\phi}{r_g + s} \tag{7.14}$$

◁

次に，カム機構の力学を考えて，負荷荷重と法線力の関係を明らかにする．図 7.16 のような直動型の従動節すなわちフォロワを例にとる．いま，負荷荷重を W，法線力を N，フォロワとその案内部との接触面の摩擦係数を μ，圧力角を α とすると，力のつり合いから次の式が得られる．

$$\left.\begin{aligned}N\cos\alpha &= \mu Q_1 + \mu Q_2 + W \\ Q_1 &= Q_2 + N\sin\alpha \\ l_1 Q_1 + \frac{D}{2}\mu Q_2 &= (l_1 + l_2)Q_2 + \frac{D}{2}\mu Q_1\end{aligned}\right\} \tag{7.15}$$

上式より Q_1, Q_2 を消去する．式 $(7.15)_3$ より，

$$\left(l_1 - \frac{D}{2}\mu\right)Q_1 = \left(l_1 + l_2 - \frac{D}{2}\mu\right)Q_2 \tag{7.16}$$

式 (7.16) に式 $(7.15)_2$ を代入すると，

$$Q_2 = \left(l_1 - \frac{D}{2}\mu\right)N\cdot\frac{\sin\alpha}{l_2} \tag{7.17}$$

これより，Q_1 はまた次のようになる．

$$Q_1 = \left(\frac{l_1}{l_2} - \frac{D}{2l_2}\mu + 1\right)N\sin\alpha \tag{7.18}$$

式 $(7.15)_1$ に式 (7.17)，(7.18) を代入すると，

$$\frac{N}{W} = \frac{l_2}{l_2\cos\alpha - (2\mu l_1 + \mu l_2 - \mu^2 D)\sin\alpha} \tag{7.19}$$

式 (7.19) で，$\mu^2 D$ は非常に小さいと考えられるから，

$$\frac{N}{W} = \frac{1}{\cos\alpha - \mu\left(\frac{2l_1 + l_2}{l_2}\right)\sin\alpha} \tag{7.20}$$

となる．式 (7.20) より，圧力角が小さくなるほど N/W の値は 1 に近づくが，逆に次式の圧力角になると，N/W は無限大になり，駆動が不可能になる．

$$\alpha = \tan^{-1} \frac{l_2}{\mu(2l_1 + l_2)} \tag{7.21}$$

この関係は，フォロワが完全な剛体とした場合であるが，たわんだり，案内部にガタがある場合は，さらに条件が悪くなる．

一般に直動型のフォロワの場合には，最大圧力角を 30°以下にするのがよいと考えられる．

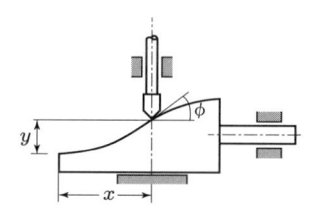

図 7.17 カムが直進型で，フォロワが直動型の場合

■ **例題 7.2** カムの寸法を決定する場合，最大圧力角がある設定値以下になるようにしなければならない．図 7.17 に示すように，カムが直進し，フォロワがそれに直角方向に動く場合について考察せよ．

▷ **解**

カムが x 方向に一定の速度で動くとき，フォロワが y 方向にある特定の運動 $s = s(t)$ に従って動くようにカムの形を決めるものとする．この場合はカムの輪郭曲線と運動する曲線，すなわちカム曲線とが一致する特例の場合であるが，カムの圧力角を α，勾配角を ϕ，カムの一定の移動速度を v とすると，

$$\left.\begin{aligned} x &= vt \\ y &= s(t) \\ \alpha &= \phi \end{aligned}\right\} \tag{7.22}$$

であり，

$$\tan \alpha = \tan \phi = \frac{dy}{dx} = \frac{dy}{dt} \cdot \frac{dt}{dx} = \frac{\dot{s}(t)}{v} \tag{7.23}$$

となる．ここで x 方向のストロークの最大値を X，y 方向のストロークの最大値を Y とし，1 行程の所用時間を T とすると，

$$v = \frac{X}{T}, \quad Y = s(T) \tag{7.24}$$

であり，いま，速度カム曲線の $\dot{s}(t)$ の最大値を $\dot{s}_{\max}$ としたとき，圧力角が最大圧力角 $\alpha_{\max}$ を超えないようにするためには，

$$\tan \alpha_{\max} \geq \frac{\dot{s}_{\max} T}{X} \quad \Rightarrow \quad X \geq \frac{\dot{s}_{\max} T}{\tan \alpha_{\max}} \tag{7.25}$$

となる．T は $s(t)$ なるカム曲線が与えられているときは，ストロークの最大値 Y が与えられると決まるので，カム曲線に具体的な曲線を採用することによってカムの輪郭曲線の最大ストロークは，フォロワの最大ストロークに対してある限界値以下に小さくできないことがわかる． ◁

7.4 カムの輪郭曲線

1 複素数表示による輪郭曲線の解

図 7.18 に示すような，原動節が板カムで，従動節のフォロワが図の鉛直方向に直動する場合を例にとって，極形式複素数表示による輪郭曲線の求め方について述べる．

カムの回転角 θ に対するフォロワの変位 y がある．これが与えられたカム曲線 $s(t)$ に従って運動するものとする．フォロワのストロークを S，カムの割付角すなわち 1 ストロークに対応する角を Θ とすると，次のようになる．

$$\left.\begin{array}{l} y = y_0 + s(t) \\ \theta = \Theta t \end{array}\right\} \tag{7.26}$$

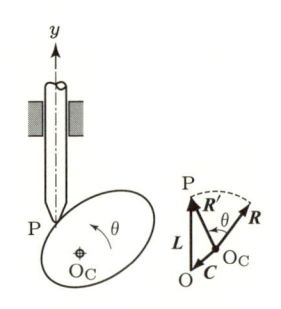

図 7.18 直動するフォロワをもつ板カム

フォロワの先端とカムの端面との接触点を P とする．点 P の運動線上に任意の固定点 O をとり，カムの回転中心 O_C から O に至るベクトルを $\boldsymbol{C}$ とする．

図 7.18 のベクトル図に示したように，$t=T$ (1 ストロークの時間) において，固定点 O から，ベクトル $\boldsymbol{L}$ だけ離れた位置 P にあるフォロワの先端と輪郭曲線との接触点は，$\overrightarrow{O_C P} = \boldsymbol{R}'$ とすると，$t=0$ においてはこれをカムの中心まわりに $-\theta$ だけ時計まわりに戻した $\boldsymbol{R}$ の位置にあったはずである．すなわち，

$$\boldsymbol{R}' = \boldsymbol{L} + \boldsymbol{C} \tag{7.27}$$

であり，各ベクトルを極形式の複素数で表示すると，

$$\boldsymbol{L} = y e^{j\theta_L}, \quad \boldsymbol{C} = c e^{j\theta_C}, \quad \boldsymbol{R}' = r e^{j\theta_r} \tag{7.28}$$

となる．また，

$$\boldsymbol{R} = \boldsymbol{R}' e^{-j\theta} = r e^{j(\theta_r - \theta)} \tag{7.29}$$

である．上式に式 (7.27), (7.28) を代入すると，

$$\left.\begin{array}{l}\boldsymbol{R} = ye^{j(\theta_L-\theta)} + ce^{j(\theta_C-\theta)} \\ \dot{\boldsymbol{R}} = \dot{y}e^{j(\theta_L-\theta)} - j\dot{\theta}\left(ye^{j(\theta_L-\theta)} + ce^{j(\theta_C-\theta)}\right) \\ \ddot{\boldsymbol{R}} = \ddot{y}e^{j(\theta_L-\theta)} - 2j\dot{\theta}\dot{y}e^{j(\theta_L-\theta)} - \left(\dot{\theta}\right)^2\left(ye^{j(\theta_L-\theta)} + ce^{j(\theta_C-\theta)}\right)\end{array}\right\} \quad (7.30)$$

が得られる．時間 t を 0 から T まで変化させ，式 (7.26) を使って θ を 0 から割付角 Θ まで変化させて，式 (7.30) を解けばフォロワの先端 P の座標，カムの圧力角 α，勾配角 ϕ を求めることができる．

2　図式解法による輪郭曲線の求め方

図 7.19 に示すように，従動節であるフォロワが，原動節のカムの回転の中心を通る場合の板カムを例にとって，板カムの輪郭曲線を図式解法で求める方法を説明する．図 7.19 のようなカム曲線が与えられたとする．カムが 1 回転する間にフォロワは 1 往復するのであるが，例えば，カムは最初 180°を回る間は等速度でリフト S だけ上昇し，その後 90°静止し，次の 90°の間を等速度で最初の位置に下降したとする．

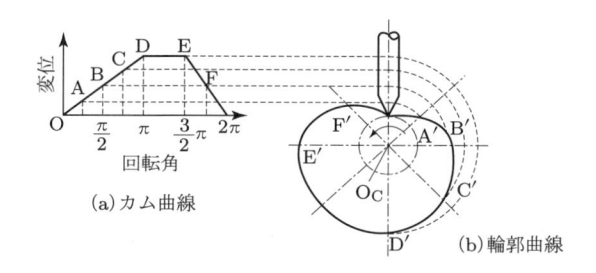

図 7.19　図式解法による板カムの輪郭曲線

まず，図 7.19 において，フォロワの先端に接する基礎円をカムの中心 O_C に対して描く．次に基礎円をいくつかに分割し，これに対応する左側のカム曲線も同数に分割する．実際に軌跡を求める場合，カムを回転させるかわりに，カムは静止していて，フォロワがカムのまわりをカムの回転方向と逆の時計まわりに回転すると考える．カム曲線のそれぞれの A, B, C, ⋯ 点と対応する基礎円の放射線上に，カム曲線のそれぞれの変位量を基礎円からはかって A′, B′, C′, ⋯ 点とする．これらを結んで O_C 点まわりに閉じた曲線を求めるとカムの輪郭曲線が得られる．この曲線をさらに滑らかにするためには，図の左側のカム曲線における分割数を増せば，輪郭曲線はさらに精度がよくなる．

■ **例題 7.3**　図 7.20 に示すように，板カムで質量 m の従節 (従動節) が跳躍しないように，ばね定数 k のばねで押し付けてある．板カムのカム曲線は $x = s(1-\cos\omega t)$ な

る単弦運動曲線で与えられるものとし，従節の位置の最下点が $x=0$ に対応するものとする．板カムの回転数がある値を超えると従節は板カムから離れて，跳躍する．次の問に答えよ．ただし，板カムは $\theta = \omega t$ なる角速度 ω で回転するものとし，$x=0$ のときのばねの押し付け力を F_0 とする．また，簡単化のため重力および摩擦の影響は小さいとして無視する．さらに，カムの立ち上がりに発生する自由振動はないものとする．

(1) 板カムを，従節に対比して，何と呼ぶか．
(2) 板カムに加わる力を F とするとき，任意の時刻 t における F を求めよ．
(3) 従節が跳躍するときの板カムの限界回転数を求めよ．

▷ **解**

(1) 原節 (原動節)
(2) $F = F_0 + kx + m\ddot{x}$
(3) $x = s(1-\cos\omega t),\ \dot{x} = s\omega\sin\omega t,\ \ddot{x} = s\omega^2\cos\omega t$,

$$\therefore F = F_0 + ks(1-\cos\omega t) + ms\omega^2\cos\omega t$$
$$= F_0 + ks + s(m\omega^2 - k)\cos\omega t$$

$F_0 > 0,\ ks > 0$ であるから，

i) $m\omega^2 - k < 0$ のとき：
$\cos\omega t = 1$ のとき，F は最小となる．このとき

$$F = F_0 + ks + s(m\omega^2 - k) = F_0 + sm\omega^2 > 0$$

となり，従節は跳躍しない．

ii) $m\omega^2 - k > 0$ のとき：
$\cos\omega t = -1$ のとき，F は最小となる．そのときの F の条件は，

$$F = F_0 + ks + s(m\omega^2 - k)(-1) = F_0 + 2ks - sm\omega^2$$

従節が跳躍するとき $F < 0$ となるから，

$$F_0 + 2ks - sm\omega^2 < 0 \quad \therefore \ \omega^2 > \frac{F_0 + 2ks}{sm}$$

この条件の回転数に到達したとき，跳躍する．　　◁

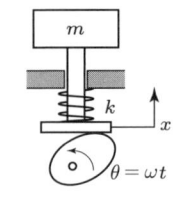

図 7.20 板カムのばねによる従節の跳躍

7.5 カム機構の運動解析

ここでは，カム・フォロワの運動について解析する．カムとフォロワの位置関係をベクトル図で表示すると，図 7.21 に示すようになる．機素 i がカムを表し，機素 j がフォロワである．2つの機素は点 P で接触しているが，すべることができる．さらに，チャタリングなどにより離れることなく常に接触しているものとする．機素の境界を定義する曲線は，カム・フォロワの形状によってはどちらかが凹となる場合があるが，ここでは一般的に考えどちらも凸形状であるとする．

ここでは，フォロワの先端にローラがついていたり，カムの形状が板カムのような単

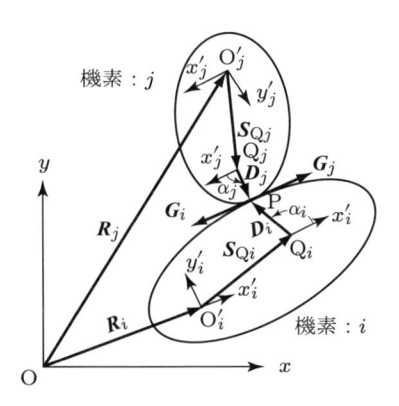

図 7.21 カム・フォロワの位置関係のベクトル表示

純なものでなく複雑な形状まで適用できるようにフォロワ先端のローラの中心点などを表す Q_i, Q_j 点を設けて一般形を示しているが，後述するように，D_i, D_j, S_{Q_i}, S_{Q_j} のうち，どれかは 0 として考慮からはずして，簡単化できる．角度 α は図に示すように機素ごとに固定された局所座標系の x' 軸に対応させた基準統一から測るものとする．

点 P の位置は局所座標系の $O'_i - x'_i y'_i$ 系で次のように表される．

$$\boldsymbol{R}'_{Pi} = \boldsymbol{S}'_{Q_i} + \boldsymbol{D}'_i \tag{7.31}$$

一方，$O'_j - x'_j y'_j$ 系では

$$\boldsymbol{R}'_{Pj} = \boldsymbol{S}'_{Q_j} + \boldsymbol{D}'_j \tag{7.32}$$

ここで，$\boldsymbol{R}'_{Pi}$, $\boldsymbol{R}'_{Pj}$ はそれぞれ局所座標系で定義されたベクトル $\overrightarrow{O'_i P}$, $\overrightarrow{O'_j P}$ を意味する．また，$\boldsymbol{D}'_i$, $\boldsymbol{D}'_j$ は角度 α_i, α_j を用いると，

$$\begin{aligned}\boldsymbol{D}'_i &= \rho(\alpha_i)\, \boldsymbol{u}'(\alpha_i) \\ \boldsymbol{D}'_j &= \rho(\alpha_j)\, \boldsymbol{u}'(\alpha_j)\end{aligned} \tag{7.33}$$

となる．ここで $\rho(\alpha_i)$, $\rho(\alpha_j)$ はベクトル $\boldsymbol{D}'_i$, $\boldsymbol{D}'_j$ の長さで，$\boldsymbol{u}'(\alpha_i)$, $\boldsymbol{u}'(\alpha_j)$ は局所座標系の $O'_i - x'_i y'_i$ 系および $O'_j - x'_j y'_j$ への成分を示す単位ベクトルである．これは次のようになる．

$$\begin{aligned}\boldsymbol{u}'(\alpha_i) &= [\cos\alpha_i \quad \sin\alpha_i]^T \\ \boldsymbol{u}'(\alpha_j) &= [\cos\alpha_j \quad \sin\alpha_j]^T\end{aligned} \tag{7.34}$$

また，点 P における接線は機素 i, j に対する局所座標系での表現で，次のように表される．

$$G'_i = \frac{dD'_i}{d\alpha_i} = \rho_{\alpha_i}(\alpha_i) \, u'(\alpha_i) + \rho(\alpha_i) \, u'_{\alpha_i}(\alpha_i)$$
$$= \rho_{\alpha_i}(\alpha_i) \, u'(\alpha_i) + \rho(\alpha_i) \, u'(\alpha_i)^\perp \quad (7.35)$$
$$G'_j = \rho_{\alpha_j}(\alpha_j) \, u'(\alpha_j) + \rho(\alpha_j) \, u'(\alpha_j)^\perp$$

また，2つの機素のカムとフォロワが接触を保ちつづけなければならないから，図7.21の多角形のベクトル方程式は，次のように表せる．

$$R_i + S_{Q_i} + D_i - D_j - S_{Q_j} - R_j = 0 \quad (7.36)$$

これは基準座標系の O–xy 系での表示であるが，S_{Q_i}, S_{Q_j} および D_i, D_j を局所座標系で表示するため，第3章の式 (3.43) で示した回転座標変換マトリックス $[A]$ を導入して，機素 i に対して $[A_i]$，機素 j に対して $[A_j]$ を使うと，式 (7.36) は次のようになる．

$$R_i + [A_i] \, S'_{Q_i} + [A_i] \, D'_i - [A_j] \, D'_j - [A_j] \, S'_{Q_j} - R_j = 0 \quad (7.37)$$

2つの局所座標系と α_i, α_j なる回転座標を含んだ一般化座標を q とすると，式 (7.37) は q を関係づける式であり，カムとフォロワの運動を結びつける拘束式となる．

また，カムとフォロワは1点で接触するから，点 P の両方の機素の外周線の接線は同一の直線上になければならない．すなわち，G_i を 90°時計まわりに回転させたベクトル $G_i^\perp$ と G_j の内積は 0 になることから，次の関係が得られる．

$$G_i^{\perp T} G_j = 0 \quad (7.38)$$

ここで，第3章の式 (3.57) に示した直交回転マトリックス $[R]$ を使い，かつ式 (7.38) を局所座標系で表示すると，

$$G_i^{\perp T} G_j = ([R] \, G_i)^T G_j = G_i^T [R]^T G_j = ([A_i] \, G'_i)^T [R]^T ([A_j] \, G'_j)$$
$$= G'^T_i [A_i]^T [R]^T [A_j] \, G'_j \quad (7.39)$$

式 (7.39) もカムとフォロワの運動を結びつける拘束式になる．よって，式 (7.37) と式 (7.39) をあわせると，カム・フォロワで構成されるカム機構の運動学的拘束式となり，次のように表される．

$$\Phi_{ij}^K = \begin{bmatrix} R_i + [A_i]\{S'_{Q_i} + D'_i\} - [A_j]\{S'_{Q_j} + D'_j\} - R_j \\ G'^T_i [A_i]^T [R]^T [A_j] \, G'_j \end{bmatrix}$$
$$= \begin{bmatrix} R_i + [A_i]\{S'_{Q_i} + \rho(\alpha_i) \, u'(\alpha_i)\} - [A_j]\{S'_{Q_j} + \rho(\alpha_j) \, u'(\alpha_j)\} - R_j \\ G'^T_i [A_i]^T [R]^T [A_j] \, G'_j \end{bmatrix}$$
$$= 0 \quad (7.40)$$

7.5 カム機構の運動解析

■ **例題 7.4** 図 7.22 に示すように，内燃機関によくみられるカム機構についての運動を考えよ．ただし，板カムの外郭線は余弦曲線と円周の一部で構成されている輪郭曲線をもつとする．すなわち，

$$\rho(\alpha_1) = \begin{cases} -\dfrac{1}{4}\cos 3\alpha_1 + \dfrac{5}{4} & \left(0 \leqq \alpha_1 \leqq \dfrac{2\pi}{3}\right) \\ 1 & \left(\dfrac{2\pi}{3} < \alpha_1 < 2\pi\right) \end{cases} \tag{7.41}$$

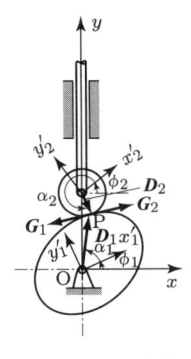

図 7.22 ローラをもつフォロワと板カム

▷ **解**
　　フォロワの先端のローラの半径を $1/4$ とすると，フォロワの外郭線は次の式になる．

$$\rho(\alpha_2) = \frac{1}{4} \tag{7.42}$$

接線ベクトル $\boldsymbol{G}'_1$，$\boldsymbol{G}'_2$ は式 (7.35) より，$\rho_\alpha(\alpha_1) = \rho_\alpha(\alpha_2) = 0$．また，$u^T(\alpha)^\perp = \begin{bmatrix} -\sin\alpha & \cos\alpha \end{bmatrix}^T$ の関係を使うと次のようになる．なお，$0 \leqq \alpha_1 \leqq 2\pi/3$ の領域で考える．

$$\left.\begin{aligned}
\boldsymbol{G}'_1 &= \frac{3}{4}\sin 3\alpha_1 \begin{bmatrix} \cos\alpha_1 & \sin\alpha_1 \end{bmatrix}^T + \left(-\frac{1}{4}\cos 3\alpha_1 + \frac{5}{4}\right) \begin{bmatrix} -\sin\alpha_1 & \cos\alpha_1 \end{bmatrix}^T \\
&= \begin{Bmatrix} \dfrac{3}{4}\sin 3\alpha_1 \cdot \cos\alpha_1 - \left(-\dfrac{1}{4}\cos 3\alpha_1 + \dfrac{5}{4}\right)\sin\alpha_1 \\ \dfrac{3}{4}\sin 3\alpha_1 \cdot \sin\alpha_1 + \left(-\dfrac{1}{4}\cos 3\alpha_1 + \dfrac{5}{4}\right)\cos\alpha_1 \end{Bmatrix} = \begin{Bmatrix} g'_{11} \\ g'_{12} \end{Bmatrix} \\
\boldsymbol{G}'_2 &= \frac{1}{4}\begin{bmatrix} -\sin\alpha_2 & \cos\alpha_2 \end{bmatrix}^T = \begin{bmatrix} -\dfrac{1}{4}\sin\alpha_2 & \dfrac{1}{4}\cos\alpha_2 \end{bmatrix}^T \\
&= \begin{bmatrix} g'_{21} & g'_{22} \end{bmatrix}^T
\end{aligned}\right\} \tag{7.43}$$

また，位置に関する運動学的拘束条件のベクトル方程式は式 (7.37) より，次の関係 $\boldsymbol{R}_1 = \begin{bmatrix} 0 & 0 \end{bmatrix}^T$，$\boldsymbol{R}_2 = \begin{bmatrix} 0 & y_2 \end{bmatrix}^T$，$\boldsymbol{S}'_{Q_1} = \begin{bmatrix} 0 & 0 \end{bmatrix}^T$，$\boldsymbol{S}'_{Q_2} = \begin{bmatrix} 0 & 0 \end{bmatrix}^T$，$\boldsymbol{D}'_1 = \{-(1/4)\cos 3\alpha_1 + 5/4\}\begin{bmatrix} \cos\alpha_1 & \sin\alpha_1 \end{bmatrix}^T$，$\boldsymbol{D}'_2 = (1/4)\begin{bmatrix} \cos\alpha_2 & \sin\alpha_2 \end{bmatrix}^T$ を使うと

$$\begin{aligned}
&\boldsymbol{R}_1 + [A_1]\boldsymbol{S}'_{Q_1} + [A_1]\boldsymbol{D}'_1 - [A_2]\boldsymbol{D}'_2 - [A_2]\boldsymbol{S}'_{Q_2} - \boldsymbol{R}_2 \\
&= [A_1]\boldsymbol{D}'_1 - [A_2]\boldsymbol{D}'_2 - \boldsymbol{R}_2 \\
&= \begin{bmatrix} \cos\phi_1 & -\sin\phi_1 \\ \sin\phi_1 & \cos\phi_1 \end{bmatrix} \left(-\frac{1}{4}\cos 3\alpha_1 + \frac{5}{4}\right)\begin{bmatrix} \cos\alpha_1 & \sin\alpha_1 \end{bmatrix}^T \\
&\quad - \begin{bmatrix} \cos\phi_2 & -\sin\phi_2 \\ \sin\phi_2 & \cos\phi_2 \end{bmatrix}\left(\frac{1}{4}\right)\begin{bmatrix} \cos\alpha_2 & \sin\alpha_2 \end{bmatrix}^T - \begin{bmatrix} 0 & y_2 \end{bmatrix}^T = \boldsymbol{0}
\end{aligned} \tag{7.44}$$

これより次式が得られる．

$$
\begin{aligned}
&\left\{\begin{array}{l}\left(-\dfrac{1}{4}\cos\alpha_1+\dfrac{5}{4}\right)(\cos\phi_1\cos\alpha_1-\sin\phi_1\sin\alpha_1)-\dfrac{1}{4}(\cos\phi_2\cos\alpha_2-\sin\phi_2\sin\alpha_2)\\ \left(-\dfrac{1}{4}\cos\alpha_1+\dfrac{5}{4}\right)(\sin\phi_1\cos\alpha_1+\cos\phi_1\sin\alpha_1)-\dfrac{1}{4}(\sin\phi_2\cos\alpha_2+\cos\phi_2\sin\alpha_2)-y_2\end{array}\right\}\\
&=\left\{\begin{array}{l}\left(-\dfrac{1}{4}\cos\alpha_1+\dfrac{5}{4}\right)\cos(\phi_1+\alpha_1)-\dfrac{1}{4}\cos(\phi_2+\alpha_2)\\ \left(-\dfrac{1}{4}\cos\alpha_1+\dfrac{5}{4}\right)\sin(\phi_1+\alpha_1)-\dfrac{1}{4}\sin(\phi_2+\alpha_2)-y_2\end{array}\right\}=\boldsymbol{0} \qquad (7.45)
\end{aligned}
$$

一方，式 (7.38) の 3 番目の拘束条件式は，式 (7.39) より次のようになる．

$$
\left.\begin{aligned}
[A_1]\,\boldsymbol{G}'_1 &= \begin{bmatrix}\cos\phi_1 & -\sin\phi_1\\ \sin\phi_1 & \cos\phi_1\end{bmatrix}\begin{Bmatrix}g'_{11}\\ g'_{12}\end{Bmatrix}\\
&= \begin{bmatrix}g'_{11}\cos\phi_1-g'_{12}\sin\phi_1 & g'_{11}\sin\phi_1+g'_{12}\cos\phi_1\end{bmatrix}^T\\
([A_1]\,\boldsymbol{G}'_1)^T[R]^T &= \boldsymbol{G}'^T_1[A_1]^T[R]^T\\
&= \begin{bmatrix}g'_{11}\cos\phi_1-g'_{12}\sin\phi_1 & g'_{11}\sin\phi_1+g'_{12}\cos\phi_1\end{bmatrix}\begin{bmatrix}0 & 1\\ -1 & 0\end{bmatrix}\\
&= \begin{bmatrix}-(g'_{11}\sin\phi_1+g'_{12}\cos\phi_1) & g'_{11}\cos\phi_1-g'_{12}\sin\phi_1\end{bmatrix}\\
[A_2]\,\boldsymbol{G}'_2 &= \begin{bmatrix}\cos\phi_2 & -\sin\phi_2\\ \sin\phi_2 & \cos\phi_2\end{bmatrix}\begin{Bmatrix}g'_{21}\\ g'_{22}\end{Bmatrix}\\
&= \begin{bmatrix}g'_{21}\cos\phi_2-g'_{22}\sin\phi_2 & g'_{21}\sin\phi_2+g'_{22}\cos\phi_2\end{bmatrix}^T
\end{aligned}\right\} \quad (7.46)
$$

であるから，よって

$$
\begin{aligned}
\boldsymbol{G}_1^{\perp T}\boldsymbol{G}_2 &= \boldsymbol{G}'_1[A_1]^T[R]^T[A_2]\,\boldsymbol{G}'_2\\
&= \begin{bmatrix}-(g'_{11}\sin\phi_1+g'_{12}\cos\phi_1) & g'_{11}\cos\phi_1-g'_{12}\sin\phi_1\end{bmatrix}\\
&\quad\cdot\begin{bmatrix}g'_{21}\cos\phi_2-g'_{22}\sin\phi_2 & g'_{21}\sin\phi_2+g'_{22}\cos\phi_2\end{bmatrix}^T\\
&= -(g'_{11}\sin\phi_1+g'_{12}\cos\phi_1)(g'_{21}\cos\phi_2-g'_{22}\sin\phi_2)\\
&\quad +(g'_{11}\cos\phi_1-g'_{12}\sin\phi_1)(g'_{21}\sin\phi_2+g'_{22}\cos\phi_2)
\end{aligned}\qquad (7.47)
$$

となる．式 (7.47) に式 (7.43) の関係を使い，$g'_{11}, g'_{12}, g'_{21}, g'_{22}$ に具体的な値を入れると，次式を得る．

$$
\begin{aligned}
\boldsymbol{G}_1^{\perp T}\boldsymbol{G}_2 =& \left[\left\{\left(\dfrac{1}{4}\cos\alpha_1-\dfrac{5}{4}\right)\sin\alpha_1+\dfrac{3}{4}\sin 3\alpha_1\cos\alpha_1\right\}\sin\phi_1\right.\\
&\left.+\left\{\dfrac{3}{4}\sin 3\alpha_1\sin\alpha_1+\left(-\dfrac{1}{4}\cos 3\alpha_1+\dfrac{5}{4}\right)\cos\alpha_1\right\}\cos\phi_1\right]\\
&\times\left(\dfrac{1}{4}\cos\alpha_2\sin\phi_2+\dfrac{1}{4}\sin\alpha_2\cos\phi_2\right)\\
&+\left[\left\{-\dfrac{3}{4}\sin 3\alpha_1\sin\alpha_1+\left(\dfrac{1}{4}\cos 3\alpha_1-\dfrac{5}{4}\right)\cos\alpha_1\right\}\sin\phi_1\right.\\
&\left.+\left\{\dfrac{3}{4}\sin 3\alpha_1\cos\alpha_1+\left(\dfrac{1}{4}\cos\alpha_1-\dfrac{5}{4}\right)\sin\alpha_1\right\}\cos\phi_1\right]
\end{aligned}
$$

$$\times \left(-\frac{1}{4}\sin\alpha_2 \sin\phi_2 + \frac{1}{4}\cos\alpha_2 \cos\phi_2 \right)$$

$$= \left[\left\{ \left(\frac{1}{4}\cos\alpha_1 - \frac{5}{4} \right) \sin\alpha_1 + \frac{3}{4}\sin 3\alpha_1 \cos\alpha_1 \right\} \sin\phi_1 \right.$$

$$\left. + \left\{ \frac{3}{4}\sin 3\alpha_1 \sin\alpha_1 + \left(-\frac{1}{4}\cos 3\alpha_1 + \frac{5}{4} \right) \cos\alpha_1 \right\} \cos\phi_1 \right] \times \frac{1}{4}\sin(\phi_2 + \alpha_2)$$

$$+ \left[\left\{ -\frac{3}{4}\sin 3\alpha_1 \sin\alpha_1 + \left(\frac{1}{4}\cos 3\alpha_1 - \frac{5}{4} \right) \cos\alpha_1 \right\} \sin\phi_1 \right.$$

$$\left. + \left\{ \frac{3}{4}\sin 3\alpha_1 \cos\alpha_1 + \left(\frac{1}{4}\cos\alpha_1 - \frac{5}{4} \right) \sin\alpha_1 \right\} \cos\phi_1 \right] \times \frac{1}{4}\cos(\phi_2 + \alpha_2)$$

$$= 0 \tag{7.48}$$

式 (7.45) と式 (7.48) の 3 個の運動学的拘束式には，未知数として 5 個の $\alpha_1, \alpha_2, \phi_1, \phi_2, y_2$ が含まれる．よって見かけ上，たとえば原動節の板カムの回転運動 ϕ_1 を与えても従動節フォロワの直線運動 y_2 は求められないようにみえるが，フォロワのローラーは $360°$ どの位置であっても同じであり，式 (7.45) と式 (7.48) でも $\phi_2 + \alpha_2$ の形でしか表れていない．また，$\beta_2 = \phi_2 + \alpha_2$ とおきかえれば，未知数は 4 個になり，回転運動 ϕ_1 を与えれば，3 個の運動学的拘束式により，直線運動 y_2 が定義できることがわかる．　◁

■ **例題 7.5** 図 7.23 に示すように，板カムの外周縁は余弦曲線と円周の一部で構成されている輪郭曲線をもつとする．フォロワの運動を求めよ．ただし，式 (7.41) と同様

$$\rho(\alpha_1) = \begin{cases} -\dfrac{1}{4}\cos 3\alpha_1 + \dfrac{5}{4} & \left(0 \leqq \alpha_1 \leqq \dfrac{2\pi}{3} \right) \\ 1 & \left(\dfrac{2\pi}{3} < \alpha_1 < 2\pi \right) \end{cases} \tag{7.41}$$

である．

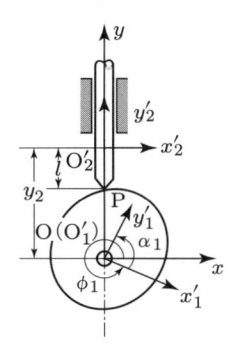

図 **7.23** 点接触フォロワと板カムからなる構造

▷ **解**
　位置に関する運動学的拘束条件のベクトル方程式は，式 (7.37) より $\boldsymbol{R}_1 = [0 \ \ 0]^T$, $\boldsymbol{R}_2 = [0 \ \ y_2]^T$ $\boldsymbol{S}'_{Q_1} = [0 \ \ 0]^T$ $\boldsymbol{S}'_{Q_2} = [0 \ \ -l]^T$, $\phi_2 = 0$, $\boldsymbol{D}'_1 = (-(1/4)\cos 3\alpha_1 + 5/4)[\cos\alpha_1 \ \ \sin\alpha_1]^T$, $\boldsymbol{D}'_2 = [0 \ \ 0]^T$ を使うと，

$$[A_1]\,\boldsymbol{D}'_1 - [A_2]\,\boldsymbol{S}'_{Q_2} - \boldsymbol{R}_2$$
$$= \begin{bmatrix} \cos\phi_1 & -\sin\phi_1 \\ \sin\phi_1 & \cos\phi_1 \end{bmatrix} \left(-\frac{1}{4}\cos 3\alpha_1 + \frac{5}{4}\right) [\cos\alpha_1 \quad \sin\alpha_1]^T$$
$$\quad - \begin{bmatrix} 1 & 0 \\ 0 & 1 \end{bmatrix} [0 \quad -l]^T - [0 \quad y_2]^T$$
$$= \begin{bmatrix} \left(-\dfrac{1}{4}\cos 3\alpha_1 + \dfrac{5}{4}\right)\cos(\phi_1+\alpha_1) \\ \left(-\dfrac{1}{4}\cos 3\alpha_1 + \dfrac{5}{4}\right)\sin(\phi_1+\alpha_1) + l - y_2 \end{bmatrix} = \boldsymbol{0} \quad (7.49)$$

となる．式 $(7.49)_1$ の拘束条件より，次の式が得られる．
$$\phi_1 + \alpha_1 = \frac{\pi}{2} \quad (7.50)$$

この関係を，式 $(7.49)_2$ に代入すると次の関係が得られる．
$$y_2 = l - \frac{1}{4}\cos 3\alpha_1 + \frac{5}{4} = l - \frac{1}{4}\cos\left(\frac{3}{2}\pi - 3\phi_1\right) + \frac{5}{4}$$
$$= l + \frac{1}{4}\sin 3\phi_1 + \frac{5}{4} \quad (7.51)$$

いま，カムが $\phi_1 = \omega t$ という回転角速度 ω が一定の回転運動するときの，フォロワの直線運動の速度は式 (7.51) を時間で微分することによって得られる．
$$\dot{y}_2 = \frac{3}{4}\cos 3\phi_1 \cdot \dot{\phi}_1 = \frac{3}{4}\omega\cos 3\omega t \quad (7.52)$$

さらに，式 (7.52) を時間で微分すると，フォロワの加速度が得られる．また，これを微分して，加加速度（ジャーク）が得られる．
$$\left.\begin{array}{l} \ddot{y}_2 = -\dfrac{9}{4}\omega^2 \sin 3\omega t \\ \dddot{y}_2 = -\dfrac{27}{4}\omega^3 \cos 3\omega t \end{array}\right\} \quad (7.53)$$

なお，この〔例題 7.5〕では，接触ベクトルの運動学的拘束条件を使わずに，原動節の運動から従動節の運動が得られる． ◁

演習問題

[**7.1**] 図 7.24 に示す円板カムにおいて，カムの回転中心を A とし，偏心量 AO = 20 mm，フォロワのかたより量 AE = 5 mm，円板の半径 $r = 30$ mm，∠OAE = 45°，摩擦係数 $\mu = 0.2$，フォロワの質量が $m = 1$ kg のとき，カムを回転させるのに必要なトルクを求めよ．ただし，t–t は接線方向，n–n は法線方向を示す．

[**7.2**] 図 7.25 のように直動カム機構が直角方向に質量 m の物体を押し上げる．カム曲線は $y = 1 - \cos x$，$(0 < x < \pi)$ とする．カムとフォロワが $x = \pi/2$ において接触して静止しているときの，カムを押す力 F_x の大きさを求めよ．ただし質量 m には重力が作用してい

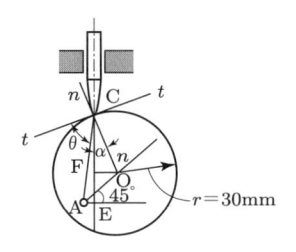

図 7.24 円板カム

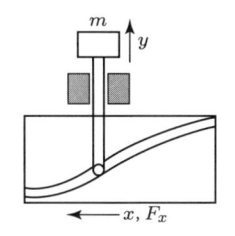

図 7.25 直動カム機構

るとする．また，重力加速度を g とし，摩擦はないとする．

[7.3] 問題 [7.2] において，カムが $x = vt$ なる等速直線運動をしているときのカムを押す力 F_x の大きさを求めよ．

[7.4] 図 7.26 に示す変形正弦カムの加速度曲線が，

$$0 \leqq T \leqq T_a : A = A_m \sin \frac{\pi T}{2T_a}$$

$$T_a < T \leqq 1 - T_a : A = A_m \cos \frac{\pi(T - T_a)}{1 - 2T_a}$$

$$1 - T_a < T \leqq 1 : A = -A_m \sin \frac{\pi(1 - T)}{2T_a}$$

で与えられる．ここで $A_m = \pi^2/2(\pi T_a + 1 - 4T_a)$ である．このとき，このカムの変位曲線の式を求めよ．また，$T_a = 1/8$ のとき $A_m = 5.53$ となることを確かめよ．

[7.5] 図 7.27 に示すオフセットと呼ばれる c なる偏心をもつ片寄りカムについて F と T との関係を求めよ．

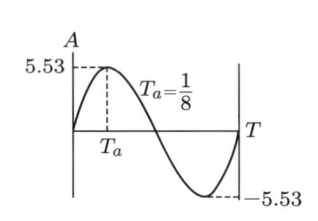

図 7.26 変形正弦カムの加速度曲線

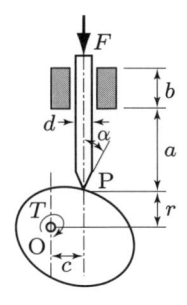

図 7.27 c のオフセットをもつ片寄りカム

第8章 ころがり摩擦伝動機構の運動学

　機素と機素とを接触させて，原動節側の回転運動を従動節側に伝える機構として，すべりを伴わないころがり接触を利用する場合と，すべりを伴う場合とがある．この章では，すべりを伴わないころがり摩擦伝動機構について述べる．すべり接触を伴う伝動機構については次章の歯車機構で述べる．

　ころがり摩擦伝動機構は，1つの軸に車を取り付け，他の軸に取り付けられている車に直接接触させて回転運動を伝達するので，回転は非常に静かである．

　また，摩擦力の範囲内では，回転むらが生じにくい．しかし，大きな摩擦力を発生させるためには，大きな押し付け力が必要であり，大負荷用には適さない．

8.1　ころがり接触の条件

（1）軸が平行な場合

　図 8.1 に示すように，2つの機素である回転する車が，点 P で接触しているとする．両方の車が互いにくい込んだり，離れないためには，点 P における接触する両曲線に対する共通の法線方向の速度成分，および接線方向の速度成分が等しくなければならないから，合成した速度ベクトル V_A と V_B は等しくなければならない．V_A, V_B はそれぞれ $\overline{O_A P}$, $\overline{O_B P}$ に垂直な方向であるから，$V_A = V_B$ であるためには，$\overline{O_A P}$ と $\overline{O_B P}$ は，一直線上になければならない．すなわち，2つの機素がころがり接触するためには，その接触点 P は，2つの機素の回転中心の連結線上になければならない．これが，ころがり接触の必要十分条件である．回転の速度比は，ω_A, ω_B をそれぞれ O_A, O_B まわりの回転角速度とすると，

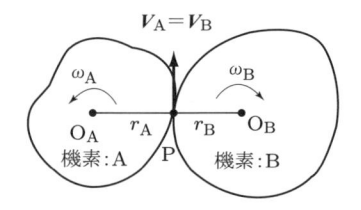

図 8.1　平行軸のころがり接触の条件

$$|\boldsymbol{V}_\mathrm{A}| = \omega_\mathrm{A}\overline{\mathrm{O_A P}} = \omega_\mathrm{A}\, r_\mathrm{A}$$
$$|\boldsymbol{V}_\mathrm{B}| = \omega_\mathrm{B}\overline{\mathrm{O_B P}} = \omega_\mathrm{B}\, r_\mathrm{B} \tag{8.1}$$

となるから，

$$\frac{\omega_\mathrm{B}}{\omega_\mathrm{A}} = \frac{r_\mathrm{A}}{r_\mathrm{B}} \tag{8.2}$$

となる．すなわち，2つの機素の回転角速度比は接触点と回転中心との距離の比に反比例する．

以上は，回転する車の両者の外側面が接触し，機素は互いに逆回転する外接触の場合であるが，一方の内側面と他の外側面が接触し，同じ方向に回転する内接触の場合もある．

（2）軸が交差する場合

2つの車が，図 8.2 に示すように $\mathrm{P_1 P_2}$ の曲線で接触しているとする．$\mathrm{P_1 P_2}$ 曲線上の任意の1点を P とし，その点における速度ベクトル $\boldsymbol{V}_\mathrm{A}$，$\boldsymbol{V}_\mathrm{B}$ とすると，軸が平行な場合と同様，点 P における共通法線方向の速度成分と接線方向の速度成分はそれぞれ等しいから，$\boldsymbol{V}_\mathrm{A} = \boldsymbol{V}_\mathrm{B}$ となる．したがって，点 P は両軸を含む平面内になければならない．この場合の回転角速度比は，

$$\frac{\omega_\mathrm{B}}{\omega_\mathrm{A}} = \frac{r_\mathrm{A}}{r_\mathrm{B}} = \frac{\sin\theta_\mathrm{A}}{\sin\theta_\mathrm{B}} \tag{8.3}$$

となる．式 (8.3) の関係は，$\mathrm{P_1 P_2}$ 曲線のすべての点において成立しなければならないので，$\mathrm{P_1 P_2}$ は直線となり，かつ両軸を含む平面内にあり，点 O を通る直線であることになる．

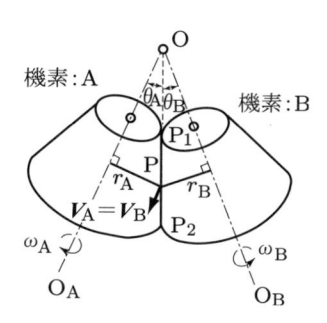

図 8.2 交差軸のころがり接触の条件

8.2 ころがり接触をなす曲線の求め方

(1) 図式解法

図 8.3 に示すように，1 つの機素の曲線が与えられたとき，これところがり接触する相手側の機素の輪郭曲線を求める．

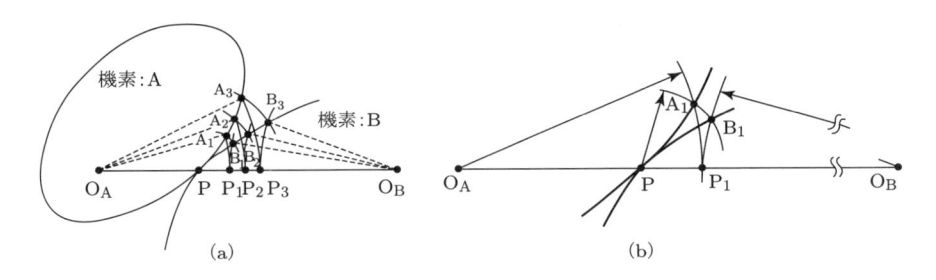

図 8.3 図式解法によるころがり接触の輪郭曲線の求め方

両機素の回転中心を O_A, O_B とし，機素 A の輪郭曲線は与えられているとする．O_A と O_B を結ぶ線上に両機素の接触点があり，この点を P とする．機素 A の曲線上に P から少し離れた，$\overline{PA_1}, \overline{PA_2}, \overline{PA_3}$ がほぼ直線とみなせる点 $A_1, A_2, A_3, \cdots$ をとる．O_A を中心として $\overline{O_A A_1}$ を半径とした円を描き，$O_A O_B$ の交点を P_1 とする．これは，ある微小時間後の機素 A と B の接触位置である．したがって，図 8.3 (b) に示すように，点 P を中心として $\overline{PA_1}$ を半径とした円と，O_B を中心として $\overline{O_B P_1}$ を半径とする円の交点を B_1 とすると，

$$PA_1 = PB_1 \tag{8.4}$$

となり，機素 A と B の輪郭曲線 A_1, B_1 は微小時間後に，すべることなく接触を保って，$O_A O_B$ 上の点 P_1 に到達することになる．同様にして，点 A_2 に対応する点 B_2，点 A_3 に対応する点 B_3 を求めていき，点 $P, B_1, B_2, B_3, \cdots$ を結べば，機素 B の輪郭曲線が，与えられた機素 A の輪郭曲線に対応して得られる．

(2) 数式解法

機素 A, B が図 8.4 に示すように点 P で接している場合を考える．それぞれの輪郭曲線を極座標で表せるとする．それらを次のように表す．

$$\left. \begin{array}{l} r_A = f_A(\theta_A) \\ r_B = f_B(\theta_B) \end{array} \right\} \tag{8.5}$$

8.2 ころがり接触をなす曲線の求め方

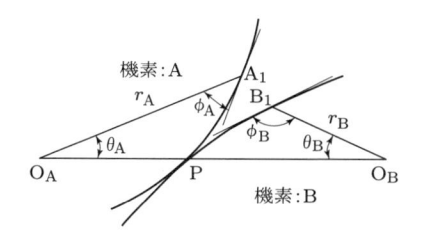

図 8.4 数式解法によるころがり接触の輪郭曲線の求め方

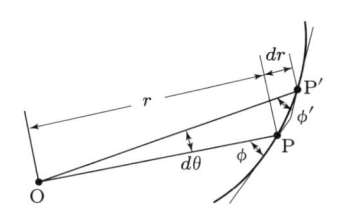

図 8.5 回転角 θ と接線角 ϕ の関係

機素 A, B がそれぞれ θ_A, θ_B 回転して点 A_1 と B_1 が接触するなら，この両輪郭曲線の接線は，ある時間経過した後，O_A と O_B を結ぶ中心連結線上にくるときに重ならなければならない．ここで，接線と動径のなす角を，図に示すようにそれぞれ ϕ_A, ϕ_B とすれば，次式が得られる．

$$\phi_A + \phi_B = \pi, \quad \therefore \tan\phi_A = -\tan\phi_B \tag{8.6}$$

また，回転角 θ と接線の角 ϕ との関係は，図 8.5 より $\phi' \cong \phi$ とすると

$$\tan\phi = \frac{r d\theta}{dr} \tag{8.7}$$

となるのがわかるので，これを機素 A, B に適用すると，式 (8.6) は

$$\frac{r_A d\theta_A}{dr_A} = -\frac{r_B d\theta_B}{dr_B} \tag{8.8}$$

となる．また，$\overline{O_A O_B} = l$ とすると $r_A + r_B = l$ であり，$dr_A = -dr_B$ であるから，式 (8.8) は次のようになる．

$$d\theta_B = \frac{r_A}{l - r_A} d\theta_A \tag{8.9}$$

よって，

$$\theta_B = \int \frac{r_A}{l - r_A} d\theta_A + C = \int \frac{f_A(\theta_A)}{l - f_A(\theta_A)} d\theta_A + C \tag{8.10}$$

となる．ここに，C は積分定数であり，式 (8.10) を解けば，すなわち，$r_A = f_A(\theta_A)$ の機素 A の輪郭曲線が与えられれば，θ_A の各値に対する θ_B の値が決まり，そのときの r_A の各値に対して，$r_B = l - r_A$ の関係より r_B の各値が得られる．

8.3 速度比が変化するころがり接触

式 (8.2) で r_A, r_B が一定のとき，ころがり接触する機素の回転角速度比 ω_B/ω_A は一定となるが，r_A, r_B が変化するときは回転角速度比は変化する．

■ **例題 8.1** このような例として，対数らせん車 (logarithmic spiral wheel) の速度比を求めよ．

▷ **解**
対数らせん車の半径 r_A を，
$$r_A = a_A\, e^{m\theta_A} \tag{8.11}$$
とすると θ_B は，
$$\theta_B = \int \frac{a_A\, e^{m\theta_A}}{l - a_A\, e^{m\theta_A}} d\theta_A = \frac{1}{m}\int \frac{dr_A}{l - r_A}$$
$$= -\frac{1}{m}\log(l - r_A) + C = -\frac{1}{m}\log r_B + C \tag{8.12}$$
ここで，$\theta_B = 0$ のとき $r_B = a_B$ とすると，$C = \dfrac{1}{m}\log a_B$ となるので，
$$\left.\begin{aligned}\theta_B &= \frac{1}{m}\log\frac{a_B}{r_B}\\ r_B &= a_B e^{-m\theta_B}\end{aligned}\right\} \tag{8.13}$$
となる．さらにらせん車の輪郭曲線を明確にするため $\theta_A = \theta_B = 0$ および $\theta_A = \theta_B = 2\pi$ で $r_A + r_B = l$ とおくと，
$$\left.\begin{aligned}a_A + a_B &= l\\ a_A e^{2\pi m} + a_B e^{-2\pi m} &= l\end{aligned}\right\} \tag{8.14}$$
これより，a_A, a_B を求めると
$$a_A = \frac{l}{1 + e^{2\pi m}}, \quad a_B = l - a_A = \frac{l e^{2\pi m}}{1 + e^{2\pi m}} = a_A e^{2\pi m} \tag{8.15}$$
となる．これを式 (8.13) に代入すると，
$$r_B = a_A e^{m(2\pi - \theta_B)} \tag{8.16}$$
となる．式 (8.16) で $2\pi - \theta_B = \theta_A$ とすると，式 (8.11) と (8.16) は同じ式になり，r_A と r_B が等しくなることがわかる．すなわち，図 8.6 に示すように同じ形のらせん車をひっくり返して組み合わせたものになる．また，回転角速度比は
$$\frac{\omega_B}{\omega_A} = \frac{r_A}{r_B} = \frac{r_A}{l - r_A} = \frac{e^{m\theta_A}}{1 + e^{2\pi m} - e^{m\theta_A}} \tag{8.17}$$
となる． ◁

■ **例題 8.2** 回転角速度比が変化する例として，次のだ円車 (elliptical friction wheel) の速度比を求めよ．

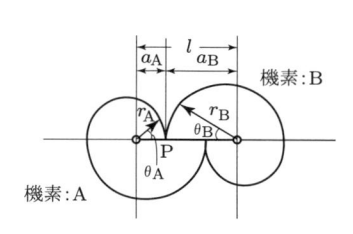

図 8.6 対数らせん車

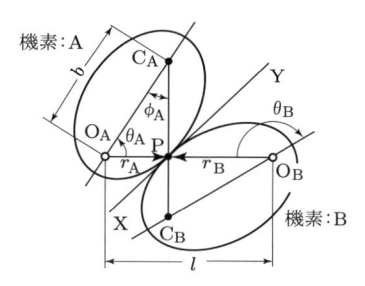

図 8.7 だ円車

▷ **解**

2つの同じ形のだ円車 A, B を直線 XY に関して対称の位置におく．だ円車 A, B の接触点を P として，XY は点 P の共通接線とする．

図 8.7 において，だ円の接線の性質より，O_A, C_A および O_B, C_B をだ円の焦点とすると，

$$\angle O_A PX = \angle C_A PY \tag{8.18}$$

また対称性より，

$$\angle C_A PY = \angle O_B PY \tag{8.19}$$

式 (8.18), (8.19) より

$$\angle O_A PX = \angle O_B PY \tag{8.20}$$

したがって，O_A, P, O_B は一直線上にある．同様に C_A, P, C_B も一直線上にある．また，$\triangle O_A PC_A$ と $\triangle O_B PC_B$ は合同である．

いま，このだ円車の1つの焦点 O_A, O_B を回転中心とするとき，2焦点からの輪郭曲線までの距離の和は一定であるから，$r_A + r_B = l$ であり，2焦点間の間隔を $\overline{O_A C_A} = \overline{O_B C_B} = b$ とする．なお，l, b はだ円の長径を $2m$，短径を $2n$ とすると，$l = 2m$, $b = 2\sqrt{m^2 - n^2}$ の関係がある．

図 8.7 より，次の関係が得られる．

$$\left. \begin{array}{l} r_A \sin\theta_A = r_B \sin\phi_A \\ r_A \cos\theta_A + r_B \cos\phi_A = b \end{array} \right\} \tag{8.21}$$

上式より，

$$(r_B \sin\phi_A)^2 + (r_B \cos\phi_A)^2 = (r_A \sin\theta_A)^2 + (r_A \cos\theta_A - b)^2$$

よって，

$$r_A^2 - 2r_A b \cos\theta_A + b^2 - r_B^2 = 0 \tag{8.22}$$

$r_B = l - r_A$ であるから，上式は，

$$r_A^2 - 2r_A b \cos\theta_A + b^2 - (l - r_A)^2 = 0$$

となる．よって，次式が得られる．

$$2(l - b\cos\theta_A) r_A + b^2 - l^2 = 0 \tag{8.23}$$

これより，r_A は次のように求められる．

$$r_A = \frac{l^2 - b^2}{2(l - b\cos\theta_A)} \tag{8.24}$$

また，

$$r_B = l - r_A = \frac{2l^2 - 2lb\cos\theta_A - l^2 + b^2}{2(l - b\cos\theta_A)} = \frac{l^2 + b^2 - 2lb\cos\theta_A}{2(l - b\cos\theta_A)} \tag{8.25}$$

となる．また，

$$\theta_B = \int \frac{r_A}{l - r_A} d\theta_A = \int \frac{r_A}{r_B} d\theta_A = \int \frac{l^2 - b^2}{l^2 + b^2 - 2lb\cos\theta_A} d\theta_A$$

$$= \int \frac{1}{\dfrac{l^2 + b^2}{l^2 - b^2} - \dfrac{2lb}{l^2 - b^2}\cos\theta_A} d\theta_A = \int \frac{1}{A\cos\theta_A + B} d\theta_A$$

$$= \frac{1}{\sqrt{B^2 - A^2}} \sin^{-1}\left(\frac{\sqrt{B^2 - A^2}\sin\theta_A}{A\cos\theta_A + B}\right) + C \tag{8.26}$$

ここで，$A = -\dfrac{2lb}{l^2 - b^2}$，$B = \dfrac{l^2 + b^2}{l^2 - b^2}$ であり，$B^2 - A^2 = 1$ である．また，C は積分定数である．式 (8.26) は次のようになる．

$$\theta_B = \sin^{-1}\left\{\frac{(l^2 - b^2)\sin\theta_A}{l^2 + b^2 - 2lb\cos\theta_A}\right\} + C = \sin^{-1}\left(\frac{r_A}{r_B}\sin\theta_A\right) + C \tag{8.27}$$

いま，$\theta_A = \theta_B = 0$ で，$r_A + r_B = l$ であることを使うと，$C = 0$ となり，θ_B は次のようになる．

$$\theta_B = \sin^{-1}\left(\frac{r_A}{r_B}\sin\theta_A\right) \tag{8.28}$$

これより，

$$\frac{r_A}{r_B} = \frac{\sin\theta_B}{\sin\theta_A} \tag{8.29}$$

が得られる．以上により，原動節のだ円車 A の輪郭曲線に対して従動節のだ円車 B の輪郭曲線が得られる．また，回転角速度比は，

$$\frac{\omega_B}{\omega_A} = \frac{r_A}{r_B} = \frac{l^2 - b^2}{l^2 + b^2 - 2lb\cos\theta_A} = \frac{4m^2 - 4m^2 + 4n^2}{4m^2 + 4m^2 - 4n^2 - 2(2m)(2\sqrt{m^2 - n^2})\cos\theta_A}$$

$$= \frac{n^2}{2m^2 - n^2 - 2m\sqrt{m^2 - n^2}\cos\theta_A} \tag{8.30}$$

となる． ◁

8.4 速度比が一定のころがり接触

ころがり摩擦伝動機構で，速度比が一定である車は摩擦車 (friction wheel) と呼ばれ，いろいろな機械に利用されている．原動節の車の軸と従動節の車の軸が平行の場合として，円板摩擦車 (circular friction wheel) または円筒摩擦車 (cylindrical friction wheel) がある．また，2軸が交わる場合は，両者の接触面は円すい面となる円すい摩擦車がある．これらには，どちらの車も外側面が接触する外接触と，1つの車の内側面に他の1つの車の外側面が接触する内接触の場合があるが，ここでは外接触の場合について詳しく説明する．

（1） 円板摩擦車 (円筒摩擦車)

図 8.8 に示すように 2 つの円板を円周面で接触させると，回転角速度比は式 (8.2) より

$$\frac{\omega_B}{\omega_A} = \frac{r_A}{r_B} \tag{8.31}$$

となり，一定の回転角速度比が得られる．回転力すなわちトルクを伝達するためには，図 8.8 のように接触部に摩擦力が必要であり，両車を押し付ける必要がある．いま，押し付ける力を F，接触部における摩擦係数を μ とすると，伝達しうる最大の力 Q は，次のように得られる．

$$Q = \mu F \tag{8.32}$$

一般に，μ，F はあまり大きくとれないので，このような摩擦車は大きな動力を伝えることができない．円板の厚さを増して円筒にすれば，少しはよくなる．また，接触部にわずかなすべりがあり，回転につれて，位相がずれる可能性がある．しかし，回転伝達が滑らかで精度がよく，静かであるため，軽負荷にはよく用いられる．

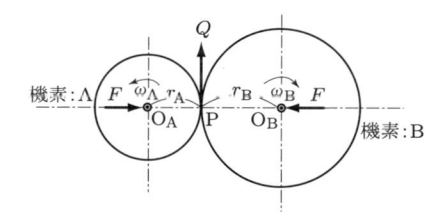

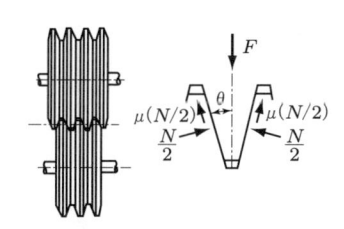

図 8.8　円板摩擦車　　　　図 8.9　みぞつき摩擦車

（2） みぞつき摩擦車 (grooved friction wheel)

図 8.8 に示す円板摩擦車の厚みを増して，図 8.9 に示すように円周部に V 字型のみぞを設け，摩擦力を増加させるようにしたものである．

みぞ 1 つあたりの押し付け力を F，みぞの開き角を 2θ，摩擦面の反力を N，摩擦係数を μ とすると次式が成立する．

$$F = 2\left(\frac{N}{2}\sin\theta\right) + 2\left(\mu\frac{N}{2}\cos\theta\right) = N(\sin\theta + \mu\cos\theta) \tag{8.33}$$

一方，みぞ1つあたりの回転方向の伝達力 Q は，紙面に垂直な方向の摩擦力によるので，次式が得られる．

$$Q = 2\left(\mu \frac{N}{2}\right) = \mu N \tag{8.34}$$

式 (8.33)，(8.34) より N を消去すると，

$$Q = \frac{\mu}{\sin\theta + \mu\cos\theta} F = \mu' F \tag{8.35}$$

となり，μ' は

$$\mu' = \frac{\mu}{\sin\theta + \mu\cos\theta} \tag{8.36}$$

で示される．μ' は見かけの摩擦係数である．$\mu = 0.2$ に対して，$\theta = \pi/12$ で $\mu' = 0.44$ となり，伝達力が円板摩擦車に比べて大きいことがわかる．

(3) 円すい摩擦車 (cone wheel)

円すい摩擦車とは2軸が平行でなく，角度 α をなし点 O で交わる2軸 OO_A，OO_B を回転軸とし，交点 O を共通の頂点とするような場合である．

図 8.10 に示すように，2軸のなす角 α と円すい摩擦車の頂角の半分 θ_A，θ_B が与えられると，これらの間には次の関係がある．

$$\alpha = \theta_A + \theta_B \tag{8.37}$$

回転角速度比は，

$$\frac{\omega_B}{\omega_A} = \frac{r_A}{r_B} = \frac{\sin\theta_A}{\sin\theta_B} \tag{8.38}$$

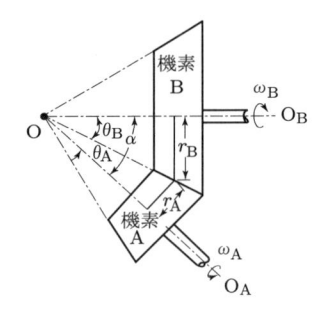

図 8.10 円すい摩擦車

となる．式 (8.37) と (8.38) より

$$\frac{\omega_B}{\omega_A} = \frac{\sin\theta_A}{\sin(\alpha - \theta_A)} = \frac{\tan\theta_A}{\sin\alpha - \cos\alpha\tan\theta_A} \tag{8.39}$$

また，逆に回転角速度比 ω_B/ω_A および2軸の交差角 α が与えられている場合は，θ_A，θ_B は次のように得られる．

$$\theta_A = \tan^{-1}\left(\frac{\sin\alpha}{\omega_A/\omega_B + \cos\alpha}\right), \quad \theta_B = \tan^{-1}\left(\frac{\sin\alpha}{\omega_B/\omega_A + \cos\alpha}\right) \tag{8.40}$$

8.5 速度比が可変の摩擦車

摩擦車の回転比は直径に反比例するから，2 軸の摩擦車の間に回転円板や，円すい，球などを組み合わせ，さらに中間ローラーをおくことによって連続的に速度を変えることができる．

図 8.11 は円柱車 A の外周面を円板車の B の側面に押し付けて，円柱車 A の軸方向の位置をずらすことにより回転角速度比を変化させるものである．すなわち

$$\frac{\omega_B}{\omega_A} = \frac{r_A}{r_B} \tag{8.41}$$

である．

図 8.12 は，2 つの円板車 A，B の間に中間ローラーとして，円柱車 C を挿入し，これを軸方向に移動させて両円板車との接触位置を変化させ，回転比を変えるものである．

また，図 8.13 は 2 つの円すい車 A，B の間に円柱車 C を挿入し，これを軸方向に移動させて両円すい車との接触位置を変化させ，回転比を変えるものである．

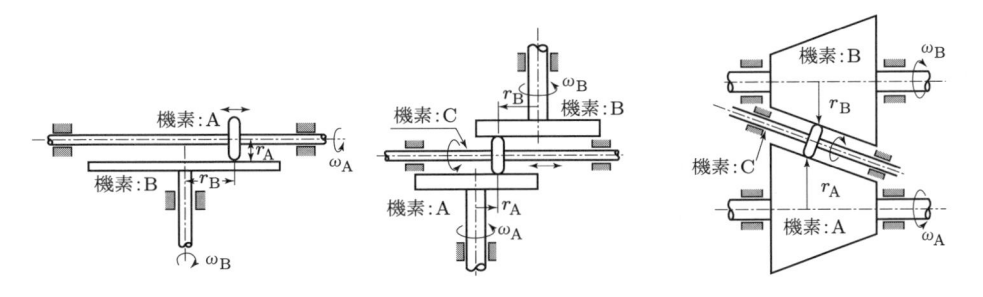

図 8.11 速度可変の摩擦車の例 (1) **図 8.12** 速度可変の摩擦車の例 (2) **図 8.13** 速度可変の摩擦車の例 (3)

演習問題

[8.1] 円板摩擦車について，次の問いに答えよ．
  (1) 本文の図 8.8 の 2 つの円板が平行軸まわりに回転しているとき，ころがり接触の条件を求めよ．
  (2) 図 8.8 の 2 つの円板の外周面で接触させるとき，回転角速度比を求めよ．ただし，ω_A，ω_B をそれぞれ A，B の円板の角速度とし，r_A，r_B をそれぞれ A，B の円板の半径とする．
  (3) 伝達できる最大の力を求めよ．ただし，摩擦係数を μ とする．

(4) 伝達力 Q を大きくするために，図 8.8 の外周面積の厚みを増して，本文の図 8.9 に示すように，円周部に V 字形の溝を設けた．$\mu = 0.2$，溝の開き角を 2θ として，$\theta = \pi/6$ とするとき，溝なしに比べて，伝達力は何倍になるか．

[**8.2**] 円筒摩擦車を考える．原動節車と従動節車の軸間距離を 500 mm，原動節車の回転数を 600 rpm とする．また，回転角速度比は 2/3 とする．5 ps (1 ps = 735.5 W) の馬力を原動節車から従動節車に伝えたい．摩擦係数を 0.2 として両摩擦車の寸法を設計せよ．ただし，許容押し付け力は 20 N/m とする．

第9章 歯車機構の運動学

すでに述べたように，機素と機素を接触させて，原動節側の回転を従動節側に伝える機構として，すべり接触を利用する場合ところがり接触を利用する場合がある．ここで述べる歯車機構は，第7章のカム機構と同様，接触面に滑り運動を伴って，運動を伝達する機構である．

歯車機構は機能的には摩擦接触車と同一であるが，摩擦車は大荷重になるとすべってしまうので，確実に原動節の車の回転力を従動節に伝える機構にしたものである．すなわち，ころがり接触車のころがり面上に適当な突起をつけて，これらをかみ合わせることにより伝動を確実にしたものが，歯車 (toothed wheel) である．このようにすると突起物に相当するのが歯部分で，局部的にすべり運動するが，全体の回転運動は，両者の歯数比を選ぶことにより，ある回転速度比を保つことができ，回転速度比が少しずつずれることはない．歯車のかみ合わせは第1章で説明した自由度2の対偶に相当する．

9.1 歯車の種類

歯車の種類は多く，分類もいろいろ考えられる．ここでは，代表的なものを列挙するにとどめる．

(1) **平行軸をもつ歯車**

原動節の歯車軸と従動節の歯車の軸が平行になっている場合で，平歯車 (spur gear) やはすば歯車 (helical gear) を代表的な例として図9.1に示す．このほか，やまば歯車 (double helical gear)，段歯車 (stepped gear) や，これらの外側かみ合い歯車に対する内側かみ合いの内歯車 (internal gear) などがある．かみ合う歯車のうち，大きい方の歯車を大歯車またはギア (gear) と呼び，小さい方を小歯車またはピニオン (pinion) と呼ぶ．大歯車の直径が無限大になると，図9.2に示すようにかみ合いの面の一方は平面になり，このときの大歯車をラック (rack) という．

(2) **2軸が交差する歯車**

運動を伝えたい2軸が1点で交わる場合で，かみ合い面は円すいになる．すぐ

134 第 9 章 歯車機構の運動学

(a) 平歯車　　(b) はすば歯車

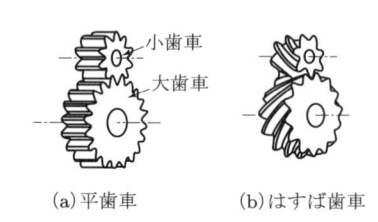

図 9.1　平行軸をもつ歯車

図 9.2　ラックとピニオン

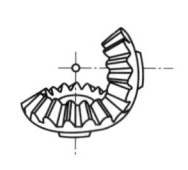

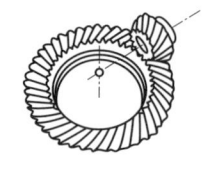

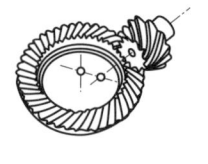

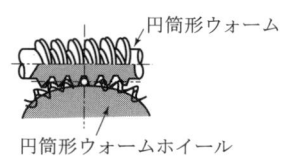

(a) すぐばかさ歯車　　(b) 曲がりばかさ歯車

(a) ハイポイドギア　　(b) ウォームギア

図 9.3　2 軸が交差する歯車

図 9.4　2 軸がくい違う歯車

ばかさ歯車 (bevel gear) や曲がりばかさ歯車 (spiral bevel gear) を代表的な例として，図 9.3 に示す．このほか，はすばかさ歯車 (skew bevel gear)，斜交かさ歯車 (angular bevel gear)，冠歯車 (crown gear) などもある．

(3) **2 軸がくい違う歯車**

両歯車の軸が平行でもなく，交差しない場合をくい違い軸歯車という．ハイポイドギア (hypoid gear) とウォームギア (worm gear) を代表的な例として，図 9.4 に示す．このほか，ねじ歯車 (crossed helical gear)，フェースギア (face gear)，鼓形ウォームギア (hourglass worm gear) などもある．

9.2　すべり接触の条件

図 9.5 に示すように，2 つの回転する機素 A, B が，O_A, O_B を中心として回転角速度 ω_A, ω_B で回転しているとする．両者は C 点で接触し，すべることはできるが互いにくい込んだり，離れたりすることはできないとする．機素 A の C 点での速度 V_A は $\overline{O_A C}$ に直角であり，機素 B の C 点での速度 V_B は $\overline{O_B C}$ に直角である．いま，V_A, V_B を C 点での接触する両曲線に対する共通の法線方向成分と接線方向成分に分解し，これらをそれぞれ V_{AN}, V_{BN}，そして V_{AT}, V_{BT} とする．機素が互いに接触を保つためには法線方向の分速度は互いに等しくなければならない．すなわち

9.2 すべり接触の条件

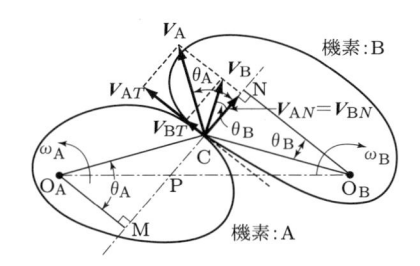

図 9.5 平行軸のすべり接触の条件

$$\bm{V}_{AN} = \bm{V}_{BN} \tag{9.1}$$

である．$\bm{V}_A$, $\bm{V}_B$ が共通法線となす角を θ_A, θ_B とすれば

$$\left. \begin{array}{l} |\bm{V}_{AN}| = |\bm{V}_A|\cos\theta_A = \overline{O_A C}\,\omega_A \cos\theta_A \\ |\bm{V}_{BN}| = |\bm{V}_B|\cos\theta_B = \overline{O_B C}\,\omega_B \cos\theta_B \end{array} \right\} \tag{9.2}$$

式 (9.1), (9.2) より

$$\overline{O_A C}\,\omega_A \cos\theta_A = \overline{O_B C}\,\omega_B \cos\theta_B \tag{9.3}$$

ゆえに，回転速度比 ω_B/ω_A は

$$\frac{\omega_B}{\omega_A} = \frac{\overline{O_A C}\cos\theta_A}{\overline{O_B C}\cos\theta_B} \tag{9.4}$$

O_A, O_B から共通法線に垂線をおろし，その足を M, N とすれば，

$$\angle CO_A M = \theta_A, \quad \angle CO_B N = \theta_B \tag{9.5}$$

となるから，式 (9.4) の分子，分母は

$$\overline{O_A C}\cos\theta_A = \overline{O_A M}, \quad \overline{O_B C}\cos\theta_B = \overline{O_B N} \tag{9.6}$$

となる．また，共通法線と回転中心連結線 $\overline{O_A O_B}$ とが交わる点を P とすれば

$$\triangle O_A PM \backsim \triangle O_B PN \tag{9.7}$$

であるから，結局式 (9.4) は，次式となる．

$$\frac{\omega_B}{\omega_A} = \frac{\overline{O_A M}}{\overline{O_B N}} = \frac{\overline{O_A P}}{\overline{O_B P}} \tag{9.8}$$

すなわち，すべり接触の回転速度比は，接触点における共通法線が回転中心連結線を分ける線分の長さに逆比例する．

一方，すべり速度は，両機素の接線方向の分速度の差より求まる．これを V_S とすると，次式のようになる．

$$V_S = |\boldsymbol{V}_{AT}| - |\boldsymbol{V}_{BT}| \tag{9.9}$$

ここで，

$$\left.\begin{array}{l} |\boldsymbol{V}_{AT}| = \overline{O_A C}\omega_A \sin\theta_A = \overline{CM} \cdot \omega_A \\ |\boldsymbol{V}_{BT}| = \overline{O_B C}\omega_B \sin\theta_B = \overline{CN} \cdot \omega_B \end{array}\right\} \tag{9.10}$$

である．式 (9.9), (9.10) より，次式が得られる．

$$\begin{aligned} V_S &= \overline{CM}\omega_A - \overline{CN}\omega_B = (\overline{CP} + \overline{PM})\omega_A - (\overline{PN} - \overline{CP})\omega_B \\ &= \overline{CP}(\omega_A + \omega_B) + \overline{PM}\omega_A - \overline{PN}\omega_B \end{aligned} \tag{9.11}$$

式 (9.11) において，式 (9.7) の三角形の相似形を使えば，式 (9.8) より，

$$\frac{\omega_B}{\omega_A} = \frac{\overline{O_A P}}{\overline{O_B P}} = \frac{\overline{PM}}{\overline{PN}} \tag{9.12}$$

となるので，式 (9.11) の第 2 項と第 3 項は相殺され，次式が得られる．

$$V_S = \overline{CP}(\omega_A + \omega_B) \tag{9.13}$$

したがって，接触点が，回転中心連結線上に近ければすべり速度が小さくなることがわかる．

9.3 歯車の歯形条件

摩擦だけで回転運動を伝えるときに，摩擦力だけにたよると高負荷時に無理が生ずるので，歯車は確実な伝動をさせるために車の接触面に歯をつけてかみ合わせる．この歯形条件は，式 (9.8) から，歯形の接触点の共通法線が常に回転中心連結線上の定点になければならない．図 9.6 に示すように接触点 C に

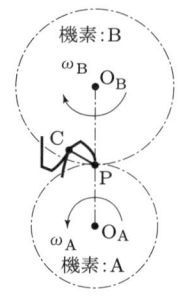

図 9.6 歯形条件

おける歯形の共通法線は $\overline{O_A O_B}$ と点 P で交わる．両機素である歯車が回転するとき，この点の両機素上の軌道を求めれば，式 (9.8) より回転速度比を一定と考えるとき，それぞれの回転中心を中心とした円となる．この円をピッチ円 (pitch circle) という．また，ピッチ円の接点をピッチ点といい，図 9.6 の点 P に相当する．

このことより，歯車の運動はピッチ円を輪郭とする摩擦車の運動と同等であり，全体としてはころがり運動していることになる．しかし，歯形を局所的にみれば，接触点がピッチ円から離れるほど，式 (9.13) より，すべり運動が大きくなる．これらの運動は，歯車が 1 回転すれば，正負のすべり運動が相殺されることになるので，全体と

してはピッチ円上でみたころがり運動だけになる．このようなすべり運動のため，歯車の歯数に対応した回転速度変動が存在し，強度，振動，騒音，工作精度誤差の問題に注意しなければならない．

9.4 歯形の求め方

前節で共通法線はピッチ点を通ることがわかった．ここで，一方の歯車の歯形が与えられた場合，すなわち，図 9.7 で機素 A の歯車の歯形が与えられたときの，機素 B の歯車の歯形を求める方法を述べる．

点 O_A, O_B を回転中心とする 2 つの歯車 A，B のピッチ点 P から A の歯形に法線をひき，歯形曲線との交点を点 C とする．すでに述べたように，これは両歯車の接触点なので，B の歯形はこの点で A の歯形に接している．次に A の歯形曲線が A のピッチ円と交差する点を

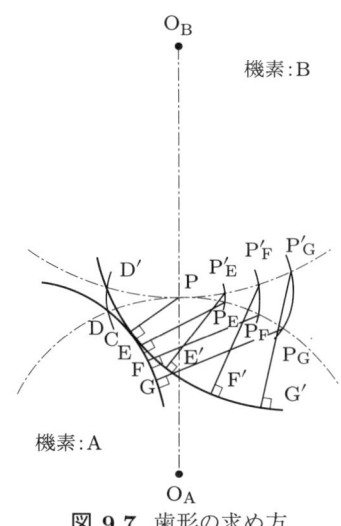

図 9.7 歯形の求め方

D とする．B のピッチ円に，$\widehat{PD} = \widehat{PD'}$ なる点 D′ をとれば，この点は B の歯形曲線上にあり，両歯車が回転すれば D と D′ はピッチ点で合致し，接触することになる．以上で，B の歯形曲線の 2 点が決まる．

さらに，歯車 A のピッチ円上に P_E をとり，この点から A の歯形曲線に法線をひき，その交点を E とする．次に，歯車 B のピッチ円上に $\widehat{PP_E} = \widehat{PP'_E}$ となる点 P'_E をとる．両歯車が回転すれば P_E と P'_E はピッチ点で合致し，接することになり，このとき，B の歯形曲線は A の歯形曲線の点 E で接することになる．

点 P_E がピッチ点にきたとき，すでに説明した図 9.6 の歯形条件を考えて，

$$\left.\begin{array}{l} \angle O_A P_E E + \angle O_B P'_E E' = 180° \\ \overline{P_E E} = \overline{P'_E E'} \end{array}\right\} \quad (9.14)$$

なる条件を満たすように E′ を決めれば，点 E′ は歯車 B の歯形曲線上にあって，歯車 A の歯形曲線の点 E と接することになる．

同様に，点 F，G，… についても，歯車 A の歯形曲線上に定め，

$$\left.\begin{array}{l}\angle O_A P_F F + \angle O_B P'_F F' = 180°, \quad \overline{P_F F} = \overline{P'_F F'} \\ \angle O_A P_G G + \angle O_B P'_G G' = 180°, \quad \overline{P_G G} = \overline{P'_G G'} \\ \vdots \end{array}\right\} \quad (9.15)$$

となるように，点 F′, G′, … を歯形曲線上に求めれば，歯車 A の歯形に対応した歯車 B の歯形ができる．

9.5 歯車各部の名称と規準

歯車の歯のかみ合いをする部分を歯面 (tooth surface) という．ピッチ円より歯先に近い歯面の部分を歯末の面 (tooth face) といい，歯底に近い歯面の部分を歯元の面 (tooth flank) という．歯面の断面を歯形 (tooth profile) という．

図 9.8 に示すように，歯先を通りピッチ円と同心の円を歯先円 (addendum circle)，歯元を通りピッチ円と同心の円を歯底円 (dedendum circle) という．ピッチ円から歯先円までの高さ h_a を歯末のたけ (addendum)，歯底円からピッチ円までの高さ h_d を歯元のたけ (dedendum)，両者を合計した高さ $h = h_a + h_d$ を歯たけ (whole depth) という．かみ合う相手側の歯末のたけを h'_a とするとき，$c = h_d - h'_a$ は歯先と歯底のすきまであり，頂げき (clearance) という．また，ピッチ円上で測った隣り合う歯と歯の対応する部分間の距離 p を円ピッチ (circular pitch) または単にピッチ (pitch) という．ピッチ円上で測った歯の厚さ t を歯厚 (tooth thickness)，ピッチ円上で測った歯のすきまの長さ s を歯みぞの長さ (space of tooth)，この差 $b = s - t$ を背げきまたはバックラッシュ (backlash) という．バックラッシュは歯車をかみ合わせたときの歯面間の遊びとなり，伝達荷重が変動するとき，歯打ち現象が生じ，摩擦，破壊，振動，騒音の原因になる．また，歯車の軸方向の長さを歯幅 (face width) という．

円ピッチは歯車の直径 d，歯数 z を決める基本となる値であり

$$p = \frac{\pi d}{z} \quad (9.16)$$

となる．ここで，d が有理数で決められるので，p は無理数となり取り扱いが不便である．そのため，d を mm の単位で表し，

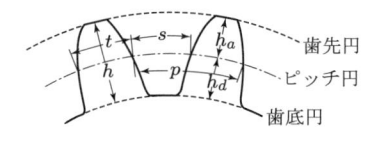

図 9.8 歯形各部の名称

$$m = \frac{d}{z} \tag{9.17}$$

で与えられるモジュール (module) という定義を導入し，歯車各部の寸法を決める規準の値とすることが多い．

9.6 平歯車の実用歯形

平歯車の歯形としては，サイクロイド歯形 (cycloid tooth) とインボリュート歯形 (involute tooth) が実際的である．このうちインボリュート歯形は，たけの歯切りが容易などの理由により，多く用いられており，サイクロイド歯形は特別の場合である．

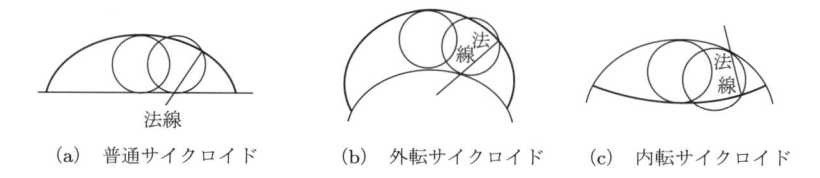

（1） サイクロイド歯形

サイクロイド曲線 (cycloid curve) は，図 9.9 に示すように円が直線上をまたは円周上をころがるとき，ころがり円上の 1 点が描く軌跡をいう．直線上の場合を普通サイクロイド (common cycloid)，円周上を外側からころがる場合を外転サイクロイド (epicycloid)，内側をころがる場合を内転サイクロイド (hypocycloid) という．

(a) 普通サイクロイド　　(b) 外転サイクロイド　　(c) 内転サイクロイド

図 9.9 サイクロイド曲線

サイクロイド歯車は，図 9.10 に示すように歯車 A のピッチ円の内側をころがり円 C がころがってできる内転サイクロイド曲線 $\widehat{PH_{CA}}$ の一部を歯元側の歯形とし，同様に A のピッチ円の外側をころがり円 D がころがってできる外転サイクロイド $\widehat{PE_{DA}}$ の一部を歯末として両者を結んで歯車 A の歯形を形成することができる．一方，歯車 B のピッチ円の外側を C がころがってできる外転サイクロイド $\widehat{PE_{CB}}$ の一部を歯末とし，B の内側を D がころがってできる内転サイクロイド $\widehat{PH_{DB}}$ の一部を歯元として両者を結んで歯車 B の歯形を形成できる．

ピッチ点 P からある円弧離れた位置のピッチ円 A 上の点 P_A から $\widehat{PH_{CA}}$ 上にたてた法線の交点と，同じく P から PP_A と等しい円弧だけ離れた位置のピッチ円 B 上の点 P_B から $\widehat{PE_{CB}}$ 上にたてた法線の交点とは，P_A, P_B それぞれが P において接するとき接触することになり，これらの曲線は歯車の歯形としての条件を満足している．

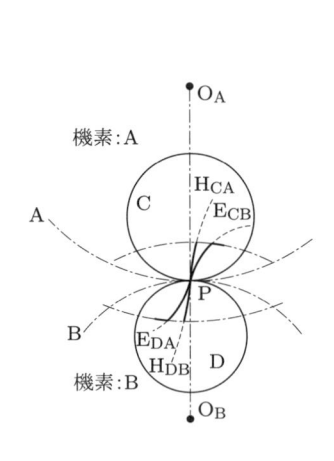

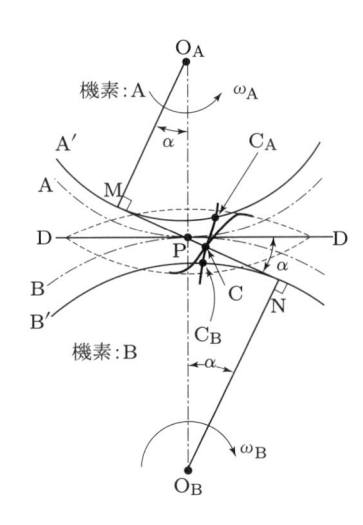

図 9.10 サイクロイド歯形の接線　　**図 9.11** インボリュート歯形の接線

（2） インボリュート歯形

第3章の〔例題3.3〕で説明したように，基礎円のまわりに糸を巻きつけたものを，その端を引張りながら糸を巻きほどいていくときの糸の端の描く軌跡をインボリュート (involute) 曲線と呼ぶが，この軌跡を歯形として用いる．

図9.11 に示すようにピッチ円 A とピッチ円 B がころがり接触しているとして，接触点を P とする．いま点 P で歯車 A,B のピッチ円に共通接線 $\overline{DD}$ をひき，これと α の角度をなす点 P を通る直線 MN をひく．この直線に回転中心 O_A, O_B から垂線をおろし，その交点を M, N とする．さらに，O_A, O_B を中心として M, N に接する円を描く．M, N 間をゆるまない糸で張られているとすると，M, N に接する円 A′, B′ はインボリュート曲線の基礎円になる．

いま，A, B のピッチ円は転がり接触しているので，O_A, O_B の回転角速度を ω_A, ω_B とすると

$$\overline{O_AP}\omega_A = \overline{O_BP}\omega_B \tag{9.18}$$

となる．また，点 M, N の円周方向速度は，

$$V_M = \overline{O_AM}\omega_A, \quad V_N = \overline{O_BN}\omega_B \tag{9.19}$$

となる．また，図より $\triangle O_A MP$ と $\triangle O_B NP$ は相似形であり，

$$\frac{\overline{O_AM}}{\overline{O_BN}} = \frac{\overline{O_AP}}{\overline{O_BP}} \tag{9.20}$$

が成立する．式 (9.18)，(9.20) を使うと

$$V_{\mathrm{M}} = \overline{O_{\mathrm{A}}M}\omega_{\mathrm{A}} = \frac{\overline{O_{\mathrm{A}}P}}{\overline{O_{\mathrm{B}}P}} \cdot \overline{O_{\mathrm{B}}N} \cdot \frac{\overline{O_{\mathrm{B}}P}}{\overline{O_{\mathrm{A}}P}} \omega_{\mathrm{B}} = \overline{O_{\mathrm{B}}N}\omega_{\mathrm{B}} = V_{\mathrm{N}} \tag{9.21}$$

となり，糸 M, N はつねに直線を保つことがわかる．

いま，この直線 $\overline{\mathrm{MN}}$ の上に1点 C をとり，これを歯形の接触点とする．基礎円 A′ を回転させずに点 C を端として糸を巻きつけたりほどいたりする軌跡は，点 $\mathrm{C_A}$ を始点として曲線 $\mathrm{C_A C}$ として求まる．この曲線の一部が，歯車 A の歯形になる．一方，点 C を基礎 B′ に対して糸を巻きつけたりほどいたりする軌跡も曲線 $\mathrm{C_B C}$ として求まる．同じくこの曲線の一部が歯車 B の歯形となる．また，角度 α は共通法線方向と共通ピッチ円接線方向，すなわち運動方向とのなす角であるので圧力角となる．

9.7　かみ合い率とすべり率

歯車によって連続的に原動節側から従動節側に運動を伝達するためには，歯車の1対の歯がかみ合いをはじめて終わるまでに，次の1対の歯がかみ合いをはじめなければならない．

さて，かみ合い角または接触角 (angle of contact) は1対の歯がかみ合いをはじめて終わるまでの回転角を意味し，これに対するピッチ円の弧の長さをかみ合い弧または接触弧 (arc of contact) という．このうち1対の歯がかみ合いをはじめてピッチ円に接触点が到達するまでのピッチ円上の弧の長さを近寄り弧 (arc of approach)，弧の接触点からかみ合いが終わるまでを遠のき弧 (arc of recess) という．かみ合い率または接触率 (contact ratio) は，かみ合い弧と円周ピッチとの比を意味する．すなわち，同時にかみ合っている歯の数を表す．

次に，すべり率について述べる．図 9.12 に示すように歯車 A, B が点 P で接しているとする．微小時間後に $\mathrm{Q_A}$ と $\mathrm{Q_B}$ が接するならば，この間の両歯車の接触しながら移動した距離 dl_{A} と dl_{B} の差がすべった距離である．すべり率 (specific sliding) はすべった距離を，それぞれの歯がその間に接触しながら移動した距離で除したものをいう．すなわち，歯車 A, B のすべり率 σ_{A}, σ_{B} は，次のようになる．

$$\left.\begin{aligned}\sigma_{\mathrm{A}} &= \frac{dl_{\mathrm{A}} - dl_{\mathrm{B}}}{dl_{\mathrm{A}}} \\ \sigma_{\mathrm{B}} &= \frac{dl_{\mathrm{B}} - dl_{\mathrm{A}}}{dl_{\mathrm{B}}}\end{aligned}\right\} \tag{9.22}$$

歯車において，接触点 C の各速度ベクトルは，9.2 節の図 9.5 と同様，図 9.13 に示すように $\boldsymbol{V}_{\mathrm{A}}$, $\boldsymbol{V}_{\mathrm{B}}$ であり，歯面の法線方向の成分速度 V_{AN}, V_{BN} は等しく $\boldsymbol{V}_{AN} = \boldsymbol{V}_{BN} = \boldsymbol{V}_{N}$ とすると，歯面の接線方向の速度 V_{AT}, V_{BT} は，

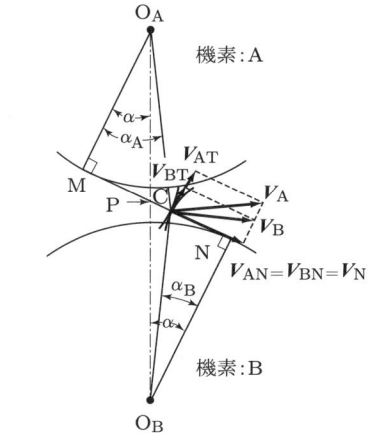

図 9.12 接線の移動量

図 9.13 すべり率の計算

$$\left.\begin{array}{l} V_{\mathrm{AT}} = V_N \tan \alpha_\mathrm{A} \\ V_{\mathrm{BT}} = V_N \tan \alpha_\mathrm{B} \end{array}\right\} \tag{9.23}$$

である．ここで，$V_{\mathrm{AT}} = \dfrac{dl_\mathrm{A}}{dt}$, $V_{\mathrm{BT}} = \dfrac{dl_\mathrm{B}}{dt}$ であるから，すべり率は

$$\left.\begin{array}{l} \sigma_\mathrm{A} = \dfrac{\tan \alpha_\mathrm{A} - \tan \alpha_\mathrm{B}}{\tan \alpha_\mathrm{A}} \\ \sigma_\mathrm{B} = \dfrac{\tan \alpha_\mathrm{B} - \tan \alpha_\mathrm{A}}{\tan \alpha_\mathrm{B}} \end{array}\right\} \tag{9.24}$$

となる．これより，接線点から点 M の $\alpha_\mathrm{A} = 0$ の位置では $\sigma_\mathrm{A} = -\infty$, $\sigma_\mathrm{B} = 1$ となる．$\alpha_\mathrm{A} = \alpha_\mathrm{B} = \alpha$ のピッチ点では，$\sigma_\mathrm{A} = \sigma_\mathrm{B} = 0$ となり，すべり運動はなくころがり運動になる．点 N の $\alpha_\mathrm{B} = 0$ では，$\sigma_\mathrm{A} = 1$, $\sigma_\mathrm{B} = -\infty$ となる．これより，すべり率の変化は，ピッチ点の前後で符号が逆になっていることがわかる．歯車 A を原動節側とするとき，ピッチ点前では，原動節歯車は従動節歯車を原動節歯車自身から引離すように押し出していることになる．一方，ピッチ点後では，原動節歯車は従動節歯車を原動節歯車自身側に引張り込もうとする．

9.8 歯車の静力学

歯車の力の伝達方向は第 8 章の摩擦車と異なり，伝達すべき力の方向，すなわち円周方向と一致しないために，歯車軸には伝達力以外の力が作用する．すなわち歯のかみ合い中の歯面のすべり摩擦により伝達効率は低下する．

（1）平歯車

平歯車の荷重について，図 9.14 に示すように歯形の圧力角を α とすると，歯面法線方向の力 F_N は，円周方向の力 F_T および半径方向の力 F_R と次の関係にある.

$$\left.\begin{array}{l} F_T = F_N \cos\alpha \\ F_R = F_N \sin\alpha \end{array}\right\} \tag{9.25}$$

これらの力は作用，反作用の原理により，軸受荷重となる.

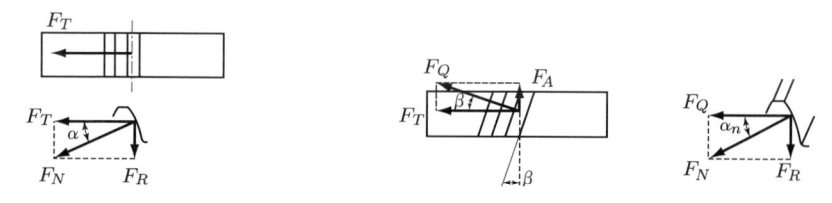

図 **9.14** 平歯車の荷重

図 **9.15** はすば歯車の荷重

（2）はすば歯車

はすば歯車の荷重は，図 9.15 に示すように歯直角断面において，圧力角 α_n，歯面法線方向の力 F_N とすると，歯直角断面に対する円周方向成分 F_Q と半径方向成分力 F_R に分解できる.

$$\left.\begin{array}{l} F_Q = F_N \cos\alpha_n \\ F_R = F_N \sin\alpha_n \end{array}\right\} \tag{9.26}$$

また，この F_Q は，歯車の回転軸からみた円周方向成分力 F_T と，歯車の軸方向成分のスラスト力 F_A に分解できる.

$$\left.\begin{array}{l} F_T = F_Q \cos\beta = F_N \cos\alpha_n \cos\beta \\ F_A = F_Q \sin\beta = F_N \cos\alpha_n \sin\beta \end{array}\right\} \tag{9.27}$$

ここに，β は，はすば歯車の歯車の軸方向に対する傾き角である．はすば歯車では，このようなスラスト力に耐えられるような歯車軸受を使用する必要がある.

以上，平歯車とはすば歯車の静力学について述べたが，このほか，かさ歯車，曲がりばかさ歯車，ハイポイドギヤねじ歯車，ウォームギヤなどは，さらに複雑な静力学が成立する.

9.9 歯車列の静力学

2つの軸の間の運動を伝えるのに，一対の歯車で理論上は可能であるが，実際問題としては距離があるとか，回転比が違いすぎるとか，軸の向きが異なるとかで，多数の歯車が必要になる場合が多い．このようなときに歯車と歯車軸が複雑に組み込まれた歯車装置として，歯車箱 (gear box) などが使用される．

数対の歯車を順次かみ合わせ，回転数を変化させる歯車の組み合わせを，歯車列 (gear train) という．

（1） 中心軸固定の歯車列の回転速度比

図 9.16 に示すように A, B, C, D の 4 つの歯車が 3 本の軸で A の回転運動を D に伝えているとする．なお，歯車 B と C は同軸上にあり，同じ回転角速度をもつ．この場合，各軸を固定して運動を伝えるので中心軸固定の歯車列と呼ばれる．歯車 A, B, C, D の半径を r_A, r_B, r_C, r_D，また歯数を z_A, z_B, z_C, z_D とし，さらに回転角速度を $\omega_A, \omega_B, \omega_C (=\omega_B), \omega_D$ とする．

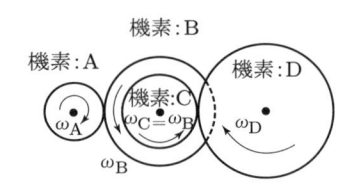

図 9.16 歯車列の回転角速度比

各歯車間の回転角速度比は，

$$\frac{\omega_B}{\omega_A} = \frac{r_A}{r_B} = \frac{z_A}{z_B}, \quad \frac{\omega_D}{\omega_C} = \frac{r_C}{r_D} = \frac{z_C}{z_D} \tag{9.28}$$

となる．よって，

$$\frac{\omega_D}{\omega_A} = \frac{\omega_B}{\omega_A} \cdot \frac{\omega_D}{\omega_C} = \frac{r_A}{r_B} \cdot \frac{r_C}{r_D} = \frac{z_A}{z_B} \cdot \frac{z_C}{z_D} \tag{9.29}$$

となる．このような歯車列ではいくつかの組の歯車を組み合わせても，歯車列としての入力の原動節側である駆動軸の回転速度比と，出力の従動節側である被駆動軸の回転速度比は，次のようになる．

$$全回転速度比 = \frac{出力}{入力} = \frac{駆動歯車の歯数の積}{被駆動歯車の歯数の積}$$

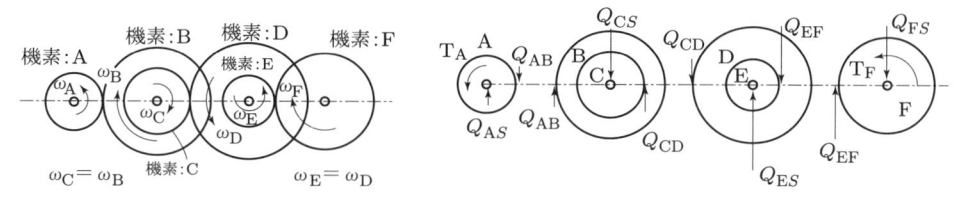

(a) 3対の歯車列　　　　　(b) 各歯車がほかの歯車および軸から受ける力

図 **9.17** 歯車列に加わる力と伝達トルク

（2） 中心軸固定の歯車列の静力学

歯車列において歯のかみ合い点と軸に加わる力，および伝達効率について考察する．図 9.17 において，T_A を歯車 A が軸から駆動される入力トルクとすると，歯車 A は歯車 B と軸からの反力として，それぞれ Q_{AB}, Q_{AS} を受ける．すなわち，

$$Q_{AB} = Q_{AS} = \frac{T_A}{r_A} \tag{9.30}$$

ここに，r_A は歯車 A の半径を示す．以下，r_B, r_C, r_D, r_F はそれぞれ歯車 B, C, D, F の半径とする．次に，歯車 B, C が一体として受ける力は，歯車 A, D からの反力として，それぞれ Q_{AB}, Q_{CD}，また軸からの反力 Q_{CS} である．これらには次の関係が成立する．

$$\left. \begin{array}{l} Q_{CD} = Q_{AB} \dfrac{r_B}{r_C} \\[6pt] Q_{CS} = Q_{AB} + Q_{CD} \end{array} \right\} \tag{9.31}$$

歯車 D, E が一体として，同様に受ける力の間には

$$\left. \begin{array}{l} Q_{EF} = Q_{CD} \dfrac{r_D}{r_E} \\[6pt] Q_{ES} = Q_{CD} + Q_{EF} \end{array} \right\} \tag{9.32}$$

が成立する．最後に，歯車 F にほかの歯車と軸からの反力による関係式は次のようになる．

$$Q_{EF} = Q_{FS} = \frac{T_F}{r_F} \tag{9.33}$$

図 9.17 に示した T_F は歯車 F に加わる軸からの反力であるので，出力トルクは図に示した向きと反対で時計まわり方向になることに注意する必要がある．式 (9.30)〜(9.33) より，

$$T_F = Q_{EF} r_F = \left(\frac{T_A}{r_A} \right) \left(\frac{r_B}{r_C} \right) \left(\frac{r_D}{r_E} \right) \cdot r_F$$

$$= T_{\mathrm{A}} \left(\frac{r_{\mathrm{B}}}{r_{\mathrm{A}}}\right) \left(\frac{r_{\mathrm{D}}}{r_{\mathrm{C}}}\right) \left(\frac{r_{\mathrm{F}}}{r_{\mathrm{E}}}\right) = T_{\mathrm{A}} \left(\frac{z_{\mathrm{B}}}{z_{\mathrm{A}}}\right) \left(\frac{z_{\mathrm{D}}}{z_{\mathrm{C}}}\right) \left(\frac{z_{\mathrm{F}}}{z_{\mathrm{E}}}\right) \quad (9.34)$$

ここに，$z_{\mathrm{A}} \sim z_{\mathrm{F}}$ は歯車 A〜F の歯数である．

　実際は，歯面摩擦による伝達トルクの損失を考える場合は，伝達されるトルクが平均として損失分だけ小さくなる．したがって，かみ合いの伝達効率を $\eta_{\mathrm{AB}}, \eta_{\mathrm{CD}}, \eta_{\mathrm{EF}}$ とすると，

$$\left.\begin{array}{l} T'_F = \eta_{\mathrm{AB}} \eta_{\mathrm{CD}} \eta_{\mathrm{EF}} T_F = \eta T_F \\ \eta = \eta_{\mathrm{AB}} \eta_{\mathrm{CD}} \eta_{\mathrm{EF}} \end{array}\right\} \quad (9.35)$$

となる．ただし，η は歯車列としての伝達効率である．

（3） 中心軸回転の歯車列の回転速度比

　1 対の互いにかみ合う歯車において，2 つの歯車がそれぞれ回転すると同時に，一方の歯車が他方の歯車の軸を中心にして公転する場合は，中心軸が固定されずに回転している．このような歯車列を遊星歯車装置 (planetary gears) という．固定された歯車を太陽歯車 (sun gear)，中心軸のまわりを太陽歯車とかみ合いながら公転する歯車を遊星歯車 (planet gear) という．図 9.18 は太陽歯車 A の外側を遊星歯車 B が公転しながら自転するが，A の内側を B が公転しながら自転する場合もある．

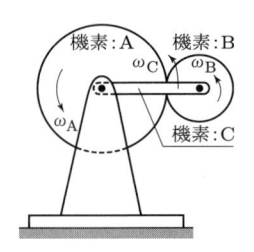

図 9.18 遊星歯車装置

　図 9.18 において，歯車 A, B の歯数を $z_{\mathrm{A}}, z_{\mathrm{B}}$ とし，歯車 A が回転角速度 ω_{A}，腕 C が回転角速度 ω_{C} をもつとき，歯車 B の回転角速度 ω_{B} は次の関係をもつ．

　歯車 A, B を腕 C に対して固着させた状態で，ω_{C} 回転をさせる．このとき，A, B, C はすべて ω_{C} 回転したことになる．次に，腕 C を静止させて，さらに歯車 A を $\omega_{\mathrm{A}} - \omega_{\mathrm{C}}$ 回転させると，歯車 B は $-(\omega_{\mathrm{A}} - \omega_{\mathrm{C}}) z_{\mathrm{A}}/z_{\mathrm{B}}$ だけ回転することになる．ただし，反時計まわり方向を正の回転数とし，時計まわり方向を負の回転数と定義している．結局，歯車 A は $\omega_{\mathrm{C}} + (\omega_{\mathrm{A}} - \omega_{\mathrm{C}}) = \omega_{\mathrm{A}}$ 回転したことになり，腕 C は ω_{C} 回転したことになる．また歯車 B は，次の ω_{B} 回転したことになる．

$$\omega_B = \omega_C - (\omega_A - \omega_C)\frac{z_A}{z_B} = \left(1 + \frac{z_A}{z_B}\right)\omega_C - \frac{z_A}{z_B}\omega_A \tag{9.36}$$

■ **例題 9.1** 図 9.18 の遊星歯車装置において，歯車 A の歯数が歯車 B の歯数の 2 倍であるとする．歯車 A の回転数を $n_A = 600$ rpm, 歯車 B の回転数を $n_B = 2400$ rpm にするためには，腕 C の回転数 n_C をいくらにしなければならないか．

▷ **解**

式 (9.36) において，$\omega_A = 2\pi \times 600/60 = 20\pi$ rad/s, $\omega_B = 2\pi \times 2400/60 = 80\pi$ rad/s, また, $z_A = 2z_B$ であるから,

$$80\pi = (1+2)\omega_C - 2 \times 20\pi, \quad \therefore \omega_C = 40\pi \text{ rad/s}$$

よって腕 C の回転数は $n_C = 40\pi/2\pi \times 60 = 1200$ rpm となる． ◁

（4） 中心軸回転の歯車列の静力学

図 9.19 に示すように，太陽歯車 A に入力トルクが加わり，腕 C の出力について考える．内歯車 D は固定されているので，遊星歯車 B は点 P_D を瞬間中心として回転運動すると考えてよい．

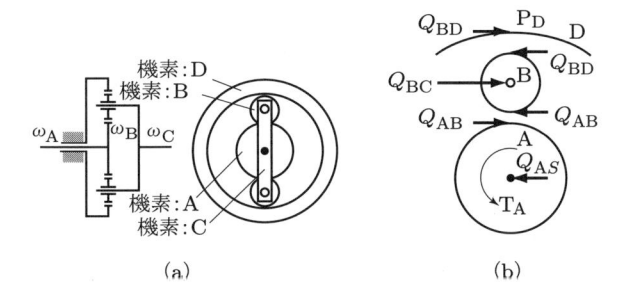

図 9.19 各歯車がほかの歯車，腕，軸から受ける力と伝達トルク

太陽歯車 A は入力トルク T_A で駆動されるとき，遊星歯車 B と軸から反力として，それぞれ Q_{AB}, Q_{AS} を受ける．すなわち，

$$Q_{AB} = Q_{AS} = \frac{T_A}{r_A} \tag{9.37}$$

である．ここに，r_A は太陽歯車の半径である．遊星歯車 B は，A と内歯車 D から反力として，Q_{AB}, Q_{BD}, また腕から反力として Q_{BC} を受ける．

$$Q_{BC} = Q_{AB} + Q_{BD} \tag{9.38}$$

また，

$$Q_{AB} = Q_{BD} \tag{9.39}$$

であり，結局，

$$Q_{\mathrm{BC}} = 2\frac{T_{\mathrm{A}}}{r_{\mathrm{A}}} \tag{9.40}$$

なる力が，図に示す Q_{BC} の向きと反対に反作用として腕に加わることになり，T_{A} の向きの入力トルクによって，腕は反時計まわり方向に回転させる力 Q_{BC} を受けることになる．

9.10 歯車列の機構運動解析

ここで，一対の歯車と腕で構成される歯車列を考える．

図 9.20 に示すように，機素の歯車 i と j の間の中心間距離 $R_i + R_j$ が一定という拘束が存在する．

歯車の外周上の歯は，微視的にはすべっているが，ピッチ円でみるとき，互いにすべることなく回転していると考えられる．歯車のピッチ円上の接触弧 $\widehat{\mathrm{DQ}_i}$ と $\widehat{\mathrm{DQ}_j}$ の長さは等しくなければならない．ここで，Q_i と Q_j に歯車列を最初に組み立てたとき，互いに接触していた点である．

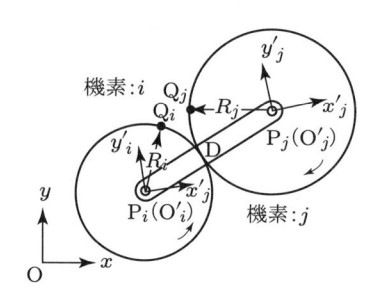

図 9.20 歯車 i と歯車 j からなる歯車列

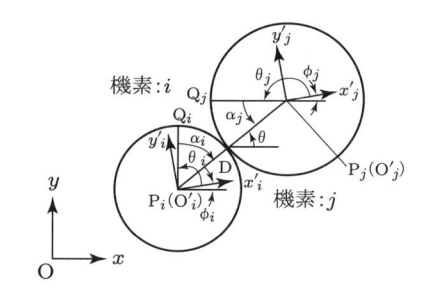

図 9.21 かみ合い状態の歯車の幾何学的位置

図 9.21 に示すかみ合い状態の歯車の幾何学的位置関係から，次の関係が得られる．

$$\left.\begin{array}{l} \alpha_i = \phi_i + \theta_i - \theta \\ \alpha_j = -(\phi_j + \theta_j - \theta - \pi) \\ \alpha_i R_i = \alpha_j R_j \end{array}\right\} \tag{9.41}$$

ここで，θ_i, θ_j は，局所座標系 $\mathrm{O}'_i\text{-}x'_i y'_i$, $\mathrm{O}'_j\text{-}x'_j y'_j$ を，それぞれ機素すなわち歯車 i, j に対して設定したときの最初のかみ合せ点からの位置関係を決める角度である．

式 (9.41) において α_i, α_j を消去して θ について解くと，次のようになる．

$$\theta = \frac{R_i(\phi_i + \theta_i) + R_j(\phi_j + \theta_j) - R_j \pi}{R_i + R_j} \tag{9.42}$$

また，歯車の中心間の距離はほかの拘束条件 ($R_i + R_j = $ 一定) によって支配されている．したがって歯車列としての拘束条件は，ベクトル $\boldsymbol{R}_{\mathrm{P}i}$, $\boldsymbol{R}_{\mathrm{P}j}$ がそれぞれ基準座標系から P_i, P_j までの位置ベクトルを表すとすると，次のようになる

$$\Phi^k = (\boldsymbol{R}_{\mathrm{P}j} - \boldsymbol{R}_{\mathrm{P}i})\boldsymbol{u}^\perp$$
$$= -(x_j - x_i)\sin\theta + (y_j - y_i)\cos\theta = 0 \tag{9.43}$$

ここで，$\boldsymbol{u}^\perp = \begin{bmatrix} -\sin\theta & \cos\theta \end{bmatrix}^T$ であり，$\boldsymbol{u} = \begin{bmatrix} \cos\theta & \sin\theta \end{bmatrix}^T$ は図 9.21 の点 $\mathrm{P}_i(\mathrm{O}'_i)$ から点 $\mathrm{P}_j(\mathrm{O}'_j)$ へ向かう単位ベクトルである．また，θ は式 (9.42) から与えられる．

■ **例題 9.2** 図 9.22 に示すように機素の歯車 A が基礎に固定された歯車列について，歯車 B が歯車 A の真下にきたときの ϕ_2 を求めよ．

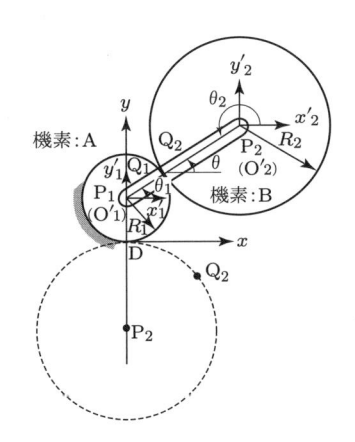

図 9.22 歯車 A が固定された歯車列

▷ **解**
基準座標系に対し，局所座標系を図に示すようにとるとき，

$$x_1 = \phi_1 = 0 \tag{9.44}$$

である．最初のかみ合い状態は，$\theta_1 = \pi/6$, $\theta_2 = 7\pi/6$ となる．また歯車 A, B のピッチ円半径をそれぞれ $R_1 = 1$, $R_2 = 2$ とする．長さ 3 の腕が歯車 A, B を結合して，回転することになる．

いま，歯車 B の P_2 が P_1 を通る垂直な線上にくるときの ϕ_2 を求める．拘束条件式 (9.43) において，式 (9.44) と

$$y_1 = 1, \quad x_2 = 0, \quad y_2 = -2 \tag{9.45}$$

を用いると，

$$(-2-1)\cos\theta = 0 \tag{9.46}$$

となり，$\theta = -\pi/2$ となる．これを式 (9.42) に代入すると

$$-\frac{\pi}{2} = \frac{1 \times \left(0 + \frac{\pi}{6}\right) + 2 \times \left(\phi_2 + \frac{7\pi}{6}\right) - 2\pi}{1+2} = \frac{2\phi_2 + \frac{\pi}{2}}{3} \tag{9.47}$$

となり，$\phi_2 = -\pi$ となる． ◁

演習問題

[**9.1**] 図 9.23 のように，慣性モーメント J_1 のガスタービンが T_1 の駆動トルクを発生し，歯車で減速して，必要トルクのポンプを駆動しているとする．これらの運動方程式を示せ．

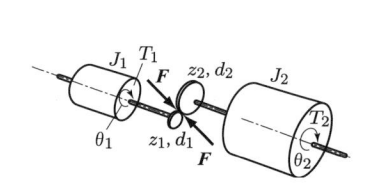

図 9.23 歯車駆動機構の運動

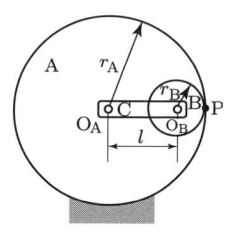

図 9.24 内接の遊星歯車機構

[**9.2**] 図 9.24 は内接の遊星歯車機構を示す．内歯車 A が図に示すように床に固定されているとする．腕 C が ω_C で回転するとき，B 歯車の回転角速度 ω_B を求めよ．

第10章 巻きかけ伝動機構の運動学

　原動節の回転運動を従動節に伝達するとき，リンク機構のように回り対偶を用いたり，摩擦伝動機構や歯車機構のように互いに直接接触させてころがり対偶とすべり対偶を用いたりすることができる．しかし，両軸間に距離がある場合は，歯車列などの剛体を利用することもできるが，可とう体としてのベルト，チェーン，ロープなどのような巻きかけ媒介節，もしくは撓性中間節 (flexible connector) を用いた巻きかけ伝動 (transmission of motion by wrapping connector) も考えられる．このときの伝動装置を巻きかけ伝動装置という．なお，この巻きかけ媒介節を，自由度を拘束してある運動を伝達する対偶と見なして，可とう体対偶と考えてもよい．

10.1　平ベルト伝動

1　平ベルトの種類

　平ベルトに用いられる材質としては皮，布を芯にしたゴム，プラスチック，織物および鋼があり，これらを閉じた形の長い帯にしたものをベルト (belt) という．ベルトをかけ渡す車をベルト車 (belt pulley) という．これは V ベルト，ロープなどの場合も同様である．

　平ベルトは屈曲性がよく，ベルトコンベヤ，動く歩道，プリンタの伝動機構など多くの用途がある．

　平ベルトによって，平行な 2 軸間で原動節のベルト車から従動節のベルト車に回転運動を伝えようとするとき，入出力軸の平行度に誤差があれば，運転しているうちにベルトに片寄りが生じ，ついにははずれてしまうことがある．これを防ぐためには，ベルト車の外周の両端につばをつけてはずれなくすることも考えられるが，つばとベルトの摩擦が生じベルトの損傷や振動・騒音が生じる．そのため，通常は図 10.1 に示すように，ベルト車の外周の中央部を両端部に比べて，径を少し大きく，すなわち中高 (crown) になるように加工することによりベルトのはずれを防止する．これをクラウニング (crowning) という．

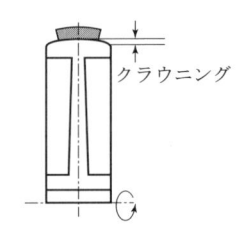

図 10.1　ベルト車のクラウニング

2　平ベルトのかけ方

　平ベルト，Vベルト，ロープその他にも同様のことであるが，ベルトのかけ方について述べる．かけ方としては，図 10.2 に示すように平行がけ (open belting) と十字がけ (cross belting) がある．

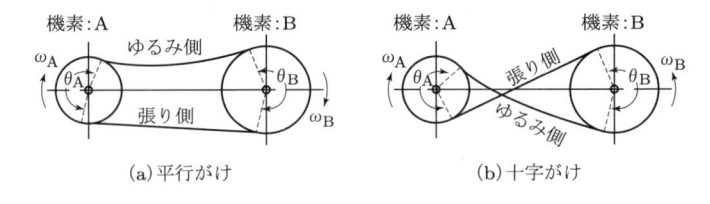

(a) 平行がけ　　(b) 十字がけ

図 10.2　ベルトのかけ方

　平行がけの場合は，回転方向は両ベルト車とも同じ向きであり，最初，両車にいくらかの張力をかけておき，回転しだすと一方のベルトは原動節である機素のベルト車 A に引っ張られ張力を増す．他方のベルトは，原動車から送り出されて張力を減少させる．このようにして，図 10.2 に示すようにベルトに張り側 (tension side) とゆるみ側 (slack side) ができる．

　両軸が水平方向に平行になっている場合は，上側のベルトがゆるみ側になるように回転方向の向きをとれば，ベルトとベルト車の接触角が大きくなり，摩擦力を大きくすることができ，すべりにくくなる．このベルトがベルト車に接触している角度を巻きかけ角といい，図 10.2 の θ_A, θ_B に相当する．

　また，十字がけの場合は，回転方向の向きは逆に伝動される．平行がけの場合に比べて，図 10.2 に示すように巻きかけ角は大きくなり，すべりにくくなり，より大きな動力の伝達が可能である．

3 ベルトの長さ

機素である両ベルト車の有効径を D_A, D_B, 両車の軸間距離 C が与えられたとき，ベルトの必要な有効長さ L は次のように求めることができる．

ただし，前述のベルトのゆるみ側の垂れ下がりとベルトの厚みは，無視できるものとする．

（1） 平行がけの場合

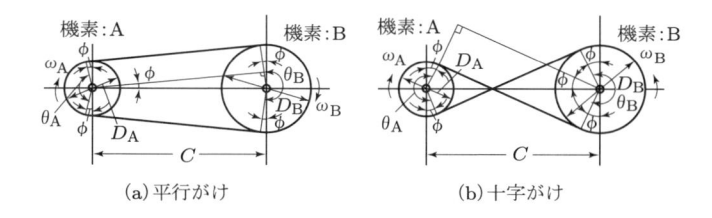

図 10.3 ベルトの長さ

図 10.3 (a) に示した幾何学的寸法関係より，次式が得られる．

$$L = \frac{D_A}{2}\theta_A + 2C\cos\phi + \frac{D_B}{2}\theta_B \tag{10.1}$$

ここで，θ_A, θ_B はそれぞれベルト車 A, B の巻きかけ角を表し，

$$\theta_A = \pi - 2\phi, \quad \theta_B = \pi + 2\phi \tag{10.2}$$

の関係があるから，式 (10.1) は次のようにも表せる．

$$L = 2C\cos\phi + \frac{\pi}{2}(D_A + D_B) - \phi(D_A - D_B) \tag{10.3}$$

軸間距離が大きいか，ベルト車の直径差が小さくて，ϕ が小さいと考えられるとき，

$$\left.\begin{array}{l} \phi \cong \sin\phi = -\left(\dfrac{D_A - D_B}{2C}\right) \\ \cos\phi = \sqrt{1 - \sin^2\phi} = \sqrt{1 - \dfrac{(D_A - D_B)^2}{4C^2}} \cong 1 - \dfrac{(D_A - D_B)^2}{8C^2} \end{array}\right\} \tag{10.4}$$

とすることができるから，式 (10.3) は次のようになる．

$$L = 2C\left\{1 - \frac{(D_A - D_B)^2}{8C^2}\right\} + \frac{\pi}{2}(D_A + D_B) + \frac{(D_A - D_B)^2}{2C}$$

$$= 2C + \frac{\pi}{2}(D_A + D_B) + \frac{(D_A - D_B)^2}{4C} \tag{10.5}$$

(2) 十字がけの場合

平行がけの場合と同様に，図 10.3 (b) に示した幾何学的寸法関係より，同じ式 (10.1) が成立する．ただし，巻きかけ角 θ_A, θ_B は，平行がけの場合と異なり

$$\theta_A = \pi + 2\phi, \qquad \theta_B = \pi + 2\phi \tag{10.6}$$

の関係があるから，式 (10.1) は次のようになる．

$$L = 2C\cos\phi + \frac{\pi}{2}(D_A + D_B) + \phi(D_A + D_B) \tag{10.7}$$

軸間距離が，ベルト車の直径に比べて大きいとき，ϕ は小さいと見なせるが，このとき，

$$\phi \cong \sin\phi = \frac{D_A + D_B}{2C} \tag{10.8}$$

であるから，式 (10.7) は次のようになる．

$$\begin{aligned}L &= 2C\left\{1 - \frac{(D_A+D_B)^2}{8C^2}\right\} + \frac{\pi}{2}(D_A+D_B) + \frac{(D_A+D_B)^2}{2C}\\&= 2C + \frac{\pi}{2}(D_A+D_B) + \frac{(D_A+D_B)^2}{4C}\end{aligned} \tag{10.9}$$

実際問題として，ベルトの長さは経年変化による伸びや製作誤差もあるので，ベルト車の軸間距離を調整することができる構造にするか，ベルトの張力を調整するテンションプーリー (tension pulley) をつけて，ベルトの長さの不具合に対応できるようにすることが大切である．

■ **例題 10.1** 軸間距離 2000 mm，原動節のベルト車の直径が 200 mm，従動節のベルト車の直径が 400 mm のとき，平行がけと十字がけでそれぞれベルトの長さがどれだけ必要か計算せよ．どちらが，どれだけベルトが多く必要か．さらに巻きかけ角を求めよ．

▷ **解**

平行がけの場合は，式 (10.5) より，

$$L = 2 \times 2000 + \frac{\pi}{2}(200 + 400) + \frac{(200-400)^2}{4 \times 2000} = 4000 + 942 + 5 = 4947 \text{ mm}$$

十字がけの場合は，式 (10.9) より，

$$L = 2 \times 2000 + \frac{\pi}{2}(200 + 400) + \frac{(200+400)^2}{4 \times 2000} = 4000 + 942 + 45 = 4987 \text{ mm}$$

よって，十字がけの方が 40 mm ベルトが長く必要である．

また，平行がけの巻きかけ角は，

$$\phi \cong \sin\phi = -\left(\frac{200-400}{2\times 2000}\right) = \frac{1}{20} = 0.05 \text{ rad}$$

このため，原動節のベルト車の巻きかけ角は $\theta_A = \pi - 2 \times 0.05 = 3.04$ rad．また，従動節のベルト車の巻きかけ角は $\theta_B = \pi + 2 \times 0.05 = 3.24$ rad である．十字がけの巻きかけ角は，

$$\phi \cong \sin\phi = \frac{200+400}{2\times 2000} = \frac{3}{20} = 0.15 \text{ rad}$$

よって，両ベルト車の巻きかけ角は，$\theta_A = \theta_B = \pi + 2\times 0.15 = 3.44$ rad となる． ◁

❹ 平ベルトの伝達動力

平行な2軸間でベルトによって回転運動を伝えるとき，ベルトが伝える動力について考える．ベルトとベルト車の間にすべりがなく，ベルトの厚さは無視できるとすると，原動車の円周速度はベルトの走る速度に等しく，また従動車の円周速度にも等しいと考えられる．

図 10.4 に示すように，機素 A を原動車とし，機素 B を従動車とする．機素である両ベルト車間のベルトの張り側の張力を T_1 N，ゆるみ側の張力を T_2 N，周速を v m/s とすると，ベルトで伝達される動力 H W は，

$$H = v(T_1 - T_2) \tag{10.10}$$

となる．T_1 と T_2 の関係を求めるため，図 10.4 (b) に示すようにベルトの微少部分 ds を考え，これに働く力のつり合いを考える．

摩擦係数を μ，ベルト車がベルトを押す力を N N，遠心力を C N，ベルト半径を R m，ベルトの単位長さあたりの質量を ρ とする．また，θ は巻きかけ角を示し，ds をはさむ微小角を $d\theta$ とする．円周方向の力のつり合い条件は，次のようになる．

$$(T + dT)\cos\frac{d\theta}{2} = T\cos\frac{d\theta}{2} + \mu N \tag{10.11}$$

また，半径方向の力のつり合いは次のようになる．

$$N + C = (T + dT)\sin\frac{d\theta}{2} + T\sin\frac{d\theta}{2} \tag{10.12}$$

また，遠心力 C は，R を機素であるベルト車 A の半径とし，$ds = Rd\theta$ であるから，次のようになる．

$$C = \frac{\rho ds v^2}{R} = \frac{\rho R d\theta v^2}{R} = \rho v^2 d\theta \tag{10.13}$$

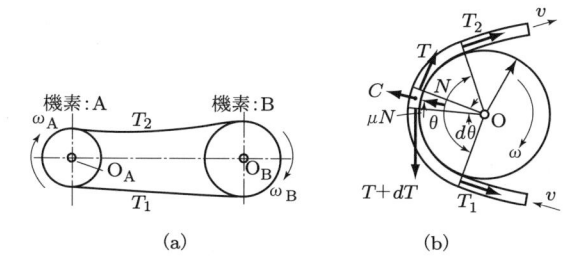

図 10.4 ベルトの伝達動力

式 (10.11), (10.12) において, $d\theta$ は微小であるとして $\sin\dfrac{d\theta}{2} \cong \dfrac{d\theta}{2}$, $\cos\dfrac{d\theta}{2} \cong 1$ と近似し, さらに 2 次以上の微小項を無視すると,

$$\left.\begin{aligned} dT &= \mu N \\ N + C &= T\,d\theta \end{aligned}\right\} \tag{10.14}$$

が成立し, 式 (10.13) を使うと,

$$dT = \mu(T - \rho v^2)\,d\theta \tag{10.15}$$

となる. これを積分して,

$$\int_{T_2}^{T_1} \frac{dT}{T - \rho v^2} = \mu \int_0^\theta d\theta = \mu\theta \tag{10.16}$$

よって,

$$T_1 - \rho v^2 = e^{\mu\theta}(T_2 - \rho v^2) \tag{10.17}$$

となる. これより, 次式が得られる.

$$T_1 - T_2 = (T_1 - \rho v^2)\frac{e^{\mu\theta} - 1}{e^{\mu\theta}} \tag{10.18}$$

式 (10.10), (10.18) より伝達される動力は, 次のように求まる.

$$H = v(T_1 - T_2) = v(T_1 - \rho v^2)\frac{e^{\mu\theta} - 1}{e^{\mu\theta}} \tag{10.19}$$

式 (10.19) より, 伝達したい動力 H とベルトの周速 v が与えられると, ρ, μ, θ はベルトとベルト車の構造を決めると定まるから, ベルトにかかる張力 T_1, T_2 を求めることができる.

式 (10.19) から, 伝達動力 H はベルト速度 v の 3 次式になっているから, v の正の範囲ではある値 v_0 で H が最大値 $H_{\max}$ をとることがわかる. すなわち v_0 以上にベルトの周速をあげても, 遠心力の影響で伝達動力 H は低下することになる. 条件 $dH/dv = 0$ を満たす実用的な最高使用速度 v_0 と, 最大伝達動力 $H_{\max}$ は次のようになる.

$$v_0 = \sqrt{\frac{T_1}{3\rho}}, \quad H_{\max} = \frac{2}{3}T_1\sqrt{\frac{T_1}{3\rho}} \cdot \frac{e^{\mu\theta}-1}{e^{\mu\theta}} \tag{10.20}$$

10.2　V ベルト伝動

断面が台形状のベルトを V ベルト (V belt), 車を V ベルト車 (V-belt pulley) と呼び, 平ベルトに比べて見かけ上の摩擦係数が大きく, 装置が小さくできて, 大きな力

を伝えることができる．

Vベルトはゴムに織布を配置したものが多く，自動車の冷却ファンの駆動ベルトに用いられているのが典型的な実用例である．

Vベルトの伝達動力は，図 10.5 に示すようにVベルトのVベルト車へのくい込み方向の力を F とすると，Vベルトの台形部の反力を N，摩擦係数を μ，ベルト車のみぞのくさび角を 2θ とすると，第8章のみぞつき摩擦車と同様，

$$F = 2\left(\frac{N}{2}\sin\theta\right) + 2\left(\mu\frac{N}{2}\right)\cos\theta \tag{10.21}$$

となり，回転方向の伝達力 T は，

$$T = 2\left(\mu\frac{N}{2}\right) = \mu N \tag{10.22}$$

となり，N を消去すると

$$T = \frac{\mu}{\sin\theta + \mu\cos\theta} \cdot F = \mu' F \tag{10.23}$$

となる．第8章と同様，見かけの摩擦係数 μ' は，

$$\mu' = \frac{\mu}{\sin\theta + \mu\cos\theta} \tag{10.24}$$

となり，Vベルトは平ベルトに比べると大きな動力を伝達できる．

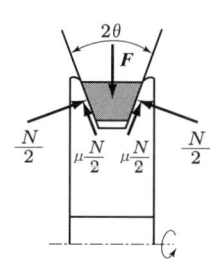

図 10.5 Vベルトの伝達動力　　**図 10.6** ロープとロープ車

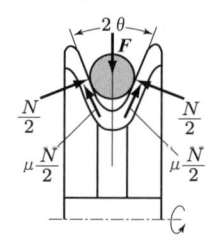

10.3　ロープ伝動

ロープ (rope) を用いた伝動装置は，遠距離の伝動や伝えたい動力が大きい場合に用いられる．ロープには綿ロープ，麻ロープ，鋼索などが用いられる．

ロープは，図 10.6 に示すようにロープがはずれないようにみぞをつけたロープ車 (rope pulley) に巻きかけて用いられる．ロープとロープ車の間の力学は図 10.6 に示すとおりであり，ロープ伝動の摩擦係数は，Vベルト伝動の場合と同様に扱えばよい．

10.4 チェーン伝動

　これは，ベルトやロープのかわりに鋼製の鎖またはチェーン (chain) を用いた伝動である．ベルトやロープは摩擦によって運動を伝動するのに対し，鎖は歯車伝動のように鎖車またはスプロケット (sprocket wheel) の歯にひっかかって運動を伝動することになる．

　チェーンにはローラチェーン，サイレントチェーン，コンベアチェーンなどがある．図 10.7 はローラチェーンを示すが，ローラをはめたブッシュで固定されたローラリンクとピンで固定されたピンリンクを交互につないで作ったもので，ローラは自由に回転できる構造になっている．

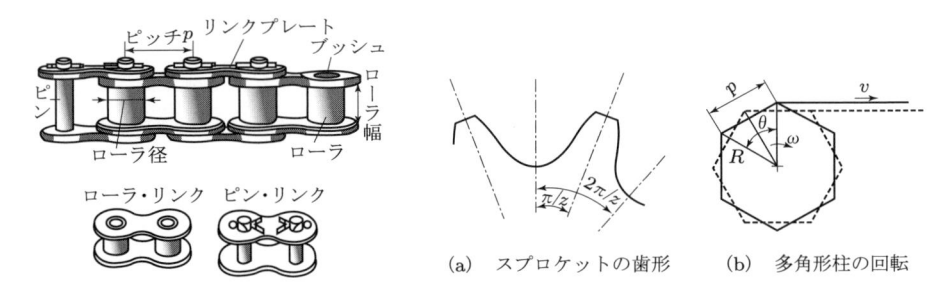

図 10.7 ローラチェーン

図 10.8 スプロケットとチェーンのかみ合い
(a) スプロケットの歯形　(b) 多角形柱の回転

　ローラチェーンとスプロケットのかみ合いにおいて，スプロケットの歯形にはS歯形とV歯車の2種類が多く用いられる．図 10.8 (a) は，S歯形を示す．ローラチェーンとスプロケットのかみ合い状態は，多角形柱に糸を巻きつけて引張る状態と同じである．

　チェーンピッチを p，スプロケットの歯数を z とし，スプロケットの回転角速度 ω を一定としたとき，

$$R = \frac{p/2}{\sin\frac{\theta}{2}} = \frac{p}{2\sin\frac{\theta}{2}}, \quad \theta = \frac{2\pi}{z} \tag{10.25}$$

であるからチェーンの周速は，

$$\left.\begin{array}{l} v_{\max} = R\omega \\ v_{\min} = R\cos\dfrac{\theta}{2} \cdot \omega \end{array}\right\} \tag{10.26}$$

の間を変動する．これらは振動や騒音，さらには破損の原因になることがある．

■ **例題 10.2** スプロケットが，$n = 1200$ rpm で回転しているとする．スプロケットの歯数が 10 枚とすると，振動や騒音，さらには破損の原因となるチェーン周速の変動する周波数はいくらか．

▷ **解**
変動する周波数は，
$$f = \frac{1200}{60} \times 10 = 20 \times 10 = 200 \quad \text{cycle/s または Hz}$$
となる．
◁

10.5 巻きかけ伝動機構の運動解析

ここでは，巻きかけ伝動機構として，ショベルなどの歩行機構部分に採用されている履帯 (crawler belt) の運動について述べる．

図 10.9 に，履帯構造を有する移動体の走行機構部分についての一例を示す．また，図 10.10 は図 10.9 の履帯構造を有する移動体の機構運動解析モデルを示す．

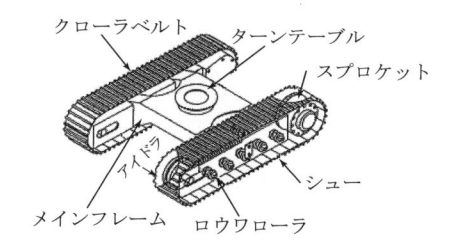

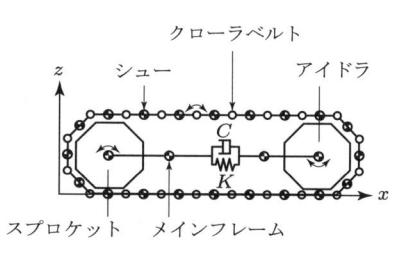

図 10.9 履帯構造の一例   **図 10.10** 履帯構造の機構運動解析モデル

第 5 章で示した式 (5.82) の混合微分代数方程式を用いると，各部分の拘束条件から履帯式移動体の運動方程式は次のように得られる．

$$\begin{bmatrix} [M] & \left(\dfrac{\partial \boldsymbol{\Phi}}{\partial q}\right)^T \\ \dfrac{\partial \boldsymbol{\Phi}}{\partial q} & 0 \end{bmatrix} \begin{Bmatrix} \ddot{q} \\ \lambda \end{Bmatrix} = \begin{Bmatrix} \boldsymbol{Q} \\ -\dfrac{\partial}{\partial q}\left(\dfrac{\partial \boldsymbol{\Phi}}{\partial q}\dot{q}\right)\dot{q} - 2\dfrac{\partial}{\partial t}\left(\dfrac{\partial \boldsymbol{\Phi}}{\partial q}\right)\dot{q} - \dfrac{\partial}{\partial t}\left(\dfrac{\partial \boldsymbol{\Phi}}{\partial t}\right) \end{Bmatrix}$$
(10.27)

ここで，$[M]$ は履帯式移動体の質量マトリックス，q は履帯式移動体の変位ベクトル，$\boldsymbol{\Phi}$ は履帯式移動体の機構学的な拘束式，λ はラグランジュ乗数である．また，$\boldsymbol{Q}$ は履帯式移動体の一般化作用ベクトルであり，10.4 節のスプロケットのかみ合い変動，すなわち式 (10.27) による履帯のおどりなどの運動および振動のシミュレーション数値解析ができる．

演習問題

[**10.1**] 1500 m/min で走るベルト (幅 140 mm, 厚さ 7 mm, 単位長さあたりのベルトの質量 0.1 kg/m, 最大許容引張り応力 245 N/cm²) が, 巻きかけ角 165°でベルト車にかかっている. このとき, 遠心力を考慮した場合と考慮しない場合の最大伝達動力 (W) をそれぞれ求めよ. ただし, 摩擦係数は 0.2 とする.

[**10.2**] ベルト伝動について次の問いに答えよ.
(1) 軸間距離が 2 m でベルト車の直径が 400 mm と 600 mm のとき, ベルトの長さとベルトの巻きかけ角度はいくらか. 平行がけと十字がけについて求めよ.
(2) 平行がけの場合, (1) の 400 mm の車を 100 rpm で回転させたとき, もう一方の車の回転数はいくらか. またベルトの厚みを 5 mm としたときの回転数はどうなるか.

[**10.3**] 軸間距離 $a = 300$ mm, 駆動プーリーと従動プーリーの半径 $R_A = 30$ mm, $R_B = 60$ mm, 周速 $v = 2$ m/s の皮ベルトによる十字がけベルト伝動装置の限界伝達トルクを求めよ. ただし, ベルトとプーリーの摩擦係数 $\mu = 0.3$, 単位長さあたりのベルトの質量 $\rho = 5$ kg/m で, ベルトの初期張力は 100 N であるとする.

[**10.4**] 図 10.11 に示すように, 平ベルトが周速 v m/s で回転しているとする. 次の問いに答えよ. この図で, T_1 N は引張り側の張力を, T_2 N はゆるみ側の張力を示すものとする.
(1) 伝達動力 H W を求めよ.
(2) ベルトの巻きかけ角を θ rad とし, 任意の位置のベルトの微小部分に働く力のつり合いを, 半径方向, 円周方向について求めよ.
(3) T_1 と T_2 の関係を求めよ. ただし, ベルトの半径を R m, 摩擦係数を μ, ベルトの単位長さあたりの質量を ρ kg/m とする.

[**10.5**] 図 10.12 は V ベルトがベルト車にくい込んでいる状態を示している. 一般に V ベルトは平ベルトに比べて摩擦係数が高く, 伝達動力が大きい. これを証明せよ.

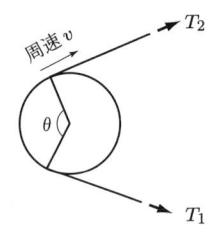

図 **10.11** プーリーと平ベルト

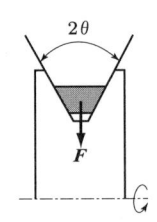

図 **10.12** プーリーと V ベルト

第11章 往復機械の運動学と動力学

往復機械 (reciprocating machine) は，機械文明のはじまった初期の頃以来，数多く利用されてきている．内燃機関や蒸気機関では，燃焼ガスや蒸気の膨張時の圧力によって，シリンダ内でピストン往復運動による仕事を与え，この往復運動による仕事をコンロッド (connecting rod) とクランク軸 (crank shaft) により回転運動に変換して，仕事を行う．また，逆に圧縮機やポンプでは同じ機構を使って，回転運動を往復運動に変えて流体に仕事を与えている．この機構は，すでに説明してきたリンク機構のなかでの，スライダクランク機構によって代表されるが，ここでは，スライダがピストン (piston) に相当するので，ピストンクランク機構 (piston-crank mechanism) と呼ぶことにする．

11.1 往復機械の運動学

1 ピストンの運動

図 11.1 に往復機械の運動学モデルを示すが，これはすべての部品を質量のない剛体と考え，互いの部品間のつながりと運動の様子を明らかにした機構のことをさすので，機構の組み立てモデルと考えてよい．

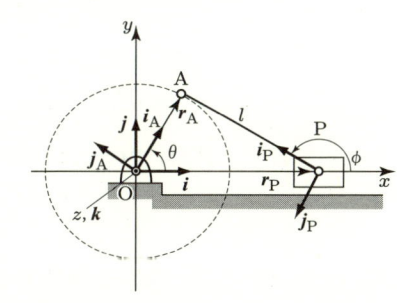

図 11.1 ピストンクランク機構の運動学モデル

図 11.1 の O–xyz 座標系を考える．O–xyz は，クランク軸の中心 O に関する基準座標系に相当する静止直交座標系である．(ここで，z は紙面に垂直で紙面裏側より表側への向きを正とする．) また，i, j, k はそれぞれ x, y, z 軸の単位ベクトルとする．一方，O–$r\theta z$ 座標系はクランクアーム OA に固定した局所座標系に相当する回転直交座標系である．r 方向の単位ベクトルを i_A，それに z 軸まわりに 90°回転した方向の単位ベクトルを j_A とする．また，P–$s\phi z$ はコンロッドに固定した回転直交座標系であり，$\overrightarrow{PA}$ 方向の単位ベクトルを i_P，それに z 軸まわりに 90°回転した方向の単位ベクトルを j_P とする．

図 11.1 において，クランク軸の回転角 θ とピストンの往復運動の変位 x_P の関係を求める．O–xyz 座標系において，平面ベクトル方程式は，$\overrightarrow{OP} = \overrightarrow{OA} - \overrightarrow{PA}$ であるから次のようになる．

$$\boldsymbol{r}_P = \boldsymbol{r}_A - l\boldsymbol{i}_P \tag{11.1}$$

ここで，

$$\left.\begin{aligned}
&\boldsymbol{r}_P = x_P \boldsymbol{i}, \quad \boldsymbol{r}_A = r\boldsymbol{i}_A \\
&\boldsymbol{i}_A = \cos\theta \boldsymbol{i} + \sin\theta \boldsymbol{j} \\
&\boldsymbol{i}_P = -\cos(\pi - \phi)\boldsymbol{i} + \sin(\pi - \phi)\boldsymbol{j} = \cos\phi \boldsymbol{i} + \sin\phi \boldsymbol{j}
\end{aligned}\right\} \tag{11.2}$$

であり，r はクランクアームの長さ，l はコンロッドの長さである．式 (11.1) は

$$x_P \boldsymbol{i} = r\cos\theta \boldsymbol{i} + r\sin\theta \boldsymbol{j} - l\cos\phi \boldsymbol{i} - l\sin\phi \boldsymbol{j} \tag{11.3}$$

となり，

$$\left.\begin{aligned}
x_P &= r\cos\theta - l\cos\phi \\
0 &= r\sin\theta - l\sin\phi
\end{aligned}\right\} \tag{11.4}$$

が得られる．この 2 式から ϕ を消去する．$\lambda = r/l$ とおけば，$\phi > \pi/2$ であるから，

$$\sin\phi = \lambda \sin\theta, \quad \cos\phi = -\sqrt{1 - \lambda^2 \sin^2\theta}$$

となり，式 (11.4)$_1$ は次のようになる．

$$x_P = r\left(\cos\theta + \frac{1}{\lambda}\sqrt{1 - \lambda^2 \sin^2\theta}\right) \tag{11.5}$$

式 (11.5) をテーラー級数に展開すると，

$$\sqrt{1 - \lambda^2 \sin^2\theta} = 1 - \frac{1}{2}\lambda^2 \sin^2\theta - \frac{1}{8}\lambda^4 \sin^4\theta - \frac{1}{16}\lambda^6 \sin^6\theta - \cdots$$

であり，上式に公式

$$\left.\begin{aligned}
\sin^2\theta &= \frac{1}{2}(1 - \cos 2\theta) \\
\sin^4\theta &= \frac{1}{8}(3 - 4\cos 2\theta + \cos 4\theta) \\
&\cdots\cdots
\end{aligned}\right\}$$

を適用すると

$$x_P = r\left(\cos\theta + \sum_{n=0}^{\infty} A_{2n} \cos 2n\theta\right) \tag{11.6}$$

となる．ここで，

$$\left.\begin{array}{l} A_0 = \frac{1}{\lambda} - \frac{1}{4}\lambda - \frac{3}{64}\lambda^3 - \frac{5}{256}\lambda^5 - \cdots \\ A_2 = \phantom{\frac{1}{\lambda} -} \frac{1}{4}\lambda + \frac{1}{16}\lambda^3 + \frac{15}{512}\lambda^5 + \cdots \\ A_4 = \phantom{\frac{1}{\lambda} - \frac{1}{4}\lambda} - \frac{1}{64}\lambda^3 - \frac{3}{256}\lambda^5 - \cdots \end{array}\right\} \tag{11.7}$$

である．実際の往復機械では，$1/5 \leqq \lambda \leqq 1/3$ 程度であり，1 よりかなり小さいから，λ^3 以上の高次の項を無視すれば，近似的に

$$x_{\mathrm{P}} \cong r\left(\cos\theta + \frac{1}{\lambda} - \frac{1}{4}\lambda + \frac{1}{4}\lambda\,\cos 2\theta\right)$$
$$= l\left(1 - \frac{\lambda^2}{4}\right) + r\left(\cos\theta + \frac{\lambda}{4}\,\cos 2\theta\right) \tag{11.8}$$

となる．ピストンの速度 $\dot{x}_{\mathrm{P}}$ は上式を時間で微分して，近似的に

$$\dot{x}_{\mathrm{P}} \cong -r\dot{\theta}\left(\sin\theta + \frac{\lambda}{2}\sin 2\theta\right) \tag{11.9}$$

となる．また，ピストンの加速度 $\ddot{x}_{\mathrm{P}}$ はさらに上式を時間で微分して，近似的に

$$\ddot{x}_{\mathrm{P}} \cong -r\ddot{\theta}\left(\sin\theta + \frac{\lambda}{2}\sin 2\theta\right) - r\dot{\theta}^2\left(\cos\theta + \lambda\cos 2\theta\right) \tag{11.10}$$

となる．

実用化されている往復機械は，クランク軸にはずみ車を使って，クランク軸の回転速度が $\dot{\theta} = \omega$ と一定になるように調整されるので，$\theta = \omega t$，$\ddot{\theta} = 0$ となり，式 (11.9)，(11.10) は簡単化できる．

$$\left.\begin{array}{l} \dot{x}_{\mathrm{P}} = -r\omega\left(\sin\omega t + \dfrac{\lambda}{2}\,\sin 2\omega t\right) \\ \ddot{x}_{\mathrm{P}} = -r\omega^2\left(\cos\omega t + \lambda\cos 2\omega t\right) \end{array}\right\} \tag{11.11}$$

クランク軸の回転速度 ω が一定であるとしても，1 回転と 2 回転を周期としてくり返す変動が存在することがわかる．厳密には，4 回転，6 回転，$\cdots$ の成分も存在することになる．

■ **例題 11.1** ピストンクランク機構で，図 11.1 に示すようにクランクアームの長さを $r = 100$ mm，コンロッドの長さを $l = 200$ mm とするとき，ピストンの変位，速度，加速度を求めよ．ただし，回転速度は $n = 3000$ rpm であるとする．なお，λ^3 以上の項を無視すること．そして，このときの 1 次成分と 2 次成分の変動の比率 (%) をそれぞれについて求め，その物理的意味を考察せよ．

▷ **解**

$\lambda = r/l = 100/200 = 0.5$ となる．角速度は，$\omega = 2\pi \times 3000/60 = 314$ rad/s となる．式 (11.8) と (11.11) より，

$$x_{\mathrm{P}} = 0.2 \times \left(1 - \frac{0.5^2}{4}\right) + 0.1 \times \left(\cos\omega t + \frac{0.5}{4}\cos 2\omega t\right)$$

$$= 0.188 + 0.1\cos\omega t + 0.0125\cos 2\omega t \text{ m}$$

$$\dot{x}_P = -0.1 \times 314 \times \left(\sin\omega t + \frac{0.5}{2}\sin 2\omega t\right) = -31.4\sin\omega t - 7.85\sin 2\omega t \text{ m/s}$$

$$\ddot{x}_P = -0.1 \times (314)^2 \times (\cos\omega t + 0.5\cos 2\omega t) = -9860\cos\omega t - 4930\cos 2\omega t \text{ m/s}^2$$

となる．変動成分の 1 次成分と 2 次成分の比率は，

$$\text{変位で,} \quad \frac{(2\text{ 次成分})}{(1\text{ 次成分})} \times 100 = 12.5\%$$

$$\text{速度で,} \quad\quad\quad\quad\quad\quad = 25\%$$

$$\text{加速度で,} \quad\quad\quad\quad\quad\quad = 50\%$$

となり，変動の高次成分の影響は，変位に比べて加速度の方が割合が大きいことがわかる．◁

2　コンロッドの運動

往復機械のうち，ピストンおよびクランクの運動は単純であるが，コンロッドの運動は複雑である．図 11.2 のコンロッド AP のうち，A 端は大端部と呼ばれ，クランクアームとともに回転運動をする．一方 P 端は小端部と呼ばれ，ピストンとともに直線の往復運動を行う．したがって，コンロッド AP の各点は，回転運動と往復運動とが合成された運動を行う．コンロッドの重心点 G の位置ベクトルを図 11.2 で r_G とすると，平面三角ベクトル方程式はそれぞれ $\overrightarrow{OG} = \overrightarrow{OP} + \overrightarrow{PG}$, $\overrightarrow{OG} = \overrightarrow{OA} - \overrightarrow{GA}$ であるから，

$$\left.\begin{array}{l} \boldsymbol{r}_G = \boldsymbol{r}_P + a\boldsymbol{i}_P \\ \phantom{\boldsymbol{r}_G} = \boldsymbol{r}_A - b\boldsymbol{i}_P \end{array}\right\} \tag{11.12}$$

となる．ただし $\boldsymbol{i}_P$ は P を原点とする $\overrightarrow{PA}$ 方向の単位ベクトルであり，$\boldsymbol{r}_A$ と $\boldsymbol{i}_P$ を複素数表示すると

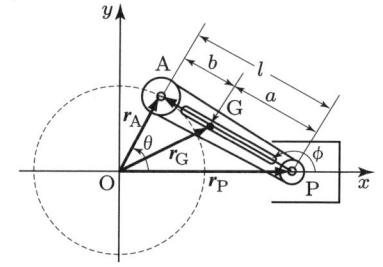

$$\left.\begin{array}{l} \boldsymbol{r}_A = re^{j\theta} \\ \boldsymbol{i}_P = e^{j\phi} \end{array}\right\} \tag{11.13}$$

図 11.2 コンロッドの運動と動力学

である．これを式 $(11.12)_2$ に代入すると，次のようになる．

$$\boldsymbol{r}_G = re^{j\theta} - be^{j\phi} \tag{11.14}$$

ここでは，複雑な運動をするコンロッドの運動エネルギーを考えることにより，コンロッドの運動を等価力学系におきかえてみることにする．式 (11.14) よりコンロッドの重心 G の座標は

$$\boldsymbol{r}_G = r\cos\theta + jr\sin\theta - b\cos\phi - jb\sin\phi$$

$$= (r\cos\theta - b\cos\phi) + j(r\sin\theta - b\sin\phi) \tag{11.15}$$

となる．ここで，j は虚数単位である．

コンロッドの剛体としての運動エネルギー T は，重心の並進運動と重心まわりの回転運動として表すことができるので，コンロッドの重心 G の座標を (x_G, y_G) とすると，重心まわりの回転角は ϕ であるから，

$$T = \frac{1}{2}m_r(\dot{x}_G^2 + \dot{y}_G^2) + \frac{1}{2}I_r\dot{\phi}^2 \tag{11.16}$$

となる．ここに，m_r はコンロッドの質量，I_r はコンロッドの重心まわりの慣性モーメントである．また，式 (11.15) より

$$\left.\begin{array}{l} x_G = r\cos\theta - b\cos\phi \\ y_G = r\sin\theta - b\sin\phi \end{array}\right\} \tag{11.17}$$

であり，これより

$$\left.\begin{array}{l} \dot{x}_G = -r\dot{\theta}\sin\theta + b\dot{\phi}\sin\phi \\ \dot{y}_G = r\dot{\theta}\cos\theta - b\dot{\phi}\cos\phi \end{array}\right\} \tag{11.18}$$

となり，式 (11.16) は

$$T = \frac{1}{2}m_r\{r^2\dot{\theta}^2 + b^2\dot{\phi}^2 - 2rb\dot{\theta}\dot{\phi}\cos(\theta-\phi)\} + \frac{1}{2}I_r\dot{\phi}^2 \tag{11.19}$$

となる．一方，式 (11.4) を微分すると

$$\left.\begin{array}{l} \dot{x}_P = -r\dot{\theta}\sin\theta + l\dot{\phi}\sin\phi \\ 0 = r\dot{\theta}\cos\theta - l\dot{\phi}\cos\phi \end{array}\right\} \tag{11.20}$$

であり，式 (11.20) の各式の両辺を自乗して加えると，次のようになる．

$$\dot{x}_P^2 = r^2\dot{\theta}^2 + l^2\dot{\phi}^2 - 2rl\dot{\theta}\dot{\phi}\cos(\theta-\phi) \tag{11.21}$$

式 (11.19), (11.21) より $\cos(\theta-\phi)$ を消去すると，

$$\begin{aligned} T &= \frac{1}{2}m_r\left\{r^2\dot{\theta}^2 + b^2\dot{\phi}^2 - \frac{b}{l}(r^2\dot{\theta}^2 + l^2\dot{\phi}^2 - \dot{x}_P^2)\right\} + \frac{1}{2}I_r\dot{\phi}^2 \\ &= \frac{1}{2}m_r\left(1 - \frac{b}{l}\right)r^2\dot{\theta}^2 + \frac{1}{2}m_r\frac{b}{l}\dot{x}_P^2 + \frac{1}{2}(I_r + m_r b^2 - m_r bl)\dot{\phi}^2 \\ &= \frac{1}{2}m_{r1}\dot{x}_P^2 + \frac{1}{2}m_{r2}(r\dot{\theta})^2 + \frac{1}{2}I_e\dot{\phi}^2 \end{aligned} \tag{11.22}$$

となる．ここに，

$$m_{r1} = \frac{bm_r}{l}, \quad m_{r2} = \frac{am_r}{l}, \quad I_e = I_r - abm_r \tag{11.23}$$

となる．上式より，コンロッドの運動を，質量 m_{r1} のピストンと同じ並進速度 $\dot{x}_P$ をもったシリンダ中心線上の直線の往復運動，質量 m_{r2} のクランクピンと同じ回転速度 $r\dot{\theta}$ をもった回転運動，および慣性モーメント I_e の角速度 $\dot{\phi}$ をもった回転運動とにおきかえることができる．このとき，m_{r1} をコンロッドの等価往復質量，m_{r2} をコンロッドの等価回転質量という．また，I_e をコンロッドの等価慣性モーメントと呼ぶ．

③ クランクの運動

図 11.3 において，クランクピン (crank pin) の位置をクランク軸の中心線からの距離を r とすると，クランクピンの運動は，式 (11.2) および式 (11.13) より

$$\boldsymbol{r}_A = r\boldsymbol{i}_A = re^{j\theta} \tag{11.24}$$

で表せる．クランクピンの質量を m_{cp}，クランクアームの質量を m_{ca}，およびクランクアームの重心のクランク軸中心からの距離を r_{ca} とする．

クランクが一定の回転速度 ω で回転しているときの遠心力は

$$F = m_{\mathrm{cp}} r\omega^2 + 2 m_{\mathrm{ca}} r_{\mathrm{ca}} \omega^2 = m_{\mathrm{c}} r\omega^2 \tag{11.25}$$

である．ここに

$$m_{\mathrm{c}} = m_{\mathrm{cp}} + 2 \frac{r_{\mathrm{ca}}}{r} m_{\mathrm{ca}} \tag{11.26}$$

であり，この m_{c} をクランクの等価回転質量という．

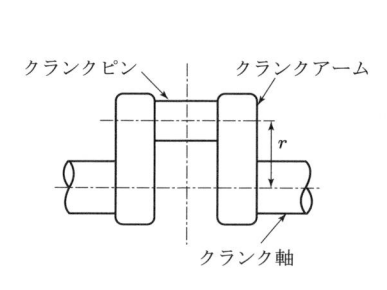

図 11.3 クランクの運動と動力学

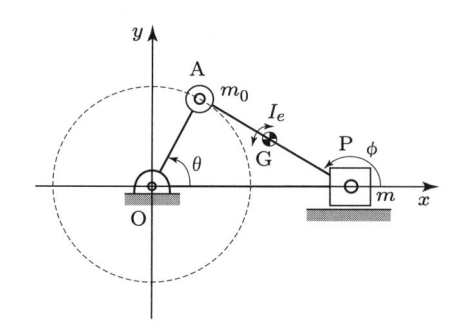

図 11.4 ピストンクランク機構の慣性力による動力学モデル

11.2 往復機械の動力学

1 動力学モデル

往復機械の等価力学系としての動力学モデルは,図 11.4 に示すようになる.

m_P はピストン自体の質量であり,これにコンロッドの等価な往復質量 m_{r1} を加えた $m = m_P + m_{r1}$ は x 軸上をピストンと同一変位で往復運動する質量であり,往復質量 (reciprocating mass) と呼ばれる.一方,クランクの等価回転質量 m_c にコンロッドの等価な回転質量 m_{r2} を加えた $m_0 = m_c + m_{r2}$ はクランクピンの位置にあり,O 点のまわりを回転する回転質量 (rotating mass) と呼ばれる.I_e はコンロッドの等価慣性モーメントである.

2 ピストンクランク機構に働く力

ピストンクランク機構には,回転体の慣性力とガス圧が作用することになる.

(1) 慣性力

往復機構本体に作用する慣性力は次のように表される.

$$\boldsymbol{F} = -(m\ddot{\boldsymbol{r}}_P + m_0\ddot{\boldsymbol{r}}_A) \tag{11.27}$$

式 (11.27) を極形式の複素数表示すると,

$$\left.\begin{array}{l}\boldsymbol{r}_P = x_P \\ \boldsymbol{r}_A = re^{j\theta}\end{array}\right\}$$

であるから

$$\left.\begin{array}{ll}\dot{\boldsymbol{r}}_P = \dot{x}_P, & \ddot{\boldsymbol{r}}_P = \ddot{x}_P \\ \dot{\boldsymbol{r}}_A = rj\dot{\theta}e^{j\theta}, & \ddot{\boldsymbol{r}}_A = rj\ddot{\theta}e^{j\theta} - r(\dot{\theta})^2 e^{j\theta}\end{array}\right\} \tag{11.28}$$

となる.いま,$\dot{\theta} = \omega$ の一定回転しているとすると $\theta = \omega t$,$\ddot{\theta} = 0$ であるから,式 (11.27) は

$$\boldsymbol{F} = -(m\ddot{x}_P - m_0 r\omega^2 \cos\omega t) + jm_0 r\omega^2 \sin\omega t \tag{11.29}$$

となる.ここで,j は虚数単位である.式 (11.29) より,慣性力の x 方向成分 F_x と y 方向成分 F_y は,式 $(11.11)_2$ を用いると

$$\left.\begin{array}{l}F_x = r\omega^2\{(m + m_0)\cos\omega t + \lambda m \cos 2\omega t\} \\ F_y = r\omega^2 m_0 \sin\omega t\end{array}\right\} \tag{11.30}$$

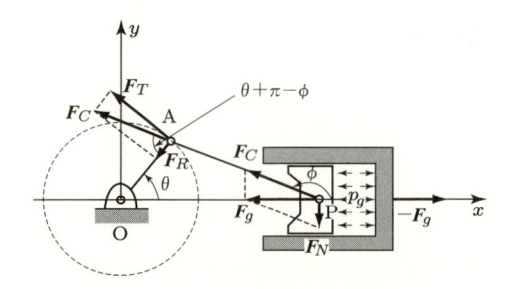

図 11.5 ピストンクランク機構のガス圧による動力学

となる．このうち，$\cos\omega t, \sin\omega t$ に比例する慣性力を 1 次慣性力，$\cos 2\omega t$ に比例する慣性力を 2 次慣性力と呼ぶ．

このほか，往復機構本体にはクランク回転力の反作用とコンロッドの等価慣性モーメントの反作用が作用する．

（2） ガス圧による力

図 11.5 において，ピストンヘッドに作用するガス力 $\boldsymbol{F}_g$ は，ガス圧力 (gas pressure) p_g，ピストンの断面積を S とすると，

$$\boldsymbol{F}_g = -p_g S \boldsymbol{i} \tag{11.31}$$

となる．ここに，$\boldsymbol{i}$ は原点 O に関する x 方向の単位ベクトルである．往復機構本体にはガス圧力による力の反作用として，

$$-\boldsymbol{F}_g = p_g S \boldsymbol{i} \tag{11.32}$$

が作用する．

$\boldsymbol{F}_g$ は点 P においてコンロッドを押す力 $\boldsymbol{F}_C$ と，シリンダ側壁を押す力 $\boldsymbol{F}_N$ に分けられる．すなわち，

$$\boldsymbol{F}_C = \frac{\boldsymbol{F}_g}{-\cos\phi}, \quad \boldsymbol{F}_N = -\boldsymbol{F}_g \tan\phi \tag{11.33}$$

$\boldsymbol{F}_N$ は点 O に関して，$M = \boldsymbol{F}_N \times \boldsymbol{r}_P$ のモーメントをもち，これがフレームに作用して往復機構全体を揺り動かそうとする．

一方，$\boldsymbol{F}_C$ はコンロッドを経て点 A に作用し，次の 2 つの力に分解される．

$$\left.\begin{array}{l} F_T = -F_C \sin(\theta-\phi) = F_g \dfrac{\sin(\theta-\phi)}{\cos\phi} \\[2mm] F_R = -F_C \cos(\theta-\phi) = F_g \dfrac{\cos(\theta-\phi)}{\cos\phi} \end{array}\right\} \tag{11.34}$$

F_T はクランクを回転させるトルクを発生することになる．一方，F_R は点 O におい

て軸受から往復機構全体へ伝わる．これらは，クランクの回転角 θ の関数であるから往復機構本体に変動力を作用することになる．

また，ピストンに加わる力 F_g は内燃機関ならば1燃焼サイクルごとに変化する．内燃機関には4サイクルと2サイクルが存在する．例えば4サイクルならば，図 11.6 のようにガス圧 p_g が変化し，回転数の $\frac{1}{2}$ 次，1次，$1\frac{1}{2}$ 次…の変動圧力成分が存在することになり，これらが，往復機構本体にさらに変動成分として作用することになる．

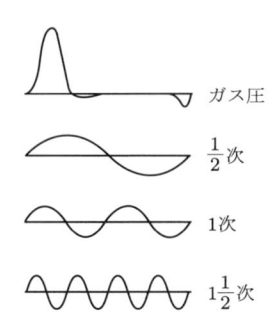

図 11.6 内燃機関のガス圧と回転次数成分

■ **例題 11.2** ピストンクランク機構で，〔例題 11.1〕と同様 $r = 100$ mm, $l = 200$ mm とする．ピストンの質量を $m_P = 7$ kg, コンロッドの等価な往復質量を $m_{r1} = 3$ kg, クランクアームの等価な回転質量を $m_c = 11$ kg, コンロッドの等価な回転質量を $m_{r2} = 4$ kg のとき，$n = 3000$ rpm におけるピストンクランク機構に働く慣性力を求めよ．また，1次慣性力と2次慣性力の比率を求めよ．

▷ **解**
慣性力のピストンの運動方向である x 方向成分 F_x と運動方向に直交する y 方向成分 F_y は，

$\omega = 314$ rad/s, $\lambda = 0.5$, $m = m_p + m_{r1} = 7+3 = 10$ kg, $m_0 = m_c + m_{r2} = 11+4 = 15$ kg

であるから，式 (11.30) より

$$F_x = 0.1 \times (314)^2 \times \left\{ (10+15)\cos\omega t + 0.5 \times 10 \cos 2\omega t \right\}$$
$$= 2.46 \times 10^5 \cos\omega t + 4.93 \times 10^4 \cos 2\omega t \text{ N}$$
$$F_y = 0.1 \times (314)^2 \times 15 \sin\omega t = 1.48 \times 10^5 \sin\omega t \text{ N}$$

となる．x 方向には2次慣性力が存在し，その比率は

$$\frac{2 \text{次慣性力}}{1 \text{次慣性力}} \times 100 = 20\%$$

である．y 方向には2次慣性力は現れない． ◁

11.3 多シリンダ機関のつり合い

多シリンダ機関では，それぞれのシリンダごとに，前述してきたように慣性力と慣性モーメントが作用する．さらにガス圧力が作用する．往復機構の本体すなわち機関支持台には，これらの合成したものが作用する．慣性モーメントは機関のつり合いとは別に，クランクの出力の回転力として考察する必要がある．ここでは慣性力についてのつり合い条件について述べる．なお，多シリンダ往復機関では各ピストンの間に軸受を設けている場合が多いが，このときは1シリンダとしてつり合いを考えればよい．

1 静つり合い

直列の多シリンダ機関では，各シリンダの慣性力がそれぞれクランク軸に垂直な平面内で作用している．したがって，クランク軸に垂直な，ある1つの平面にすべてのシリンダの慣性力を移して考え，それらの総和が0であるとき，静つり合い (static balance) の条件が満たされているという．

ここで，図11.7の直列多シリンダ往復機関について静つり合い条件を考える．i列目のピストンクランク機構が運動することによって生じる慣性力は，式 (11.29), (11.30) において，コンロッドとクランクアームによる回転質量 m_0 はクランクアームの反対側にカウンター質量をつけることにより，$m_0 = 0$ とできるとし，また，クランクと x 軸のなす角を $\theta_i = \omega t + \phi_i$ とすると，次のようになる．

$$\left.\begin{aligned} F_{xi} &= r\omega^2 \{m_i \cos(\omega t + \phi_i) + \lambda m_i \cos 2(\omega t + \phi_i)\} \\ F_{yi} &= 0 \end{aligned}\right\} \quad (11.35)$$

ここで，m_i は i 列目の等価な往復質量を示す．クランク軸には距離 L を隔てて軸受 B_L，B_R があり，慣性力 F_{xi} ($i = 1, 2, \cdots, n$) のために軸受に生じる反力 R_L，R_R

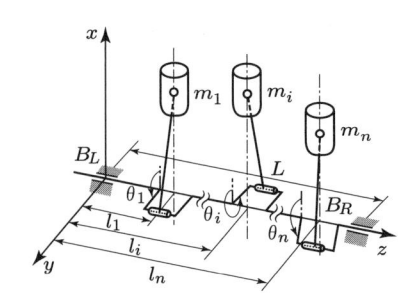

図 11.7 直列多シリンダ往復機関

は，次の条件を満足しなければならない．

$$\sum_{i=1}^{n} F_{xi} + R_L + R_R = 0 \tag{11.36}$$

静つり合いがとれているときは $R_L = R_R = 0$ でなければならないので，結局静つり合いの条件は次式で与えられる．

$$\sum_{i=1}^{n} F_{xi} = 0 \tag{11.37}$$

なお，F_{xi} は 1 次，2 次，さらに微小項として省略しているが高次慣性力について，各次数ごとに，式 (11.37) の静つり合い条件が成立しなければならない．さらに，直列の機関でない場合は，y 方向についても同じ条件が必要となる．

■ **例題 11.3** 〔例題 11.2〕のピストンクランク機構について，クランクアームと 180°反対の角度のところに，クランクアームの長さ $r = 100$ mm に換算して $m_{cw} = 1$ kg のカウンタ質量をつけたとする．つり合わせ後の残留慣性力はいくらか．また，左右の軸受は軸受反力としていくらの力がかかるか．

▷ **解**
つり合わせ後の x 方向の慣性力は，

$$\begin{aligned}
F'_x &= F_x - r\omega^2 m_{cw} \cos\omega t \\
&= \left\{ 2.46 \times 10^5 - 0.1 \times (314)^2 \times 10 \right\} \cos\omega t + 4.93 \times 10^4 \cos 2\omega t \\
&= \left(2.46 \times 10^5 - 0.986 \times 10^5 \right) \cos\omega t + 4.93 \times 10^4 \cos 2\omega t \\
&= 1.47 \times 10^5 \cos\omega t + 4.93 \times 10^4 \cos 2\omega t \text{ N}
\end{aligned}$$

$$\begin{aligned}
F'_y &= F_y - r\omega^2 m_{cw} \sin\omega t = \left\{ 1.48 \times 10^5 - 0.1 \times (314)^2 \times 10 \right\} \sin\omega t \\
&= \left(1.48 \times 10^5 - 0.986 \times 10^5 \right) \sin\omega t = 4.94 \times 10^4 \sin\omega t \text{ N}
\end{aligned}$$

軸受はピストンに対して左右等間隔であるとすると，軸受反力の最大値は 2 次成分まで含めるとき次のようになる．

$$R_L = R_R = \frac{1}{2} \times \sqrt{(1.47 \times 10^5 + 4.93 \times 10^4)^2 + (4.94 \times 10^4)^2} = 10.1 \times 10^4 \text{ N} \triangleleft$$

❷ 動つり合い

多シリンダ機関では，各シリンダごとに生じる慣性力によって図 11.7 に示すように y 軸まわりに作用するモーメントが生じる．これらのモーメントの総和が 0 であるとき，動つり合い (dynamic balance) の条件が満たされているという．

ここで，図 11.7 に示す直列多シリンダ機関について動つり合いの条件を考える．i 番目のピストンクランク機構は B_L の軸受から l_i の距離にあるとすると，

$$\sum_{i=1}^{n} l_i F_{xi} + LR_R = 0 \qquad (11.38)$$

なる条件が成立する．静つり合いがとれているときは，$R_R = 0$ の条件より，

$$\sum_{i=1}^{n} l_i F_{xi} = 0 \qquad (11.39)$$

でなければならない．この式 (11.39) が，式 (11.37) の静つり合いの条件に加えて動つり合いの条件である．これらの条件を満たすように l_i と ϕ_i を配置すれば慣性力とモーメントの総和を 0 にすることができる．慣性力は厳密には多くの次数の成分をもっているので，実用的には，1 次成分，2 次成分について，静つり合い，動つり合いの条件を満足させることができるが，4 次以上の高次成分になるとたいへんである．しかし多くの場合，4 次以上の慣性力は 1 次の慣性力に比べて非常に小さくなる．例えば $\lambda = 1/4$ の場合であると，4 次の成分は 1 次の約 0.4% となる．

また，直列以外の V 形や水平対抗形や星形機関の場合も，慣性力をシリンダの配置に従ってベクトル的に扱えばよい．

演習問題

[11.1] $\lambda = 0.4$ のピストンクランク機構において，クランクの回転速度 ω が一定であるとき，ピストン速度が最大となるクランク角度を求めよ．

[11.2] ピストンクランク機構で往復質量 $m = 20$ kg，回転質量 $m_0 = 15$ kg，$l = 400$ mm，$r = 200$ mm で回転速度が $n = 2000$ rpm のとき，慣性力を求めよ．

[11.3] ピストンクランク機構において，$r = 200$ mm，$l = 400$ mm とし，ピストンに $F_g = 1000$ kg のガス圧による力が作用するとき，θ に対するクランクのトルクの変化を求めよ．

[11.4] クランクアームの長さ r の 1 シリンダの往復機関において，m_0 なる回転質量をつり合わせるために，つり合い重りをコンロッドに触れないように 2 分して，クランクアームの反対側にカウンター質量としてつけることにする．r_w の位置につけるときのつり合い重りの質量を求めよ．

第12章 回転機械の運動学と動力学

我々の身のまわりには多くの回転機械 (rotating machine) が存在する．家庭電化製品の多くには，モーターのような回転体をもつ電気機械が数多く存在する．また，流体機械としては，回転体 (rotor) をもつ各種ポンプやファンなどが我々の文化生活を支えてくれている．物流機械にも，クレーンなどのように回転運動を昇降運動に変換する部分に回転機械部分が存在する．交通機械のタイヤや車輪部分も回転体である．さらに，エネルギー関連では，大形の蒸気タービン，ガスタービン，水車などの回転体が列挙される．

12.1 剛性回転体・軸受機構の運動と慣性力

1 作用する慣性力

剛性回転体 (rigid rotor) が両側で軸受に固定されて，軸線まわりに一定の角速度 ω で回転している場合を考える．図 12.1 のように重心面に原点 O をおき，剛性回転体に固定されて，軸とともに回転する O–xyz 系なる回転座標系を考える．各座標軸 x, y, z 方向の単位ベクトルを $\boldsymbol{i}, \boldsymbol{j}, \boldsymbol{k}$ とする．

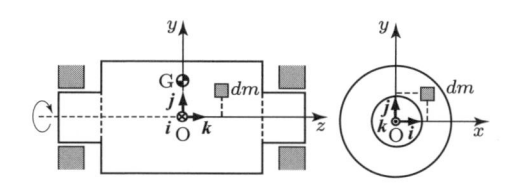

図 12.1 剛性回転体・軸受機構

図に示す各質量要素 dm には遠心力が作用する．この質量要素の偏心を $\boldsymbol{\varepsilon} = x\boldsymbol{i} + y\boldsymbol{j}$ とすると，この遠心力 $d\boldsymbol{F}$ は次のようになる．

$$d\boldsymbol{F} = \omega^2 \boldsymbol{\varepsilon}\, dm \tag{12.1}$$

剛性回転体の重心面における合力 $\boldsymbol{F}_\mathrm{G}$ と合モーメント $\boldsymbol{M}_\mathrm{G}$ は，

$$\boldsymbol{F}_\text{G} = \int_V \omega^2 \boldsymbol{\varepsilon}\, dm = \omega^2 \int_V \boldsymbol{\varepsilon}\, dm = \omega^2 m \boldsymbol{\varepsilon}_\text{G} = \omega^2 \boldsymbol{U} \qquad (12.2)$$

$$\boldsymbol{M}_\text{G} = \int_V (z\boldsymbol{k}) \times \omega^2 \boldsymbol{\varepsilon}\, dm = \omega^2 \int_V (z\boldsymbol{k}) \times \boldsymbol{\varepsilon}\, dm = \omega^2 \boldsymbol{V} \qquad (12.3)$$

ここで，G は重心を，V は剛性回転体の体積を示す．m は回転体の全質量，$\boldsymbol{\varepsilon}_\text{G}$ は重心の位置ベクトルである．$\boldsymbol{F}_\text{G}$ と $\boldsymbol{M}_\text{G}$ は回転軸上に固定されたベクトルであるが，静止した座標系の軸受には角速度 ω で回転するベクトルとして作用し，振動を起こす原因となる．この $\boldsymbol{U}$ を不つり合いベクトル，$\boldsymbol{V}$ を不つり合いモーメントと呼ぶ．

2 静不つり合い

剛性回転体が軸受に対して変動力を加えることがないようにするためには，$\boldsymbol{F}_\text{G}$，$\boldsymbol{M}_\text{G}$ を 0 にする必要がある．特に，式 (12.2) の不つり合いベクトル $\boldsymbol{U}$ が

$$\boldsymbol{U} = \int_V \boldsymbol{\varepsilon}\, dm = \left(\int_V x\, dm\right) \boldsymbol{i} + \left(\int_V y\, dm\right) \boldsymbol{j} = 0 \qquad (12.4)$$

の条件を満たせば，回転角速度 ω に無関係に $\boldsymbol{F}_\text{G}$ が 0 となる．剛性回転体の重心 G の座標を $(x_\text{G}, y_\text{G}, z_\text{G})$ とすると，重心の定義より，

$$x_\text{G} = \frac{\int_V x\, dm}{m}, \quad y_\text{G} = \frac{\int_V y\, dm}{m}, \quad z_\text{G} = \frac{\int_V z\, dm}{m} \qquad (12.5)$$

が得られる．これより式 (12.4) は次のようになる．

$$\boldsymbol{U} = m\,(x_\text{G} \boldsymbol{i} + y_\text{G} \boldsymbol{j}) = m \boldsymbol{\varepsilon}_\text{G} = 0 \qquad (12.6)$$

重心の位置が，剛性回転体の中心軸線上にあれば $\boldsymbol{\varepsilon}_\text{G} = 0$ となり，軸と軸受には遠心力が働かない．これを静つり合い (static balance) の状態にあるという．また，この $\boldsymbol{\varepsilon}_\text{G}$ のことを回転体の中心軸からの偏心を示すから，偏重心 (mass eccentricity) と呼ぶ．

$\boldsymbol{U} = 0$ の条件だけでは，回転体が 2 本の平行な摩擦の小さいナイフエッジの上をゆっくりころがすと，任意の位置でとめることができる．しかし，回転体を速く回転させると回転軸は不つりあいモーメントによって，偶力を受ける．軸受には回転軸のみそすり運動を抑制するための反力が加わることになり，振動の原因となる変動力が軸受に残る．

3 動不つり合い

剛性回転体が軸受に対して変動力を完全に及ぼさないようにするには，式 (12.6) の $\boldsymbol{U} = 0$ の条件に加えて，さらに式 (12.3) の不つり合いモーメント $\boldsymbol{V}$ が

$$\boldsymbol{V} = \int_V (z\boldsymbol{k}) \times \boldsymbol{\varepsilon}\, dm = \left(\int_V zx\, dm\right) \boldsymbol{k} \times \boldsymbol{i} + \left(\int_V yz\, dm\right) \boldsymbol{k} \times \boldsymbol{j}$$

$$= I_{zx}\boldsymbol{j} - I_{yz}\boldsymbol{i} = 0 \tag{12.7}$$

の条件を満足する必要がある．すなわち

$$I_{zx} = I_{yz} = 0 \tag{12.8}$$

とならなければならない．慣性乗積 I_{zx}, I_{yz} がともに 0 になるためには，両者の共有する z 軸が慣性主軸であることになる．このように剛性回転体の重心を通る慣性主軸の 1 つが回転体の中心軸と一致したとき，$\boldsymbol{U}$ も $\boldsymbol{V}$ も 0 となる．このとき，動つり合い (dynamic balance) の状態にあるという．

例えば，図 12.2 に示すように完全につり合いのとれた 2 つの円板に，180°位相を変えて質量 m を半径 r の位置にとりつけたとする．この回転体をナイフエッジの上においてゆっくり回転させると，任意の位置で静止させることができる．しかし，この回転体が回転すると，それぞれの円板に遠心力 $mr\omega^2$ が 180°ずれて作用し，この回転体の中心軸に直角な方向に回転させようとする偶力のモーメントが発生することになる．これを偶力不つり合い (unbalance couple) と呼ぶが，これは静つり合いはとれていても，動つり合いがとれていないことであり，式 (12.8) の慣性乗積は 0 になっていないことがわかる．

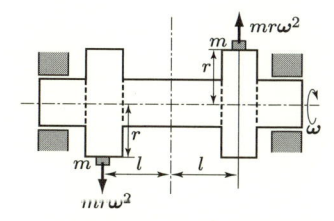

図 12.2 偶力不つり合い

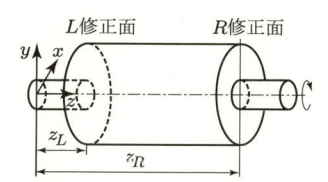

図 12.3 動つり合わせ (2 面つり合わせ)

12.2 つり合わせ

一般に回転体の偏重心 $\boldsymbol{\varepsilon}_G$ や慣性乗積 I_{zx}, I_{zy} は 0 でないので，これらを 0 にすることをつり合わせ (balancing) という．図 12.3 に示すように回転体の中心軸線上の異なる位置 z_L と z_R の位置に不つり合いベクトル $\boldsymbol{U}_L = m_L \boldsymbol{r}_L$, $\boldsymbol{U}_R = m_R \boldsymbol{r}_R$ を付加して，

$$\left.\begin{array}{l}\boldsymbol{U} + \boldsymbol{U}_L + \boldsymbol{U}_R = 0 \\ \boldsymbol{V} + \boldsymbol{k} \times (z_L \boldsymbol{U}_L + z_R \boldsymbol{U}_R) = 0\end{array}\right\} \tag{12.9}$$

が成立するようにする．ここに，m_L および m_R は修正質量，r_L および r_R は取付半径ベクトルである．式 (12.9) の不つり合いベクトル U と不つり合いモーメント V が既知なら，修正量 U_L と U_R はただちに求まる．これを動つり合わせ (dynamic balancing)，または 2 面つり合わせ (two-phase balancing) と呼ぶ．一方，回転体の円板が 1 枚で薄い場合は，不つり合いモーメントは小さく，不つり合いベクトルだけの修正でよく，これを静つり合わせ (static balancing)，または 1 面つり合わせ (single-phase balancing) と呼ぶ．

■ **例題 12.1** 図 12.4 に示すロータにおいて，$z_1 = 50$ mm, $z_2 = 100$ mm, $z_3 = 200$ mm の位置に初期不つり合い，$U_1 = -2i$ g mm, $U_2 = 4i$ g mm, $U_3 = 1j$ g mm があったとする．$z_L = 20$ mm, $z_R = 220$ mm の面で修正量 U_L, U_R を付加してつり合わせよ．

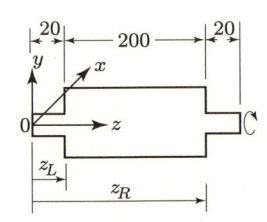

図 12.4 初期不つり合いをもつロータ

▷ **解**
初期の静不つり合いとしての U は，式 (12.2) および (12.4) より

$$U = U_1 + U_2 + U_3 = -2i + 4i + 1j = 2i + 1j \text{ g mm}$$

よって，式 $(12.9)_1$ より，

$$U_L + U_R = -U = -2i - 1j \text{ g mm}$$

となる．初期の動不つり合いとしての V は，式 (12.3) および (12.7) より，

$$V = k \times (z_1 U_1 + z_2 U_2 + z_3 U_3) = k \times (-100i + 400i + 200j) = k \times (300i + 200j)$$

よって，式 $(12.9)_2$ より，

$$z_L U_L + z_R U_R = -300i - 200j \quad \therefore \ 20 U_L + 220 U_R = -300i - 200j$$

となる．以上の U_L と U_R に関する連立方程式を解くと，

$$U_L = -0.7i - 0.1j \text{ g mm}, \quad U_R = -1.3i - 0.9j \text{ g mm}$$

が得られる．これらを，極座標表現すると，

$$U_L = \sqrt{(0.7)^2 + (0.1)^2} = 0.71 \text{ g mm}, \quad \theta_L = 180° + \tan^{-1}\left(\frac{0.1}{0.7}\right) = 188.1°$$

$$U_R = \sqrt{(1.3)^2 + (0.9)^2} = 1.58 \text{ g mm}, \quad \theta_R = 180° + \tan^{-1}\left(\frac{0.9}{1.3}\right) = 214.7°$$

となる．いま，半径 r mm の位置に修正質量を取り付けるときは，z_L, z_R 面の θ_L および θ_R の角度の位置に，それぞれ U_L/r g，U_R/r g の質量を取り付ければよいことになる． ◁

12.3 弾性回転体の運動

図 12.5 に示すような，質量の無視できる均一な弾性軸の中央に 1 個の剛体円板が取り付けてあり，軸の両端は単純支持されている 1 円板弾性回転体 (one-disc flexible rotor) を考える．図において，S は円板の軸心 (図心)，G は円板の重心で，ε だけ S から偏心しているとする．弾性軸は，荷重を加えたときのたわみをばね定数 k のばね，また，軸には，弾性のヒステリシスなどの内部減衰効果が存在するので，これらは弾性軸のたわみ速度に比例する減衰係数 c をもつ粘性減衰器でモデル化されている．円板の質量を m，円板の重心まわりの慣性モーメントを I とする．

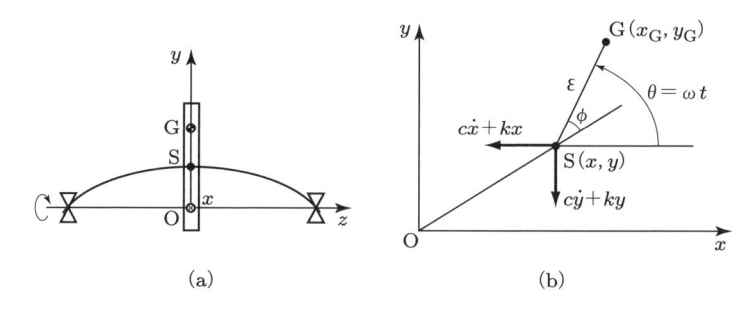

図 12.5 弾性回転体の運動と作用する力

1 ふれまわり運動と危険速度

図 12.5 (b) に示すように，空間に固定された座標系を O–xyz とする．弾性軸の軸心は x, y だけたわみ，また，円板は軸がたわんでも傾くことなく平面運動すると考えられる．いま弾性回転体が S のまわりに角速度 ω で回転すると，次の x, y 方向の運動方程式が得られる．

$$\left.\begin{array}{l} m\ddot{x}_G + c\dot{x} + kx = 0 \\ m\ddot{y}_G + c\dot{y} + ky = 0 \end{array}\right\} \tag{12.10}$$

ここで，重心の座標 (x_G, y_G) は，幾何学的な関係より次のようになる．

$$x_G = x + \varepsilon \cos\theta, \quad y_G = y + \varepsilon \sin\theta \tag{12.11}$$

ここに，θ は円板の回転角である．式 (12.11) を式 (12.10) に代入すると，

$$\left.\begin{array}{l} m\ddot{x} + c\dot{x} + kx = m\varepsilon\dot{\theta}^2\cos\theta + m\varepsilon\ddot{\theta}\sin\theta \\ m\ddot{y} + c\dot{y} + ky = m\varepsilon\dot{\theta}^2\sin\theta - m\varepsilon\ddot{\theta}\cos\theta \end{array}\right\} \tag{12.12}$$

が得られる．また，重心点まわりの回転の運動方程式は

$$I\ddot{\theta} = -(c\dot{x} + kx)\varepsilon\sin\theta + (c\dot{y} + ky)\varepsilon\cos\theta + T \tag{12.13}$$

のつり合いより

$$I\ddot{\theta} + c\varepsilon(\dot{x}\sin\theta - \dot{y}\cos\theta) + k\varepsilon(x\sin\theta - y\cos\theta) = T \tag{12.14}$$

となる．ここに，T は回転軸に働く駆動トルクである．

ここで，回転軸が一定の角速度 ω で回転している場合を考えると，$\theta = \omega t$ となり，$\dot{\theta} = \omega$，$\ddot{\theta} = 0$ となる．また，式 (12.14) の駆動トルクは負荷トルクとつり合うから，駆動トルクは変動成分のみである．

式 (12.12) を整理すると

$$\left.\begin{array}{l}\ddot{x} + 2\zeta\omega_n\dot{x} + \omega_n^2 x = \varepsilon\omega^2\cos\theta \\ \ddot{y} + 2\zeta\omega_n\dot{y} + \omega_n^2 y = \varepsilon\omega^2\sin\theta\end{array}\right\} \tag{12.15}$$

ここに，$\zeta = \dfrac{c}{2\sqrt{mk}}$，$\omega_n = \sqrt{\dfrac{k}{m}}$ である．式 (12.15) は，x と y の運動は独立となるが，これを複素数表示すると，図 12.6 に示すように，

$$\begin{aligned}\boldsymbol{R} &= x + jy \\ \boldsymbol{R}_G &= x_G + jy_G\end{aligned} \tag{12.16}$$

とおくことができる．ここで，$j = \sqrt{-1}$ である．また，ベクトル方程式より，

$$\boldsymbol{R}_G = \boldsymbol{R} + \varepsilon e^{j\omega t} \tag{12.17}$$

が得られる．式 (12.16)，およびオイラーの式を用いて，式 (12.15) を複素数表示すると，

$$\ddot{\boldsymbol{R}} + 2\zeta\omega_n\dot{\boldsymbol{R}} + \omega_n^2\boldsymbol{R} = \varepsilon\omega^2 e^{j\omega t} \tag{12.18}$$

となる．この回転ベクトル $\boldsymbol{R}$ の微分方程式の解の一般解と特解のうち，右辺の不つり合いの遠心力による運動を考えるので，特解のみについて求めることにする．式 (12.18) の解を

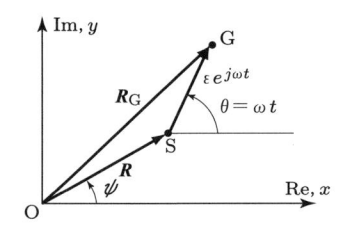

図 12.6 弾性回転体の運動の複素数表示

$$\boldsymbol{R} = re^{j(\omega t - \phi)} \tag{12.19}$$

と仮定し，式 (12.18) に代入すると，r, ϕ は次のように得られる．

$$\left.\begin{array}{l} r = \dfrac{\varepsilon(\omega/\omega_n)^2}{\sqrt{\{1-(\omega/\omega_n)^2\}^2 + (2\zeta\omega/\omega_n)^2}} \\[2mm] \phi = \tan^{-1}\dfrac{2\zeta\omega/\omega_n}{1-(\omega/\omega_n)^2} \end{array}\right\} \tag{12.20}$$

ω_n は弾性回転軸の曲げ振動の固有円振動数 (natural circular frequency) と呼ばれ，回転体の角速度 ω が，ω_n に等しくなると，軸のたわみは無限大までに大きくなり，軸は破損する危険にさらされる．この $\omega = \omega_n$ となったときの軸の回転角速度は，回転体の危険速度 (critical speed) と呼ばれる．また，図 12.6 より，$\boldsymbol{R} = re^{j\psi}$ であり，$\psi = \omega t - \phi$ なる関係があることがわかり，回転軸のふれまわり速度 (公転速度) は回転角速度 (自転速度) ω に一致することがわかる．また，ϕ は軸心の変位ベクトルと遠心力のベクトルの位相差を示す．

また，重心 G のふれまわり運動は，式 (12.17), (12,19), (12.20) を用いて，第 3 章で述べたベクトル方程式の解き方に従えば，

$$\left.\begin{array}{l} \boldsymbol{R}_{\mathrm{G}} = r_{\mathrm{G}} e^{j(\omega t - \phi + \phi_1)} \\[2mm] r_{\mathrm{G}} = \sqrt{r^2 + 2\varepsilon r \cos\phi + \varepsilon^2} \\[2mm] \phi_1 = \tan^{-1}\dfrac{\varepsilon \sin\phi}{r + \varepsilon \cos\phi} \end{array}\right\} \tag{12.21}$$

で表される．r/ε と $r_{\mathrm{G}}/\varepsilon$ と ω/ω_n の関係を $\zeta = 0.1$ の場合について図 12.7 に示す．なお，減衰係数 c がこれより小さくて 10 分の 1 のとき，すなわち $\zeta = 0.01$ のとき，図 12.7 の $\omega/\omega_n = 1$ の $r/\varepsilon, r/r_{\mathrm{G}}$ の値はそれぞれ 10 倍および約 10 倍になる．また，位相 ϕ と ω/ω_n の関係を図 12.8 に示す．$\omega/\omega_n < 1$ のときは，$0 < \phi < \pi/2$ であるので，O, S, G 点の位置関係は，重心は軸心の外側にある傾向をもつ．$\omega/\omega_n > 1$ のときは重

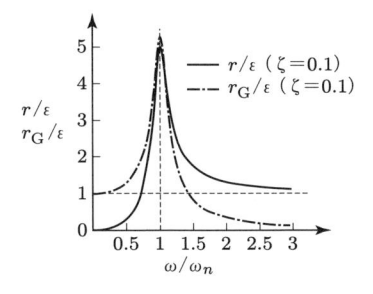

図 12.7 軸心 S と重心 G のふれまわり振幅と角速度の関係

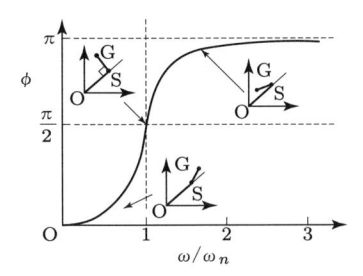

図 12.8 位相差 ϕ と角速度の関係

心は軸心の内側にある．さらに，$\omega/\omega_n \gg 1$ となると，重心は原点 O，すなわち弾性軸がたわんでいないときの中心線上の点 O に，回転数の上昇とともに近づく性質をもつことがわかる．これを自動調心性 (self-aligning) と呼ぶ．

■ **例題 12.2** 長さ l，直径 d の一様な丸棒の軸がある．この中央に質量 m の円板が取り付けられており，軸の両端は単純支持されている．回転軸としての危険速度を求めよ．

▷ **解**
円板を半径方向に P の力で押すと，軸は，材料力学によれば

$$\delta = \frac{1}{48}\frac{Pl^3}{EI}$$

だけたわむ．ここに，EI は曲げ剛性で，E はヤング率，I は断面 2 次モーメントで，$I = \pi d^4/64$ である．したがって，軸はばね定数

$$k = \frac{P}{\delta} = \frac{48EI}{l^3} = \frac{3\pi d^4 E}{4l^3}$$

のばねであるとみなすことができる．このようなばねが質量 m の円板を支持しているのであるから，この回転軸の曲げ振動の固有円振動数は，

$$\omega_n = \sqrt{\frac{k}{m}} = \sqrt{\frac{3\pi d^4 E}{4l^3 m}}$$

となる．回転軸の回転数 ω が $\omega = \omega_n$ となるときが危険速度であるので，ω_n が回転軸の危険速度である． ◁

2 ふれまわりの特徴

回転軸のふれまわり運動の性質をさらに考察する．

いままで静止座標系 O–xyz について，弾性回転軸の運動を考えてきたが，ここでは，図 12.9 に示すように角速度 ω で回転する回転座標系 O–$x'y'z'$ を考える．

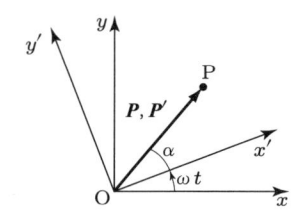

図 12.9 静止座標系 O–xyz と回転座標系 O–$x'y'z'$ の関係

一般に，点 P のベクトル $\boldsymbol{P}$ を静止座標系，$\boldsymbol{P}'$ を回転座標系で定義されるとすると，それぞれは次のように複素数表示される．

12.3 弾性回転体の運動

$$\left.\begin{array}{l} \boldsymbol{P} = pe^{j(\omega t+\alpha)} \\ \boldsymbol{P}' = pe^{j\alpha} \end{array}\right\} \tag{12.22}$$

これより，静止座標系と回転座標系との間の変換には

$$\boldsymbol{P} = \boldsymbol{P}' e^{j\omega t}, \quad \boldsymbol{P}' = \boldsymbol{P} e^{-j\omega t} \tag{12.23}$$

という関係が成立する．

いま，点 P を前述の軸心 S として，$\boldsymbol{P}$ を $\boldsymbol{R}$ におきかえ，さらにそのときの回転座標系の $\boldsymbol{P}'$ を $\boldsymbol{R}'$ でおきかえることにする．すなわち，

$$\boldsymbol{R} = \boldsymbol{R}' e^{j\omega t} \tag{12.24}$$

が得られる．これをさらに微分して

$$\left.\begin{array}{l} \dot{\boldsymbol{R}} = (\dot{\boldsymbol{R}}' + j\omega \boldsymbol{R}') e^{j\omega t} \\ \ddot{\boldsymbol{R}} = (\ddot{\boldsymbol{R}}' + 2j\omega \dot{\boldsymbol{R}}' - \omega^2 \boldsymbol{R}') e^{j\omega t} \end{array}\right\} \tag{12.25}$$

式 (12.24), (12.25) を式 (12.18) の運動方程式に代入すると，

$$(\ddot{\boldsymbol{R}}' + 2j\omega \dot{\boldsymbol{R}}' - \omega^2 \boldsymbol{R}') e^{j\omega t} + 2\zeta\omega_n (\dot{\boldsymbol{R}}' + j\omega \boldsymbol{R}') e^{j\omega t} + \omega_n^2 \boldsymbol{R}' e^{j\omega t} = \varepsilon\omega^2 e^{j\omega t} \tag{12.26}$$

となる．これを整理すると，次式が得られる．

$$\ddot{\boldsymbol{R}}' + 2(\zeta\omega_n + j\omega)\dot{\boldsymbol{R}}' + (\omega_n^2 - \omega^2 + 2j\zeta\omega_n\omega)\boldsymbol{R}' = \varepsilon\omega^2 \tag{12.27}$$

式 (12.27) の特解を求めると，右辺は定数項だけであるので，

$$\boldsymbol{R}' = re^{j\phi'} \tag{12.28}$$

と仮定することができる．これより，$\dot{\boldsymbol{R}}' = \ddot{\boldsymbol{R}}' = 0$ となるから

$$(\omega_n^2 - \omega^2 + 2j\zeta\omega_n\omega) re^{j\phi'} = \varepsilon\omega^2 \tag{12.29}$$

が得られる．これをさらに変形すると

$$\begin{aligned} re^{j\phi'} &= \frac{\varepsilon\omega^2}{\omega_n^2 - \omega^2 + 2j\zeta\omega_n\omega} = \frac{\varepsilon(\omega/\omega_n)^2}{1 - (\omega/\omega_n)^2 + 2j\zeta\omega/\omega_n} \\ &= \frac{\varepsilon(\omega/\omega_n)^2}{\sqrt{\{1 - (\omega/\omega_n)^2\}^2 + (2\zeta\omega/\omega_n)^2}} \, e^{-j\phi} \end{aligned} \tag{12.30}$$

となる．r, ϕ は，式 $(12.20)_{2,3}$ で定義したとおりなので，結局，式 (12.30) は，

$$\phi' = -\phi \tag{12.31}$$

の関係があることがわかる．すなわち，

$$\boldsymbol{R}' = re^{-j\phi} \tag{12.32}$$

となり，回転座標系からみると，円板の軸心 S は全く運動していないことになる．これは，原点 O から距離 r を保ったまま，座標系と一緒に円運動していることを意味す

る．弾性回転軸は静たわみ r をもつ縄跳び状の運動をしていることになり，軸には静ひずみは生じているが，変動するひずみは生じていないことがわかる．

演習問題

[**12.1**] 図 12.10 に示すように，1 枚の円板が取り付けが悪く傾いて軸に取り付けられている．また，この軸は両端で軸受けに支えられているとする．円板は直径 200 mm，質量 1 kg であり，材質は一様であるとする．取り付け角は $\beta = 0.1°$ だけ傾斜しているとする．円板が 3000 rpm で回転する場合，どのような遠心力のモーメントが生じるか．

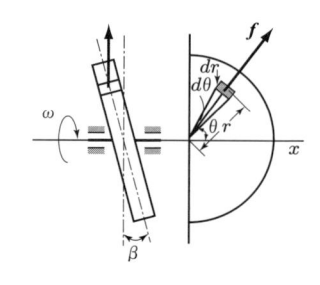

図 **12.10** 軸に対して傾いて取り付けられた円板の運動

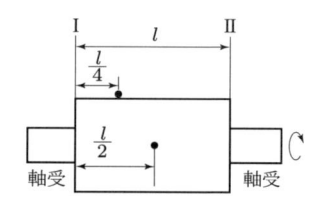

図 **12.11** 不つりあいを有する剛な回転体

[**12.2**] 図 12.11 に示すように，存在する不つり合いが左端の軸受けから全長の $l/4$ の位置に 40 g cm，中央の位置に 30 g cm で，位相が 90°ずれているとする．Ⅰ およびⅡ面につけるべきつり合い重りはいくらか．

演習問題解答

第1章

[1.1] (1) 機構を構成している最小単位の機構を備えたもの．
(2) 機素と機素とをなんらかの形で連絡している組み合わせをいう．
(3) 本文を参照のこと．面で接触している．
(4) 本文を参照のこと．線または点で接触している．

[1.2] (1) ①機素，②節，③対偶
(2) 回り，すべり，ねじ，回りすべり

[1.3] 機構数は 5，自由度 1 の対偶は A, B, C, D, E 点に 1 つずつある．それゆえ機構の自由度 F は，次のようになる．
$$F = 3 \times (5-1) - 2 \times 5 = 2$$

[1.4] 機構数は 6，自由度 1 の対偶は A, B, C, D, E, F 点に 1 つずつある．C 点は 2 つの対偶が重なっているので，この図の上部に示したように 2 つの対偶が非常に接近していると考えればよい．このように考えると C 点には自由度 1 の対偶が 2 つあることになり，合計自由度 1 の対偶は 7 つあることになる．この機構の自由度は，次のようになる．
$$F = 3 \times (6-1) - 2 \times 7 = 1$$

[1.5] (1) $F = 3(N-1) - 2P_1 - P_2$
(2) □BCEH を一体として考えて，1 つの機素と考える．
$$F = 3 \times (6-1) - 2 \times 7 - 1 \times 0 = 15 - 14 = 1$$

[1.6] 機素数は 5，自由度 1 の対偶は A, B, C, D, E 点に 1 つずつあり，F 点の歯車のかみ合いは，第 9 章で説明しているようにすべりところがりを伴う自由度 2 の対偶である．よって，機構の自由度は，次のようになる．
$$F = 3 \times (5-1) - 2 \times 5 - 1 \times 1 = 1$$

[1.7] (a)
- 機素数は a, b, d の $N = 3$
- 自由度 1 の対偶の数は A, C の $P_1 = 2$
- 自由度 2 の対偶の数は B の $P_2 = 1$

∴ 平面運動機構の自由度は
$$F = 3(N-1) - 2P_1 - P_2 = 3 \times (3-1) - 2 \times 2 - 1 = 1$$

(b)
- 機素数は a, b, c, d, e の $N = 5$
- 自由度 1 の対偶の数は A, B, C, D および d と e 間で $P_1 = 5$
- 自由度 2 の対偶の数は a と b 間で $P_2 = 1$
- ∴ 平面運動機構の自由度は

$$F = 3(N-1) - 2P_1 - P_2 = 3 \times (5-1) - 2 \times 5 - 1 = 1$$

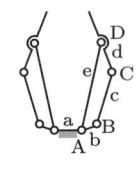

図 E.1

(c)
- 左右対称なので片側だけ考察する (図 E.1 参照).
- 機素数は, $N = 5$ (∵ a, b, c, d, e)
- 自由度 1 の対偶の数は A, B, C, D で A は 2 箇所に対偶があると考えると $P_1 = 5$
- 自由度 2 の対偶の数は 0 $(P_2 = 0)$

$$\therefore F' = 3(N-1) - 2P_1 - P_2 = 12 - 10 = 2$$

左右を考えて $F = 2 \times F' = 4$

第3章

[**3.1**]
- ベクトル表示

$$\boldsymbol{r} = (x + jy) = re^{j\theta}$$

- 速度は $\boldsymbol{r}$ を時間で微分して

$$\boldsymbol{v} = \dot{\boldsymbol{r}} = (\dot{x} + j\dot{y}) = (\dot{r} + jr\dot{\theta})e^{j\theta}$$

- 接線方向速度は $\dot{s}$, 半径方向速度 $\dot{r}e^{j\theta}$ と円周方向の速度 $jr\dot{\theta}e^{j\theta}$ より求まる.

$$\dot{s} = \sqrt{\dot{x}^2 + \dot{y}^2} = \sqrt{\dot{r}^2 + (r\dot{\theta})^2}$$

ここで

$$\theta + \alpha = \omega t = \tan \alpha, \quad \omega = (\tan \alpha)' \dot{\alpha} = \sec^2 \alpha \cdot (\omega - \dot{\theta})$$

$$\therefore \dot{\theta} = -\frac{\omega}{\sec^2 \alpha} + \omega = \omega \sin^2 \alpha$$

また, $\dot{r} = r_g (\sec \alpha)' \dot{\alpha} = r_g \omega \sin \alpha$

$$\dot{s} = \sqrt{r_g^2 \omega^2 \sin^2 \alpha + r_g^2 \sec^2 \alpha \cdot \omega^2 \sin^4 \alpha} = r\omega \sin \alpha \quad \left(\because r = r_g \frac{1}{\cos \alpha} \right)$$

[**3.2**] (図 E.2 参照)

$$x = r_0 \cos \theta, \ y = r_0 \sin \theta, \ z = \frac{p}{2\pi} \cdot \theta, \ \theta = \omega t$$

$$\dot{s} = \sqrt{\dot{r}^2 + (r\dot{\theta})^2} = \sqrt{\dot{x}^2 + \dot{y}^2 + \dot{z}^2}$$

$$= \sqrt{r_0^2 \omega^2 \sin^2 \theta + r_0^2 \omega^2 \cos^2 \theta + \frac{p^2 \omega^2}{4\pi^2}} = \sqrt{r_0^2 \omega^2 + \frac{p^2 \omega^2}{4\pi^2}}$$

$$= \sqrt{r_0^2 + \left(\frac{p}{2\pi}\right)^2} \cdot \omega$$

$$\ddot{x} = -r_0 \omega^2 \cos \theta, \ \ddot{y} = r_0 \omega^2 \sin \theta, \ \ddot{z} = 0$$

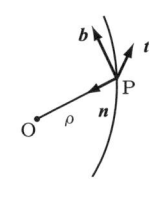

図 E.2

以上より，速度は $\boldsymbol{v} = \dot{\boldsymbol{r}} = \omega\,[\,-r_0\sin\omega t \quad r_0\cos\omega t \quad p/2\pi\,]^T$
加速度は $\boldsymbol{a} = \ddot{\boldsymbol{r}} = -r_0\omega^2[\cos\omega t \quad \sin\omega t \quad 0]^T$
接線方向の単位ベクトル $\boldsymbol{t}$ は，$\dot{s} = |\dot{\boldsymbol{r}}|$ だから

$$\boldsymbol{t} = \frac{\dot{\boldsymbol{r}}}{|\dot{\boldsymbol{r}}|} = \frac{\dot{\boldsymbol{r}}}{\dot{s}} = \frac{\boldsymbol{v}}{\dot{s}}$$

$$= \frac{\omega[-r_0\sin\omega t \quad r_0\cos\omega t \quad p/2\pi]^T}{\sqrt{r_0^2 + (p/2\pi)^2}\cdot\omega} = \frac{[-r_0\sin\omega t \quad r_0\cos\omega t \quad p/2\pi]^T}{\sqrt{r_0^2 + (p/2\pi)^2}}$$

[**3.3**] ロボットアームの先端の座標を $P(x, y, z)$ とると，$s = vt$ とおいて斜め上方に向かう等速直線運動とすると

$$x = a, \quad y = vt\cos\beta, \quad z = vt\sin\beta$$

とおける．速度の成分を求めると

$$\dot{x} = 0, \quad \dot{y} = v\cos\beta, \quad \dot{z} = v\sin\beta$$

また，円筒座標 (r, θ) との関係は

$$r = \sqrt{x^2 + y^2} = \sqrt{a^2 + v^2t^2\cos^2\beta}\,, \quad \theta = \tan^{-1}\frac{y}{x} = \tan^{-1}\frac{vt\cos\beta}{a}$$

半径方向，円周方向の速度成分は

$$v_r = \dot{x}\cos\theta + \dot{y}\sin\theta\,, \quad v_\theta = -\dot{x}\sin\theta + \dot{y}\cos\theta$$

ここで，$\cos\theta = \dfrac{1}{\sqrt{1+\tan^2\theta}} = \dfrac{x}{\sqrt{x^2+y^2}}$, $\sin\theta = \dfrac{y}{\sqrt{x^2+y^2}}$

よって

$$\dot{r} \equiv v_r = \frac{x\dot{x} + y\dot{y}}{\sqrt{x^2+y^2}} = \frac{v^2t\cos^2\beta}{\sqrt{a^2+v^2t^2\cos^2\beta}},$$

$$r\dot{\theta} \equiv v_\theta = \frac{x\dot{y} - y\dot{x}}{\sqrt{x^2+y^2}} = \frac{av\cos\beta}{\sqrt{a^2+v^2t^2\cos^2\beta}} \qquad \therefore\ \dot{\theta} = \frac{av\cos\beta}{a^2+v^2t^2\cos^2\beta}$$

次に加速度の半径方向成分 a_r と円周方向成分 a_θ は

$$a_r = \ddot{x}\cos\theta + \ddot{y}\sin\theta,\ a_\theta = -\ddot{x}\sin\theta + \ddot{y}\cos\theta$$

$$\therefore\ \ddot{r} - r\dot{\theta}^2 = a_r = \frac{x\ddot{x} + y\ddot{y}}{\sqrt{x^2+y^2}},\quad r\ddot{\theta} + 2\dot{r}\dot{\theta} = a_\theta = \frac{x\ddot{y} - y\ddot{x}}{\sqrt{x^2+y^2}}$$

上式の第 1 式より $r, \dot{\theta}$ を消去すると，

$$\ddot{r} = \frac{(x\ddot{x} + y\ddot{y})(x^2+y^2) + (x\dot{y} - y\dot{x})^2}{(x^2+y^2)^{3/2}}$$

ここで，$\ddot{x} = 0, \ddot{y} = 0, \ddot{z} = 0$ より

$$\ddot{r} = \frac{(av\cos\beta)^2}{(a^2+v^2t^2\cos^2\beta)^{3/2}}$$

となる．

$$r\ddot{\theta} = \frac{x\ddot{y} - y\ddot{x}}{\sqrt{x^2+y^2}} - 2\dot{r}\dot{\theta} = -2\dot{r}\dot{\theta} \quad \text{より}$$

$$\therefore \ddot{\theta} = -\frac{2\dot{r}\dot{\theta}}{r} = -\frac{2av^3 t \cos^3 \beta}{(a^2 + v^2 t^2 \cos^2 \beta)^2}$$

[**3.4**] 円を描く x 軸に垂直な面の座標は b であり，r_0 はロボットのアームの長さであるから，

$$x = r_0 \cos\phi \cos\theta = b, \quad y = r_0 \cos\phi \sin\theta = a\cos\omega t, \quad z = r_0 \sin\phi = a\sin\omega t$$

$$\therefore \tan\theta = \frac{y}{x} = \frac{a}{b}\cos\omega t$$

これを t で微分すると

$$\therefore \dot{\theta} = -\frac{a\omega}{b}\sin\omega t \div \left(1 + \frac{a^2}{b^2}\cos^2 \omega t\right) = \frac{-ab\omega \sin\omega t}{b^2 + a^2 \cos^2 \omega t},$$

$$\ddot{\theta} = \frac{-ab\omega^2 (b^2 + a^2 + a^2 \sin^2 \omega t)\cos\omega t}{(b^2 + a^2 \cos^2 \omega t)^2}$$

また，z を t で微分すると $r_0 \cos\phi \cdot \dot{\phi} = a\omega \cos\omega t$ より，$\dot{\phi} = \dfrac{a\omega \cos\omega t}{r_0 \cos\phi}$．

ここで，x の関係式より $r_0 \cos\phi = b/\cos\theta$ であるから

$$\therefore \dot{\phi} = \frac{a\omega \cos\omega t}{b\sqrt{1 + \frac{a^2}{b^2}\cos^2 \omega t}} = \frac{a\omega \cos\omega t}{\sqrt{b^2 + a^2 \cos^2 \omega t}}, \quad \ddot{\phi} = \frac{-ab^2\omega^2 \sin\omega t}{(b^2 + a^2 \cos^2 \omega t)^{3/2}}$$

[**3.5**] (1) $\dot{\boldsymbol{R}} = \dfrac{d\boldsymbol{R}}{dt} = \dot{r}e^{j\theta} + j\dot{\theta}re^{j\theta}, \quad |\dot{\boldsymbol{R}}| = \sqrt{\dot{r}^2 + (\dot{\theta}r)^2}$

(2) $\ddot{\boldsymbol{R}} = \dfrac{d^2 \boldsymbol{R}}{dt^2} = \ddot{r}e^{j\theta} - (\dot{\theta})^2 re^{j\theta} + 2j\dot{\theta}\dot{r}e^{j\theta} + j\ddot{\theta}re^{j\theta} = \{\ddot{r} - (\dot{\theta})^2 r\}e^{j\theta} + (2\dot{\theta}\dot{r} + \ddot{\theta}r)je^{j\theta}$

$|\ddot{\boldsymbol{R}}| = \sqrt{\{\ddot{r} - (\dot{\theta})^2 r\}^2 + (2\dot{\theta}\dot{r} + \ddot{\theta}r)^2}$

第4章

[**4.1**] 本文の式 (4.18)〜(4.20) を参照のこと．

[**4.2**] 球座標系によると，速度は

$$\boldsymbol{v} = \frac{d\boldsymbol{R}}{dt} = \dot{l}\boldsymbol{i}_r + l\dot{\beta}\boldsymbol{j}_r + l\dot{\theta}\sin\beta \boldsymbol{k}_r$$

となる．$\dot{l} = V, \dot{\beta} = 0, \dot{\theta} = \Omega$ であるから

$$\boldsymbol{v} = V\boldsymbol{i}_r + l\Omega \sin\beta \boldsymbol{k}_r, \quad v = |\boldsymbol{v}| = \sqrt{V^2 + l^2 \Omega^2 \sin^2 \beta}$$

また，加速度は

$$\boldsymbol{a} = (\ddot{l} - l\dot{\beta}^2 - l\dot{\theta}^2 \sin^2 \beta)\boldsymbol{i}_r + (l\ddot{\beta} + 2\dot{l}\dot{\beta} - l\dot{\theta}^2 \sin\beta \cos\beta)\boldsymbol{j}_r$$
$$+ (l\ddot{\theta}\sin\beta + 2\dot{l}\dot{\theta}\sin\beta + 2l\dot{\theta}\dot{\beta}\sin\beta)\boldsymbol{k}_r$$

となる．さらに，$\ddot{l} = 0, \ddot{\beta} = 0, \ddot{\theta} = 0$ であるから，上式は次のようになる．

$$\boldsymbol{a} = -l\Omega^2 \sin^2 \beta \boldsymbol{i}_r - l\Omega^2 \sin\beta \cos\beta \boldsymbol{j}_r + 2V\Omega \sin\beta \boldsymbol{k}_r$$

$$a = |\boldsymbol{a}| = \sqrt{l^2 \Omega^4 \sin^4 \beta + l^2 \Omega^4 \sin^2 \beta \cos^2 \beta + 4V^2 \Omega^2 \sin^2 \beta}$$
$$= \Omega \sin\beta \sqrt{l^2 \Omega^2 + 4V^2}$$

[**4.3**] 球座標系によると，速度は本文の式 (4.16) より

$$\boldsymbol{v} = \dot{\boldsymbol{R}} = \dot{r}\boldsymbol{i}_r + r(-\dot{\phi})\boldsymbol{j}_r + r\dot{\theta}\sin\left(\frac{\pi}{2} - \phi\right)\boldsymbol{k}_r$$

となる．ここで

$$\dot{\phi} = 7\ \mathrm{deg/s} = \frac{7\pi}{180}\ \mathrm{rad/s},\quad \dot{r} = 0.5\ \mathrm{m/s},\quad \dot{\theta} = \Omega = 10\ \mathrm{deg/s} = \frac{10\pi}{180}\ \mathrm{rad/s} = \frac{\pi}{18}\ \mathrm{rad/s}$$

である．また，

$$r = \overline{\mathrm{OA}} + \overline{\mathrm{AB}} = 9 + 6 = 15\ \mathrm{m},\quad \phi = 30° = \frac{30\pi}{180}\ \mathrm{rad} = \frac{\pi}{6}\ \mathrm{rad}$$

であるので

$$\boldsymbol{v} = 0.5\boldsymbol{i}_r + 15 \times \left(-\frac{7\pi}{180}\right)\boldsymbol{j}_r + 15 \times \frac{\pi}{18} \times \frac{\sqrt{3}}{2}\boldsymbol{k}_r$$

$$= 0.5\boldsymbol{i}_r + (-1.833)\boldsymbol{j}_r + 2.267\boldsymbol{k}_r$$

$$v = |\boldsymbol{v}| = \sqrt{(0.5)^2 + (-1.833)^2 + (2.267)^2} = \sqrt{8.749} = 2.96\ \mathrm{m/s}$$

また，加速度は本文の式 (4.17) より

$$\boldsymbol{a} = \ddot{\boldsymbol{R}} = \left\{\ddot{r} - r(-\dot{\phi})^2 - r\dot{\theta}^2\sin^2\left(\frac{\pi}{2} - \phi\right)\right\}\boldsymbol{i}_r$$

$$+ \left\{r(-\ddot{\phi}) + 2\dot{r}(-\dot{\phi}) - r\dot{\theta}^2\sin\left(\frac{\pi}{2} - \phi\right)\cos\left(\frac{\pi}{2} - \phi\right)\right\}\boldsymbol{j}_r$$

$$+ \left\{r\ddot{\theta}\sin\left(\frac{\pi}{2} - \phi\right) + 2\dot{r}\dot{\theta}\sin\left(\frac{\pi}{2} - \phi\right) + 2r\dot{\theta}(-\dot{\phi})\cos\left(\frac{\pi}{2} - \phi\right)\right\}\boldsymbol{k}_r$$

さらに $\ddot{r} = 0,\ \ddot{\phi} = 0,\ \ddot{\theta} = 0$ であるから上式は

$$\boldsymbol{a} = \ddot{\boldsymbol{R}} = \left\{-15 \times \left(\frac{7\pi}{180}\right)^2 - 15 \times \left(\frac{\pi}{18}\right)^2 \times \left(\frac{\sqrt{3}}{2}\right)^2\right\}\boldsymbol{i}_r$$

$$+ \left\{-2 \times 0.5 \times \left(\frac{7\pi}{180}\right) - 15 \times \left(\frac{\pi}{18}\right)^2 \times \frac{\sqrt{3}}{2} \times \frac{1}{2}\right\}\boldsymbol{j}_r$$

$$+ \left\{2 \times 0.5 \times \left(\frac{\pi}{18}\right) \times \frac{\sqrt{3}}{2} + 2 \times 15 \times \left(\frac{\pi}{18}\right) \times \left(-\frac{7\pi}{180}\right) \times \frac{1}{2}\right\}\boldsymbol{k}_r$$

$$= (-0.5666)\boldsymbol{i}_r + (-0.3201)\boldsymbol{j}_r + (-0.1686)\boldsymbol{k}_r$$

$$a = |\boldsymbol{a}| = \sqrt{(-0.5666)^2 + (-0.3201)^2 + (-0.1686)^2} = \sqrt{0.4519} = 0.672\ \mathrm{m/s^2}$$

第 5 章

[**5.1**] 把持物体の位置の座標は

$$\boldsymbol{r} = r_1 e^{j\theta_1} + r_2 e^{j(\theta_1 + \theta_2)}$$

である．時間で微分すると

$$\dot{\boldsymbol{r}} = jr_1\dot{\theta}_1 e^{j\theta_1} + jr_2(\dot{\theta}_1 + \dot{\theta}_2)e^{j(\theta_1 + \theta_2)}$$

重力は下向きに作用しており，これを支えるために必要な力 $\boldsymbol{F}$ は z 方向に mg である．$\dot{\boldsymbol{r}} = \dot{y} + j\dot{z}$ とおくと $\dot{z}$ は

$$\dot{z} = r_1\dot{\theta}_1\cos\theta_1 + r_2(\dot{\theta}_1+\dot{\theta}_2)\cos(\theta_1+\theta_2)$$

であり

$$T_1 = \boldsymbol{F}\cdot\frac{\partial\dot{\boldsymbol{r}}}{\partial\dot{\theta}_1} = mg\{r_1\cos\theta_1 + r_2\cos(\theta_1+\theta_2)\}, \qquad T_2 = \boldsymbol{F}\cdot\frac{\partial\dot{\boldsymbol{r}}}{\partial\dot{\theta}_2} = mgr_2\cos(\theta_1+\theta_2)$$

と求められる.

[5.2] 本文の式 (5.8)〜(5.16), および pp.72-73 を参照のこと.

[5.3] 円柱は直線運動と回転運動をすることになる. 円柱は坂に沿って運動するから, 坂の斜面を x 軸とする. 円柱の x 方向の直線運動の運動方程式は

$$m\frac{d^2x}{dt^2} = mg\sin 30° - F = \frac{mg}{2} - F$$

となる. ここに, F は坂の斜面からの摩擦力である. y 方向の力のつり合いは

$$0 = N - mg\cos 30° = N - \frac{\sqrt{3}}{2}mg$$

円柱の重心まわりの回転運動 θ は, J を重心まわりの慣性モーメントとすると,

$$J\frac{d^2\theta}{dt^2} = rF$$

となる. ここに, r は円柱の半径である. すべらないという条件より

$$v = \frac{dx}{dt} = r\frac{d\theta}{dt}$$

であるから, 上式の運動方程式から F を消去すれば,

$$\left(m + \frac{J}{r^2}\right)\frac{d^2x}{dt^2} = \frac{mg}{2}$$

となる.

[5.4] ブレーキブロック E と回転体 D 間に生ずる力 F は, N を回転体 D に働く力とすると

$$F = \mu N$$

となる. これらの力は A 点まわりのモーメントをとると,

$$P(a+b) - Na + Fh = 0$$

これらの式から, F を消去すると

$$N = \left(\frac{a+b}{a-\mu h}\right)P$$

回転体 D に対する運動方程式は,

$$I\ddot{\theta} = -Fr$$

である. この両辺に $\dot{\theta}dt$ をかけると,

$$I\ddot{\theta}\dot{\theta}dt = -Fr\dot{\theta}dt$$

となり, これを変形すると,

$$d\left(\frac{1}{2}I\dot{\theta}^2\right) = -Frd\theta$$

$t=0$ で $\theta=\theta_1$, $\dot{\theta}=\omega_1$, $t=t$ で, $\theta=\theta_2$, $\dot{\theta}=\omega_2$, さらに $\theta=\theta_2-\theta_1$ として,上式を積分することにより次式が得られる.

$$\omega_2^2 - \omega_1^2 = -\frac{2Fr}{I}\theta$$

$\omega_2=0$ とおくと, $\theta = \dfrac{I\omega_1^2}{2Fr}$ となり,停止までの回転数 n は,ω_1 を ω におきなおして,

$$n = \frac{\theta}{2\pi} = \frac{I}{4\pi Fr}\omega^2 = \frac{I}{4\pi r} \cdot \frac{a-\mu h}{\mu(a+b)} \cdot \frac{\omega^2}{P}$$

また, $\dot{\theta} = -\dfrac{Fr}{I}t + C$ であり,$C=\omega_1$ となるから

$$\dot{\theta} = -\frac{Fr}{I}t + \omega_1$$

$\dot{\theta}=\omega_2=0$ となる時刻 t は,次式で与えられる.

$$t = \frac{I}{Fr}\omega = \frac{I}{r} \cdot \frac{a-\mu h}{\mu(a+b)} \cdot \frac{\omega}{P}$$

[**5.5**] (1) 車体重心の移動と,重心まわりの回転の運動方程式は次のようになる.

$$M\dot{v} = 2(F_1+F_2) - D$$
$$0 = -Mg + 2(N_1+N_2)$$
$$0 \cong 2(F_1+F_2)(h-a) + 2(N_1 l_1 - N_2 l_2) + T$$

また前輪の回転運動の運動方程式は

$$I\dot{\omega} = -F_1 a$$

となり,後輪の回転運動の運動方程式は

$$I\dot{\omega} = \frac{T}{2} - F_2 a$$

となる.車輪は地面に対してすべらないから $a\omega=v$ となり,これから

$$a\dot{\omega} = \dot{v}$$

を得る.上式より次の結果を得る.

$$F_1 = -\frac{I}{a^2}\dot{v}, \quad F_2 = \frac{T}{2a} - \frac{I}{a^2}\dot{v}$$

上式を使うと $\dot{v}$ は

$$\dot{v} = \frac{T}{M'a} - \frac{D}{M'} \quad \left(\text{ただし},\ M' = M + \frac{4I}{a^2}\right)$$

となる.さらに

$$F_1 = -\frac{TI}{M'a^3} + \frac{DI}{M'a^2}, \quad F_2 = \frac{T}{2a} - \frac{TI}{M'a^3} + \frac{DI}{M'a^2}$$

を得る.結局,

$$N_1 \cong \frac{l_2}{2(l_1+l_2)}Mg - \frac{h}{l_1+l_2}\frac{T}{2a} + \frac{h-a}{l_1+l_2} \cdot \frac{2I}{M'a^3}(T-aD),$$

$$N_2 \cong \frac{l_1}{2(l_1+l_2)}Mg + \frac{h}{l_1+l_2}\frac{T}{2a} - \frac{h-a}{l_1+l_2} \cdot \frac{2I}{M'a^3}(T-aD)$$

を得る.

(2) 上式のうち走行抵抗 D は車速 v によって定まり, v とともに増大する. 一定速度で走行するためには $T = Da$ の駆動トルクを必要とする.

(3) このときは $F_1 = 0$, $F_2 = T/(2a)$ となるが, タイヤと地面との摩擦係数を μ_s とすれば $F_2 \leq \mu_s N_2$ の条件を満たさなければならない. $F_2 > \mu_s N_2$ となるとタイヤがスリップして, 自動車が前進しなくなる.

[**5.6**] 節 A とともに動く回転座標系を考える. この座標系上では r 方向に

$$F_{r1} = 7 \text{ m/s}^2 \times 1 \text{ kg} = 7 \text{ N}$$

の力が働いているようにみえる. また回転していることから, 回転座標系では次の力が節 B に働いているようにみえる. 遠心力は,

$$F_{r2} = 0.1 \text{ m} \times 10^2 \text{ rad}^2/\text{s}^2 \times 1 \text{ kg} = 10 \text{ N}$$

コリオリ力は,

$$F_c = 2 \times 10 \text{ rad/s} \times 0.3 \text{ m/s} \times 1 \text{ kg} = 6 \text{ N}$$

ただし遠心力 F_{r2} は r 方向で正方向に, コリオリ力 F_c は θ 方向で回転と逆方向に働いている. 節 B は, F_{r2}, F_c があっても F_{r1} のみが働いているように運動しているから, 節 B に実際に作用している力 F_B の r, θ 方向成分 F_{B_r}, F_{B_θ} は次式を満たすことになる.

$$F_{r1} = F_{B_r} + F_{r2}, \quad 0 = F_{B_\theta} - F_c$$

よって

$$F_{B_r} = -3 \text{ N}, \quad F_{B_\theta} = 6 \text{ N}, \quad |F_B| = 6.71 \text{ N}$$

[**5.7**] ジャイロの形状の対称性より, 慣性マトリクスは次式となる.

$$[I] = \text{diag}(I_x, I_y, I_z)$$

また, 角速度ベクトル ω は

$$\boldsymbol{\omega} = [\omega_x \ 0 \ \omega_z]^T$$

で与えられる. いま, 座標系の各軸方向の単位ベクトルを $\boldsymbol{i}'$, $\boldsymbol{j}'$, $\boldsymbol{k}'$ で表すことにする. このとき角運動量ベクトル $\boldsymbol{H}$ は次式で与えられる.

$$\boldsymbol{H} = [I]\boldsymbol{\omega}$$

そのときの時間変化率を計算すると,

$$\frac{d\boldsymbol{H}}{dt} = [\dot{\boldsymbol{H}}] + \boldsymbol{\omega} \times \boldsymbol{H}$$

であり, $[\dot{\boldsymbol{H}}]$ は回転座標系で表現された角運動量を静止座標系で表現されていると見なして時間微分したものであり, $\boldsymbol{H}$ は回転座標からみたとき一定であるから, $[\dot{\boldsymbol{H}}] = 0$ となる. よって

$$\frac{d\boldsymbol{H}}{dt} = \boldsymbol{\omega} \times \boldsymbol{H} = \boldsymbol{\omega} \times [I]\boldsymbol{\omega} = \begin{bmatrix} \boldsymbol{i}' & \boldsymbol{j}' & \boldsymbol{k}' \\ \omega_x & 0 & \omega_z \\ I_x\omega_x & 0 & I_z\omega_z \end{bmatrix} = (I_x - I_z)\omega_x\omega_z \boldsymbol{j}'$$

$\boldsymbol{M}$ をジャイロに働く原点まわりのモーメントとすると, 角運動量の式は

$$\frac{d\boldsymbol{H}}{dt} = \boldsymbol{M} = (I_x - I_z)\omega_x\omega_z \boldsymbol{j}'$$

となる．したがって，ここでは y 軸まわりに $(I_x - I_z)\omega_x\omega_z$ の大きさのジャイロモーメントが生じていることがわかる．

[5.8] ベクトル $\boldsymbol{R}$ を

$$\boldsymbol{R}(t) = re^{j\theta}$$

とする．2 階微分すると加速度は

$$\ddot{\boldsymbol{R}}(t) = \ddot{r}e^{j\theta} - (\dot{\theta})^2 re^{j\theta} + 2\dot{r}\dot{\theta}e^{j(\theta+\pi/2)} + \ddot{\theta}re^{j(\theta+\pi/2)}$$

ここで，$F_c = -2jm\dot{r}\dot{\theta}e^{j\theta}$ がコリオリの力である．コリオリ力に見合う加速度は $\dot{r}$ と $\dot{\theta}$ の積が正ならば回転方向を，負ならば回転と逆の方向を向いている．

北緯 $34°$ の面で半径方向の速度を $\dot{r}$ とすると，

$$\dot{r} = 250 \times \frac{1000}{3600} \times \sin 34° = 69.4 \times 0.559 = 38.8 \text{ m/s}$$

自転の角速度 $\dot{\theta}$ は

$$\dot{\theta} = 2\pi/(24 \times 60 \times 60) = 7.27 \times 10^{-5} \text{ rad/s}$$

コリオリ力は

$$2m\dot{r}\dot{\theta} = 2(43 \times 10^3)38.8 \times (7.27 \times 10^{-5}) = 242.6 \text{ N}$$

$\dot{r} > 0$, $\dot{\theta} > 0$ よりコリオリの力は回転方向，すなわち西向きに受ける．一方重力は

$$mg = (43 \times 10^3) \times 9.8 = 421400 = 4.214 \times 10^5 \text{ N}$$

コリオリ力の重力に対する比は

$$\frac{2m\dot{r}\dot{\theta}}{mg} = \frac{242.6}{4.214 \times 10^5} = 5.76 \times 10^{-4}$$

つまり，0.06％ほどである．

第 6 章

[6.1] 直交座標系 (x, y, z) に対応させて，円筒座標系 (r, θ, z) を考える．θ 方向は x 軸を基準にとり z 軸への向きを正とする．この円筒座標系で，ひじの位置 $P_e(t)$ は幾何学的考察により次式で与えられる．

$$P_e(t) = \left\{ \begin{array}{c} 20\cos\dfrac{-\pi}{4}t \\ \pi t \\ 33 - 20\sin\dfrac{-\pi}{4}t \end{array} \right\}$$

$P_e(t)$ からみた手首の相対的位置 $P'_w(t)$ は

$$P'_w(t) = \left\{ \begin{array}{c} 20\cos\left(\dfrac{-\pi}{4}t + \dfrac{\pi}{4}t\right) \\ 0 \\ -20\sin\left(\dfrac{-\pi}{4}t + \dfrac{\pi}{4}t\right) \end{array} \right\} = \left\{ \begin{array}{c} 20 \\ 0 \\ 0 \end{array} \right\}$$

よって，基準座標系における 1 秒後の手首の位置 P_w は

$$P_w = P_e(1) + P'_w(1) = \left\{ \begin{array}{c} 20\left(\cos\dfrac{-\pi}{4} + 1\right) \\ \pi \times 1 \\ 33 - 20\sin\dfrac{-\pi}{4} \end{array} \right\} = \left\{ \begin{array}{c} 34.1 \\ 3.14 \\ 47.1 \end{array} \right\}$$

直交座標系に直すことを考える．両系の変換は次式で与えられる．

$x = r\cos\theta$

$y = r\sin\theta$

$z = z$

よって，直交座標系での手首位置は $r = 34.1$ cm, $\theta = \pi = 3.14$ rad, $z = 47.1$ cm を代入すると，次式で与えられる．

$$P_w(t) = \left\{ \begin{array}{c} -34.1 \\ 0 \\ 47.1 \end{array} \right\} \text{ cm} = \left\{ \begin{array}{c} -0.341 \\ 0 \\ 0.471 \end{array} \right\} \text{ m}$$

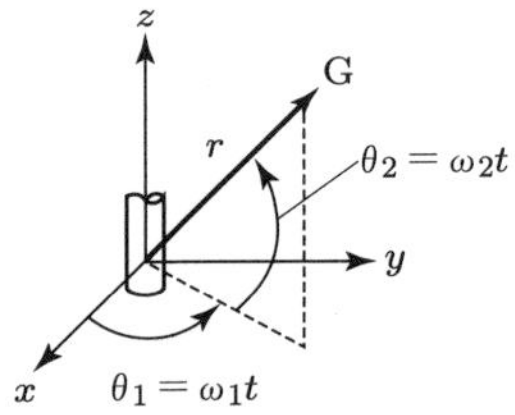

[6.2]
$$\left. \begin{array}{l} x = r\cos\theta_2 \cos\theta_1 \\ y = r\cos\theta_2 \sin\theta_1 \\ z = r\sin\theta_2 \end{array} \right\}$$

の関係がある．$\theta_1 = \omega_1 t$, $\theta_2 = \omega_2 t$ のとき，

$r_G = (x, y, z) = (r\cos\theta_2 \cos\theta_1,\ r\cos\theta_2 \sin\theta_1,\ r\sin\theta_2)$

$$\left. \begin{array}{l} \dot{x} = r\omega_2(-\sin\omega_2 t)\cos\omega_1 t + r\omega_1 \cos\omega_2 t(-\sin\omega_1 t) \\ \ddot{x} = r\omega_2^2(-\cos\omega_2 t)\cos\omega_1 t + r\omega_2\omega_1(-\sin\omega_2 t)(-\sin\omega_1 t) \\ \qquad + r\omega_1\omega_2(-\sin\omega_2 t)(-\sin\omega_1 t) + r\omega_1^2 \cos\omega_2 t(-\cos\omega_1 t) \end{array} \right\}$$

$$\left. \begin{array}{l} \dot{y} = r\omega_2(-\sin\omega_2 t)\sin\omega_1 t + r\omega_1 \cos\omega_2 t \cdot \cos\omega_1 t \\ \ddot{y} = r\omega_2^2(-\cos\omega_2 t)\sin\omega_1 t + r\omega_2\omega_1(-\sin\omega_2 t)\cos\omega_1 t \\ \qquad + r\omega_1\omega_2(-\sin\omega_2 t)\cos\omega_1 t + r\omega_1^2 \cos\omega_2 t(-\sin\omega_1 t) \end{array} \right\}$$

$$\left. \begin{array}{l} \dot{z} = r\omega_2 \cos\omega_2 t \\ \ddot{z} = -r\omega_2^2 \sin\omega_2 t \end{array} \right\}$$

図 **E.3**

となる．r_G を時間で微分すると，

$\therefore \dot{r}_G = (\dot{x}, \dot{y}, \dot{z}) = (-r\omega_2 \sin\omega_2 t \cos\omega_1 t - r\omega_1 \cos\omega_2 t \sin\omega_1 t,$
$\qquad - r\omega_2 \sin\omega_2 t \sin\omega_1 t + r\omega_1 \cos\omega_2 t \cos\omega_1 t, r\omega_2 \cos\omega_2 t)$

$\ddot{r}_G = (\ddot{x}, \ddot{y}, \ddot{z}) = (-r\omega_2^2 \cos\omega_2 t \cos\omega_1 t + 2r\omega_2\omega_1 \sin\omega_2 t \sin\omega_1 t - r\omega_1^2 \cos\omega_2 t \cos\omega_1 t,$
$\qquad - r\omega_2^2 \cos\omega_2 t \sin\omega_1 t - 2r\omega_1\omega_2 \sin\omega_2 t \cos\omega_1 t - r\omega_1^2 \cos\omega_2 t \sin\omega_1 t,\ -r\omega_2^2 \sin\omega_2 t)$

上式に $\omega_1 = \pi$ trad/s, $\omega_2 = \pi/2$ rad/s, $r = 1$ m, $\omega_1 t = \pi/2$ すなわち $t = 1/2$ sec の瞬

間において，$\theta_2 = \omega_2 t = \pi/2 \cdot 1/2 = \pi/4 = 45°$ である．
これらを代入する．ただし，$\sin\omega_1 t = 1, \cos\omega_1 t = 0, \sin\omega_2 t = 1/\sqrt{2}, \cos\omega_2 t = 1/\sqrt{2}$

$$\therefore \dot{r}_G = \left(-\frac{\sqrt{2}\pi}{2}, -\frac{\sqrt{2}\pi}{4}, \frac{\sqrt{2}\pi}{4}\right)$$

$$\therefore \ddot{r}_G = \left(\frac{\sqrt{2}\pi^2}{2}, -\frac{5\sqrt{2}\pi^2}{8}, -\frac{\sqrt{2}\pi^2}{8}\right)$$

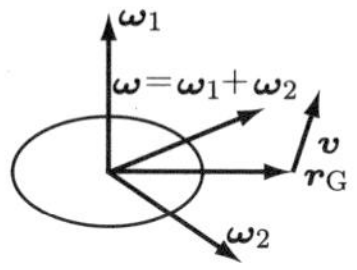

別の解法として，G 点の位置ベクトルは，

$$\left.\begin{array}{l} x = 0 \\ y = r\cos\dfrac{\pi}{4} \\ z = r\sin\dfrac{\pi}{4} \end{array}\right\}$$

図 E.4

$$\therefore \boldsymbol{r}_G = \begin{bmatrix} 0 & r\cos\dfrac{\pi}{4} & r\sin\dfrac{\pi}{4} \end{bmatrix}^T$$

$$= \begin{bmatrix} 0 & \dfrac{1}{\sqrt{2}} & \dfrac{1}{\sqrt{2}} \end{bmatrix}^T \quad (\because r = 1 \text{ m})$$

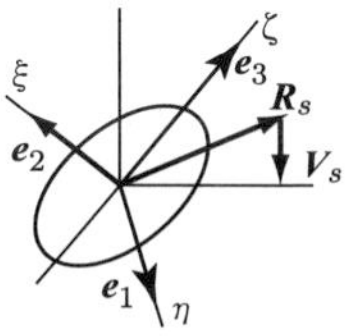

図 E.5

回転速度ベクトルは

$$\boldsymbol{\omega} = \boldsymbol{\omega}_1 + \boldsymbol{\omega}_2 = \begin{bmatrix} 0 & 0 & \pi \end{bmatrix}^T + \begin{bmatrix} \dfrac{\pi}{2} & 0 & 0 \end{bmatrix}^T = \begin{bmatrix} \dfrac{\pi}{2} & 0 & \pi \end{bmatrix}^T \text{ rad/s}$$

静止座標系からみた速度ベクトル $\boldsymbol{v}$ は (図 E.4)，

$$\boldsymbol{v} = \boldsymbol{\omega} \times \boldsymbol{r}_G = (\boldsymbol{\omega}_1 + \boldsymbol{\omega}_2) \times \boldsymbol{r}_G$$

$$= \begin{bmatrix} \dfrac{\pi}{2} & 0 & \pi \end{bmatrix}^T \times \begin{bmatrix} 0 & \dfrac{1}{\sqrt{2}} & \dfrac{1}{\sqrt{2}} \end{bmatrix}^T = \begin{bmatrix} -\dfrac{\pi}{\sqrt{2}} & -\dfrac{\pi}{2\sqrt{2}} & \dfrac{\pi}{2\sqrt{2}} \end{bmatrix}^T$$

$$= \begin{bmatrix} -\dfrac{\sqrt{2}\pi}{2} & -\dfrac{\sqrt{2}\pi}{4} & \dfrac{\sqrt{2}\pi}{4} \end{bmatrix}^T$$

一般論として，回転する座標系 (ξ, η, ζ) がありその単位ベクトルを $\boldsymbol{e}_1, \boldsymbol{e}_2, \boldsymbol{e}_3$，その座標系の回転速度ベクトルを $\boldsymbol{\Omega}$ とする．(図 E.5) 回転座標系上で表示された位置ベクトルを $\boldsymbol{R}_s$ とすると，その時間微分 $\boldsymbol{V}_s$ は，

$$\boldsymbol{R}_s = R_\xi \boldsymbol{e}_1 + R_\eta \boldsymbol{e}_2 + R_\zeta \boldsymbol{e}_3$$

$$\boldsymbol{V}_s = \dot{R}_\xi \boldsymbol{e}_1 + \dot{R}_\eta \boldsymbol{e}_2 + \dot{R}_\zeta \boldsymbol{e}_3 + R_\xi \dot{\boldsymbol{e}}_1 + R_\eta \dot{\boldsymbol{e}}_2 + R_\zeta \dot{\boldsymbol{e}}_3$$

$$= [\dot{\boldsymbol{R}}_s] + \boldsymbol{\Omega} \times \boldsymbol{R}_s$$

ここで $[\dot{\boldsymbol{R}}_s]$ は回転する座標系で表現された位置ベクトルを固定された座標系で表現されているとみなした時間微分である．$\boldsymbol{\Omega} \times \boldsymbol{R}_s$ は $\boldsymbol{R}_s$ の回転に起因する変化を表す．上式で $\boldsymbol{R}_s = \boldsymbol{\omega}, \boldsymbol{V}_s = \boldsymbol{\alpha}$ と置き換える．$\boldsymbol{\omega}_1$ は回転で方向が変わらないが $\boldsymbol{\omega}_2$ は方向が変わるとする．したがって，合成した角速度 $\boldsymbol{\omega}$ も方向を変える．角加速度についても $\boldsymbol{\omega}_1$ の影響を受ける．上式の $\boldsymbol{\Omega}$ は回転軸まわりの回転する座標系の回転速度ベクトルと考えられるから，

$$\boldsymbol{\Omega} = \boldsymbol{\omega}_1$$

とおける．角速度 $\boldsymbol{\omega}$ の時間微分の角加速度 $\boldsymbol{\alpha}$ は次式となる．

$$\boldsymbol{\alpha} = [\dot{\boldsymbol{\omega}}] + \boldsymbol{\omega}_1 \times \boldsymbol{\omega}$$

ここで $[\dot{\boldsymbol{\omega}}_1] = [\dot{\boldsymbol{\omega}}_2] = 0$ であるから

$$\boldsymbol{\alpha} = \boldsymbol{\omega}_1 \times (\boldsymbol{\omega}_1 + \boldsymbol{\omega}_2) = \boldsymbol{\omega}_1 \times \boldsymbol{\omega}_2 = [0\ \ 0\ \ \pi]^T \times \left[\frac{\pi}{2}\ \ 0\ \ 0\right]^T = \left[0\ \ \frac{\pi^2}{2}\ \ 0\right]^T$$

また，上式の一般式で $\boldsymbol{R}_s = \boldsymbol{v}$ とし，$\boldsymbol{V}_s = \boldsymbol{a}$ とし，$\boldsymbol{\Omega} = \boldsymbol{\omega}$ と置き換えて，加速度ベクトル $\boldsymbol{a}$ を求める．

$$\begin{aligned}
\boldsymbol{a} &= \dot{\boldsymbol{v}} + \boldsymbol{\omega} \times \boldsymbol{v} = \boldsymbol{\alpha} \times \boldsymbol{r}_G + \boldsymbol{\omega} \times \boldsymbol{v} \\
&= \left[0\ \ \frac{\pi^2}{2}\ \ 0\right]^T \times \left[0\ \ \frac{1}{\sqrt{2}}\ \ \frac{1}{\sqrt{2}}\right]^T + \left[\frac{\pi}{2}\ \ 0\ \ \pi\right]^T \times \left[-\frac{\sqrt{2}\pi}{2}\ \ -\frac{\sqrt{2}\pi}{4}\ \ \frac{\sqrt{2}\pi}{4}\right]^T \\
&= \left[\frac{\pi^2}{2\sqrt{2}}\ \ 0\ \ 0\right]^T + \left[\frac{\sqrt{2}\pi^2}{4}\ \ \left(-\frac{\sqrt{2}\pi^2}{2} - \frac{\sqrt{2}\pi^2}{8}\right)\ \ -\frac{\sqrt{2}\pi}{8}\right]^T \\
&= \left[\frac{\sqrt{2}\pi^2}{2}\ \ -\frac{5\sqrt{2}\pi^2}{8}\ \ -\frac{\sqrt{2}\pi^2}{8}\right]^T
\end{aligned}$$

[6.3] $\phi_1 = \phi_2 = 0$ を初期状態とする．点 O_0, O_1, O_2 に座標系 O_0–$x_0 y_0 z_0$, O_1–$x_1 y_1 z_1$, O_2–$x_2 y_2 z_2$ をおく．O_0–$x_0 y_0 z_0$ と O_1–$x_1 y_1 z_1$ との関係は，

$$\left.\begin{aligned}
x_0 &= x_1 \cos\phi_1 - y_1 \sin\phi_1 \\
y_0 &= x_1 \sin\phi_1 + y_1 \cos\phi_1 \\
z_0 &= z_1 + l_1
\end{aligned}\right\}$$

$$\therefore \begin{Bmatrix} x_0 \\ y_0 \\ z_0 \\ 1 \end{Bmatrix} = D_1 \begin{Bmatrix} x_1 \\ y_1 \\ z_1 \\ 1 \end{Bmatrix}, \quad D_1 = \begin{bmatrix} \cos\phi_1 & -\sin\phi_1 & 0 & 0 \\ \sin\phi_1 & \cos\phi_1 & 0 & 0 \\ 0 & 0 & 1 & l_1 \\ 0 & 0 & 0 & 1 \end{bmatrix}$$

また，O_1–$x_1 y_1 z_1$ と O_2–$x_2 y_2 z_2$ の関係は，

$$\left.\begin{aligned}
x_1 &= x_2 + l_2 \\
y_1 &= y_2 \cos\phi_2 - z_2 \sin\phi_2 \\
z_1 &= y_2 \sin\phi_2 + z_2 \cos\phi_2
\end{aligned}\right\}$$

$$\therefore \begin{Bmatrix} x_1 \\ y_1 \\ z_1 \\ 1 \end{Bmatrix} = \begin{bmatrix} 1 & 0 & 0 & l_2 \\ 0 & \cos\phi_2 & -\sin\phi_2 & 0 \\ 0 & \sin\phi_2 & \cos\phi_2 & 0 \\ 0 & 0 & 0 & 1 \end{bmatrix} \begin{Bmatrix} x_2 \\ y_2 \\ z_2 \\ 1 \end{Bmatrix} = D_2 \begin{Bmatrix} x_2 \\ y_2 \\ z_2 \\ 1 \end{Bmatrix}$$

上式より，

$$\therefore \begin{Bmatrix} x_0 \\ y_0 \\ z_0 \\ 1 \end{Bmatrix} = D_1 D_2 \begin{Bmatrix} x_2 \\ y_2 \\ z_2 \\ 1 \end{Bmatrix} = D_1 D_2 \begin{Bmatrix} 0 \\ l_3 \\ 0 \\ 1 \end{Bmatrix}$$

$$= \begin{bmatrix} \cos\phi_1 & -\sin\phi_1 & 0 & 0 \\ \sin\phi_1 & \cos\phi_1 & 0 & 0 \\ 0 & 0 & 1 & l_1 \\ 0 & 0 & 0 & 1 \end{bmatrix} \begin{bmatrix} 1 & 0 & 0 & l_2 \\ 0 & \cos\phi_2 & -\sin\phi_2 & 0 \\ 0 & \sin\phi_2 & \cos\phi_2 & 0 \\ 0 & 0 & 0 & 1 \end{bmatrix} \begin{Bmatrix} 0 \\ l_3 \\ 0 \\ 1 \end{Bmatrix}$$

$$= \begin{Bmatrix} -l_3 \sin\phi_1 \cos\phi_2 + l_2 \cos\phi_1 \\ l_3 \cos\phi_1 \cos\phi_2 + l_2 \sin\phi_1 \\ l_3 \sin\phi_2 + l_1 \\ 1 \end{Bmatrix}$$

以上でアーム先端 P の座標は求まった．次に速度を求める．

$$\begin{Bmatrix} \dot{x}_0 \\ \dot{y}_0 \\ \dot{z}_0 \end{Bmatrix} = \begin{Bmatrix} -l_3 \cos\phi_1 \cos\phi_2 - l_2 \sin\phi_1 \\ -l_3 \sin\phi_1 \cos\phi_2 + l_2 \cos\phi_1 \\ 0 \end{Bmatrix} \dot{\phi}_1 + \begin{Bmatrix} l_3 \sin\phi_1 \sin\phi_2 \\ -l_3 \cos\phi_1 \sin\phi_2 \\ l_3 \cos\phi_2 \end{Bmatrix} \dot{\phi}_2$$

また，加速度は，

$$\begin{Bmatrix} \ddot{x}_0 \\ \ddot{y}_0 \\ \ddot{z}_0 \end{Bmatrix} = \begin{Bmatrix} -l_3 \cos\phi_1 \cos\phi_2 - l_2 \sin\phi_1 \\ -l_3 \sin\phi_1 \cos\phi_2 + l_2 \cos\phi_1 \\ 0 \end{Bmatrix} \ddot{\phi}_1 + \begin{Bmatrix} l_3 \sin\phi_1 \sin\phi_2 \\ l_3 \cos\phi_1 \sin\phi_2 \\ l_3 \cos\phi_2 \end{Bmatrix} \ddot{\phi}_2$$

$$+ \begin{Bmatrix} l_3 \sin\phi_1 \cos\phi_2 - l_2 \cos\phi_1 \\ -l_3 \cos\phi_1 \cos\phi_2 - l_2 \sin\phi_1 \\ 0 \end{Bmatrix} \dot{\phi}_1^2 + \begin{Bmatrix} l_3 \sin\phi_1 \cos\phi_2 \\ -l_3 \cos\phi_1 \cos\phi_2 \\ -l_3 \sin\phi_2 \end{Bmatrix} \dot{\phi}_2^2$$

$$+ \begin{Bmatrix} 2l_3 \cos\phi_1 \sin\phi_2 \\ 2l_3 \sin\phi_1 \sin\phi_2 \\ 0 \end{Bmatrix} \dot{\phi}_1 \dot{\phi}_2$$

[6.4] (1) 三角形のベクトル方程式より極形式の複素数表示すると，

$$r_a e^{j\theta_a} = r_b e^{j\theta_b} + r_c$$

実部および虚部の関係より，

$$\left.\begin{aligned} r_a \cos\theta_a &= r_b \cos\theta_b + r_c \\ r_a \sin\theta_a &= r_b \sin\theta_b \end{aligned}\right\}$$

これらの式より，

$$\theta_a = \cos^{-1} \frac{r_a^2 - r_b^2 + r_c^2}{2 r_a r_c}$$

三角形のベクトル方程式を微分して，実部および虚部の関係より

$$\left.\begin{aligned} r_a \dot{\theta}_a \sin\theta_a &= r_b \dot{\theta}_b \sin\theta_b - \dot{r}_c \\ r_a \dot{\theta}_a \cos\theta_a &= r_b \dot{\theta}_b \cos\theta_b \end{aligned}\right\}$$

これらの式より，$\dot{\theta}_a = \dfrac{-\dot{r}_c \cos\theta_b}{r_a \sin(\theta_a - \theta_b)}$

(2) 点 A を原点とし，$\overline{\text{AC}}$ を x 軸とする直交座標系において，点 C の x 座標を x_c とする．一般化座標は，

$$\bm{q} = [x_c \quad \theta_a \quad \theta_b]^T$$

また，駆動拘束式は，

$$\bm{\Phi}^D = x_c - C(t) = 0$$

運動学的拘束式は，

$$\bm{\Phi}^K = \begin{bmatrix} -x_c + r_a \cos\theta_a - r_b \cos\theta_b \\ r_a \sin\theta_a - r_b \sin\theta_b \end{bmatrix} = \bm{0}$$

これより，$x_c = r_c$ であるから (1) 項と同じ θ_a が同様に求めることができる．結合した拘束式は，

$$\bm{\Phi} = \begin{bmatrix} -x_c + r_a \cos\theta_a - r_b \cos\theta_b \\ r_a \sin\theta_a - r_b \sin\theta_b \\ x_c - C(t) \end{bmatrix}$$

上式を時間 t で微分すると，

$$\bm{\Phi}_q \dot{\bm{q}} = -\bm{\Phi}_t$$

の関係より，

$$\begin{bmatrix} -1 & -r_a \sin\theta_a & r_b \sin\theta_b \\ 0 & r_a \cos\theta_a & -r_b \cos\theta_b \\ 1 & 0 & 0 \end{bmatrix} \begin{Bmatrix} \dot{x}_c \\ \dot{\theta}_a \\ \dot{\theta}_b \end{Bmatrix} = \begin{Bmatrix} 0 \\ 0 \\ \dot{C}(t) \end{Bmatrix}$$

この式の上の 2 個の式は

$$\left.\begin{aligned} -\dot{x}_c - r_a \sin\theta_a \cdot \dot{\theta}_a + r_b \sin\theta_b \cdot \dot{\theta}_b &= 0 \\ r_a \cos\theta_a \cdot \dot{\theta}_a - r_b \cos\theta_b \cdot \dot{\theta}_b &= 0 \end{aligned}\right\}$$

となり，$\dot{x}_c = \dot{r}_c$ であるから (1) 項と同じ $\dot{\theta}_a$ がこれらの式より得られる．

[6.5] 回転角 θ_0 による O–$x_0 y_0 z_0$ から O–xyz への変換は，

$$\begin{Bmatrix} x \\ y \\ z \\ 1 \end{Bmatrix} = \begin{bmatrix} \cos\theta_0 & -\sin\theta_0 & 0 & 0 \\ \sin\theta_0 & \cos\theta_0 & 0 & 0 \\ 0 & 0 & 1 & 0 \\ 0 & 0 & 0 & 1 \end{bmatrix} \begin{Bmatrix} x_0 \\ y_0 \\ z_0 \\ 1 \end{Bmatrix}$$

となる．A–$x_A y_A z_A$ から O–$x_0 y_0 z_0$ への変換は，

$$\begin{Bmatrix} x_0 \\ y_0 \\ z_0 \\ 1 \end{Bmatrix} = \begin{bmatrix} 1 & 0 & 0 & 0 \\ 0 & \cos\theta_A & -\sin\theta_A & 0 \\ 0 & \sin\theta_A & \cos\theta_A & -a \\ 0 & 0 & 0 & 1 \end{bmatrix} \begin{Bmatrix} x_A \\ y_A \\ z_A \\ 1 \end{Bmatrix}$$

となる．点 B は A–$x_A y_A z_A$ 上では座標 $(0, 0, -b)$ と定義されるから

$$[x_A \ y_A \ z_A \ 1]^T = [0 \ 0 \ -b \ 1]^T$$

となる.

$$\begin{Bmatrix} x \\ y \\ z \\ 1 \end{Bmatrix} = \begin{bmatrix} \cos\theta_0 & -\sin\theta_0\cos\theta_A & \sin\theta_0\sin\theta_A & 0 \\ \sin\theta_0 & \cos\theta_0\cos\theta_A & -\cos\theta_0\sin\theta_A & 0 \\ 0 & \sin\theta_A & \cos\theta_A & -a \\ 0 & 0 & 0 & 1 \end{bmatrix} \begin{Bmatrix} x_A \\ y_A \\ z_A \\ 1 \end{Bmatrix}$$

$$= \begin{bmatrix} \cos\theta_0 & -\sin\theta_0\cos\theta_A & \sin\theta_0\sin\theta_A & 0 \\ \sin\theta_0 & \cos\theta_0\cos\theta_A & -\cos\theta_0\sin\theta_A & 0 \\ 0 & \sin\theta_A & \cos\theta_A & -a \\ 0 & 0 & 0 & 1 \end{bmatrix} \begin{Bmatrix} 0 \\ 0 \\ -b \\ 1 \end{Bmatrix}$$

$$= \begin{Bmatrix} -b\sin\theta_0\sin\theta_A \\ b\cos\theta_0\sin\theta_A \\ -b\cos\theta_A - a \\ 1 \end{Bmatrix}$$

となる.

第7章

[**7.1**] P は動径 AC に直角にカムからフォロワに働く力,Q はフォロワがカムを下向きに押す力の反力,そして,R はフォロワがカムより受ける力とする.幾何的関係より次式が成り立つ.

$$P = R\cos(\theta - \rho)$$
$$Q = R\cos(\alpha + \rho)$$

ここに,ρ は摩擦角,α は圧力角である.よって,

$$P = \frac{\cos(\theta - \rho)}{\cos(\alpha + \rho)} Q$$

幾何学的関係より,

$$\overline{OF} = 20\cos 45° - 5 \text{ mm} = 9.142 \text{ mm}$$

よって

$$\alpha = \angle OCE = \sin^{-1}\frac{\overline{OF}}{\overline{OC}} = 0.3097 \text{ rad}$$

また,幾何学的関係より

$$\overline{CE} = \overline{CF} + \overline{FE} = 30\cos\alpha + 20\sin 45° = 42.71 \text{ mm}$$

$$\angle ACE = \tan^{-1}\frac{\overline{AE}}{\overline{CE}} = \tan^{-1}\frac{5}{42.71} = 0.1165 \text{ rad}$$

よって,

$$\theta = \pi/2 - \alpha - \angle ACE = 1.145 \text{ rad}$$

α, θ の値を使い，また $\rho = \tan^{-1}\mu = \tan^{-1} 0.2 = 0.1974$
$Q = mg = 1 \text{ kg} \times 9.8 \text{ m/s}^2 = 9.8 \text{ N}$ であるから

$$P = \frac{\cos(1.145 - 0.1974)}{\cos(0.3097 + 0.1974)} \times 9.8 = 6.542$$

したがって，求めるべきトルク M は

$$M = P \times \overline{AC} = P \times \sqrt{\overline{AE}^2 + \overline{CE}^2} = P \times \sqrt{0.000025 + 0.0018241}$$
$$= P \times \sqrt{0.001849} = P \times 0.04300 = 0.2816 \text{ Nm}$$

[7.2] $y = 1 - \cos x$ より

$$\frac{dy}{dx} = \sin x$$

が成り立つ．本文の図 7.17 より，カムと従節の接点で幾何学的関係から

$$\tan\phi = \frac{dy}{dx} = \sin x, \quad \phi = \tan^{-1}\sin x$$

が成り立つ．ϕ は勾配角である．カムの仮想変位を δx，従節に働く力を F_y とすると仮想仕事の原理より次式が成り立つ．

$$\left.\begin{array}{l} F_x \delta x = F_y \delta x \tan\phi \\ F_x = F_y \tan\phi \end{array}\right\}$$

重力により従節に働く力は $F_y = mg$ であるから，

$$F_x = mg\tan\phi = mg\tan\tan^{-1}\sin x = mg\sin x$$

よって，$x = \pi/2$ より，$F_x = mg$

[7.3] まず，重力の影響を無視して考える．$y = 1 - \cos x$, $x = vt$ より，

$$\ddot{y} = \frac{d^2 y}{dt^2} \cdot v^2 = v^2 \cos x = v^2 \cos vt$$

よって，質量の加速度運動より生じるカムへの反力の x 方向成分 F_{x1} は以下で計算できる．

$$F_{x1} = m\ddot{y}\tan\phi = mv^2 \cos x \sin x = \frac{mv^2}{2}\sin 2x$$

F_{x1} に重力の影響を足したものが，求めるべきカムを押す力 F_x であるから，問題 [7.2] の結果とあわせると以下の結果を得る．

$$F_x = F_{x1} + mg\sin x = m\left(g\sin x + \frac{v^2}{2}\sin 2x\right)$$

[7.4] 変形正弦曲線は，

$$0 \leqq T \leqq T_a:$$

$$A_1 = A_m \sin\frac{\pi T}{2T_a}, \quad V_1 = -A_m \frac{2T_a}{\pi}\left(\cos\frac{\pi T}{2T_a} - 1\right),$$

$$Y_1 = -A_m \left(\frac{2T_a}{\pi}\right)^2 \sin\frac{\pi T}{2T_a} + A_m \frac{2T_a}{\pi}T$$

$$T_a < T \leqq 1 - T_a:$$

$$A_2 = A_m \cos \frac{\pi}{1-2T_a}(T-T_a), \quad V_2 = A_m \left(\frac{1-2T_a}{\pi}\right) \sin \frac{\pi(T-T_a)}{1-2T_a} + A_m \frac{2T_a}{\pi},$$

$$Y_2 = -A_m \left(\frac{1-2T_a}{\pi}\right)^2 \cos \frac{\pi(T-T_a)}{1-2T_a} + A_m \frac{2T_a}{\pi} T + \frac{1-4T_a}{\pi^2} A_m,$$

$1 - T_a < T \leqq 1$:

$$A_3 = -A_m \sin \frac{\pi(1-T)}{2T_a}, \quad V_3 = -A_m \frac{2T_a}{\pi} \cos \frac{\pi(1-T)}{2T_a} + A_m \frac{2T_a}{\pi},$$

$$Y_3 = A_m \left(\frac{2T_a}{\pi}\right)^2 \sin \frac{\pi(1-T)}{2T_a} + A_m \frac{2T_a T}{\pi} + 2A_m \frac{1-4T_a}{\pi^2}$$

ここで, $Y_3(T=1) = 1$ として, A_m を求めると

$$A_m = \frac{1}{2T_a/\pi + 2(1-4T_a)/\pi^2}$$

$T_a = 1/8$ とすると, $A_m = 5.53$ となる.

[**7.5**] 上り行程のときと下り行程で摩擦力の向きは異なるので, 分けて考える.

(i) 上り行程の場合

力とモーメントのつり合いは,

$$\left.\begin{array}{l} N\cos\alpha - \mu_c N \sin\alpha - \mu(Q_1+Q_2) - F = 0 \\ N\sin\alpha + \mu_c N \cos\alpha + Q_1 - Q_2 = 0 \end{array}\right\} \quad (1)$$

$$Q_1(a+b) - Q_2 a - \mu Q_1 \frac{d}{2} + \mu Q_2 \frac{d}{2} = 0$$

以上の3個の式より, Q_1, Q_2 を消去すると,

$$Q_2 = \frac{2a+2b-\mu d}{2a-\mu d} Q_1 \quad (2)$$

式 (2) を式 (1) に代入すると,

$$N\cos\alpha - \mu_c N \sin\alpha - \mu \left(\frac{4a+2b-2\mu d}{2a-\mu d}\right) Q_1 - F = 0 \quad (3)$$

$$N\sin\alpha + \mu_c N \cos\alpha + \left(\frac{-2b}{2a-\mu d}\right) Q_1 = 0 \quad (4)$$

Q_1 を消去し, $\mu_c = \tan\rho$ とおくと,

$$N\{b(\cos\alpha - \tan\rho\sin\alpha) - \mu(2a+b-\mu d)(\sin\alpha + \tan\rho\cos\alpha)\} = bF$$

さらに変形すると,

$$N = \frac{b\cos\rho/\cos(\alpha+\rho)}{b - \mu(2a+b-\mu d)\tan(\alpha+\rho)} F \quad (5)$$

また, トルク T は,

$$T = \mu_c N \cos\alpha \cdot r + \mu_c N \sin\alpha \cdot c - N\cos\alpha \cdot c + N\sin\alpha \cdot r$$

であり, これをさらに計算すると

$$T = \frac{b\{r\tan(\alpha+\rho) - c\}}{b - \mu(2a+b-\mu d)\tan(\alpha+\rho)} F \quad (6)$$

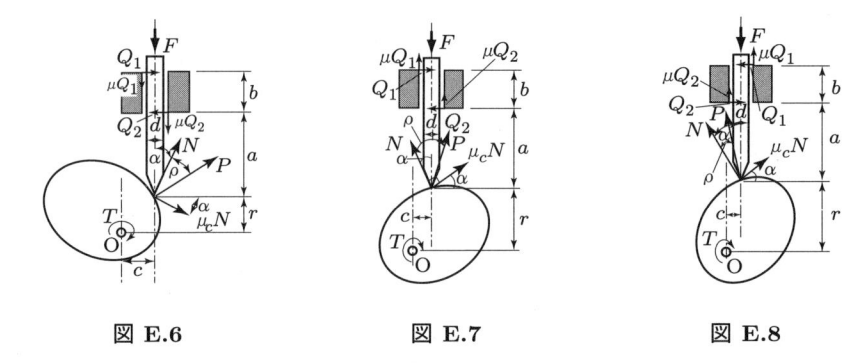

図 E.6　　　　　　　　図 E.7　　　　　　　　図 E.8

(ii) 下り行程の場合

　　$\rho - \alpha > 0$ のとき：

$$N\cos\alpha + \mu_c N\sin\alpha + \mu(Q_1 + Q_2) - F = 0$$

$$-N\sin\alpha + \mu_c N\cos\alpha + Q_1 - Q_2 = 0$$

$$Q_1(a+b) - Q_2 a + \mu Q_1 \frac{d}{2} - \mu Q_2 \frac{d}{2} = 0$$

$$\therefore Q_2 = \frac{2a + 2b + \mu d}{2a + \mu d} Q_1$$

$$N\cos\alpha + \mu_c N\sin\alpha + \mu \frac{4a + 2b + 2\mu d}{2a + \mu d} Q_1 - F = 0 \tag{7}$$

$$-N\sin\alpha + \mu_c N\cos\alpha + \frac{-2b}{2a + \mu d} Q_1 = 0 \tag{8}$$

Q_1 を消去すると，

$$N = \frac{b\cos\rho/\cos(\alpha - \rho)}{b - \mu(2a + b + \mu d)\tan(\alpha - \rho)} F \tag{9}$$

また，トルクは，

$$T = \mu_c N\cos\alpha \cdot r - \mu_c N\sin\alpha \cdot c - N\cos\alpha \cdot c - N\sin\alpha \cdot r$$

$$= \frac{b\{-r\tan(\alpha - \rho) - c\}}{b - \mu(2a + b + \mu d)\tan(\alpha - \rho)} F \tag{10}$$

$\rho - \alpha < 0$ のとき：

$$N\cos\alpha + \mu_c N\sin\alpha + \mu(Q_1 + Q_2) - F = 0$$

$$-N\sin\alpha + \mu_c N\cos\alpha - Q_1 + Q_2 = 0$$

$$-Q_1(a+b) + Q_2 a - \mu Q_1 \frac{d}{2} + \mu Q_2 \frac{d}{2} = 0$$

$$\therefore Q_2 = \frac{2a + 2b + \mu d}{2a + \mu d} Q_1$$

$$N\cos\alpha + \mu_c N\sin\alpha + \mu \frac{4a + 2b + 2\mu d}{2a + \mu d} \cdot Q_1 - F = 0 \tag{11}$$

$$-N\sin\alpha + \mu_c N\cos\alpha + \frac{2b}{2a+\mu d}\cdot Q_1 = 0 \tag{12}$$

$$N = \frac{b\cos\rho/\cos(\alpha-\rho)}{b+\mu(2a+b+\mu d)\tan(\alpha-\rho)}F \tag{13}$$

$$\therefore T = \frac{-b\{r\tan(\alpha-\rho)+c\}}{b+\mu(2a+b+\mu d)\tan(\alpha-\rho)}F \tag{14}$$

第 8 章

[**8.1**] (1) 直線 $O_A O_B$ 上に接触点 P があり，点 P での各円板の速度は直線 $O_A O_B$ に対して垂直な方向であり，これが一致すること．
(2) $r_A \omega_A = r_B \omega_B$ より，$\dfrac{\omega_A}{\omega_B} = \dfrac{r_B}{r_A}$ となる．
(3) 伝達しうる最大の力 Q は，$Q = \mu F$ である．
(4) 本文の式 (8.36) より，

$$\frac{\mu'}{\mu} = \frac{1}{\sin\theta + \mu\cos\theta}$$

$\theta = \pi/6$ より $\sin\theta = 1/2$，$\cos\theta = \sqrt{3}/2$ であり，$\mu = 0.2$ であるから

$$\frac{1}{\sin\theta + \mu\cos\theta} = \frac{1}{\frac{1}{2} + 0.2 \times \frac{\sqrt{3}}{2}} = \frac{10}{5+\sqrt{3}} = 1.49 \text{ 倍となる．}$$

[**8.2**] 軸間距離は

$$r_A + r_B = 500 \text{ mm}$$

回転速度比は

$$\frac{\omega_B}{\omega_A} = \frac{r_A}{r_B} = \frac{r_A}{500-r_A} = \frac{2}{3}$$

であるから，$r_A = 200$ mm，$r_B = 300$ mm となる．また，

$$\omega_A = 2\pi \times 600 \times \frac{1}{60} = 20\pi \text{ rad/s}$$

押し付け力を F N，接触個所の摩擦係数を μ，回転周速度を v m/s，伝達される接触力を Q とすれば，伝達される最大馬力 H W は，

$$H = Qv = \mu F v = \mu F r_A \omega_A$$
$$= 0.2 \times F \text{ N} \times 0.2 \text{ m} \times 20\pi \text{ rad/s} = 0.8\pi F \text{ W} = 5 \times 735.5 \text{ W}$$

であるから

$$F = \frac{5 \times 735.5}{0.8\pi} = 1463 \text{ N}$$

となる．許容押しつけ力 F_a は 20 kN/m であるから，摩擦車の幅 B は，

$$B = \frac{F}{F_a} = \frac{1463}{20000} \text{ m} = 0.0731 \text{ m} = 7.31 \text{ cm}$$

第9章

[**9.1**] 歯車のピッチ点に作用する接触力を F，ピッチ円直径を d_1, d_2 とすれば，ガスタービン系の運動方程式は，時計方向を正とすると

$$J_1 \frac{d^2\theta_1}{dt^2} = T_1 - \frac{d_1}{2}F$$

となる．ここに，θ_1 はガスタービン系の回転角変位である．一方ポンプ系も同様に

$$J_2 \frac{d^2\theta_2}{dt^2} = T_2 - \frac{d_2}{2}F$$

となる．ガスタービン軸とポンプ軸の回転運動の間には，歯車の歯数を介して次の関係がある．

$$\frac{d\theta_2}{dt} = -\frac{z_1}{z_2}\frac{d\theta_1}{dt}, \quad \frac{z_1}{z_2} = \frac{d_1}{d_2}$$

この関係を使って，前述の運動方程式で F を消去するとそれぞれ θ_1, θ_2 に対して次のように得られる．

$$\left\{ J_1 + \left(\frac{z_1}{z_2}\right)^2 J_2 \right\} \frac{d^2\theta_1}{dt^2} = T_1 - \frac{z_1}{z_2}T_2$$

$$\left\{ \left(\frac{z_2}{z_1}\right)^2 J_1 + J_2 \right\} \frac{d^2\theta_2}{dt^2} = T_2 - \frac{z_2}{z_1}T_1$$

[**9.2**] 腕 C が O_A まわりに ω_C で回転するとき，O_B の速度 v_B は，

$$v_B = \omega_C l$$

である．歯車 B の瞬間中心は P であり，O_B の速度は P からみて

$$v_B = -\omega_B r_B$$

と表せる．よって，

$$\omega_B = -\frac{l}{r_B}\omega_C = -\frac{r_A - r_B}{r_B}\omega_C$$

ただし，B 歯車の回転の向きは腕 C と反対になる．

第10章

[**10.1**] ベルトの速度 v は，

$$v = 1500 \text{ m/min} = 25 \text{ m/s}$$

ベルトの断面積 A は，

$$A = 14 \times 0.7 = 9.8 \text{ cm}^2$$

最大許容引張り力 T は，

$$T = 245 \times 9.8 = 2401 \text{ N}$$

ベルトの単位長さあたりの質量 ρ は，$\rho = 0.1$ kg/m であるから，遠心力を考慮した最大伝達動力 H_1 は

$$H_1 = (T - \rho v^2)\frac{e^{0.2 \times 165\pi/180} - 1}{e^{0.2 \times 165\pi/180}} v = (2401 - 0.1 \times 25^2) \times \frac{1.779 - 1}{1.779} \times 25$$
$$= 25600 \text{ W} = 25.6 \text{ kW}$$

遠心力を考慮しない伝達動力 H_2 は，

$$H_2 = T\frac{e^{0.2 \times 165\pi/180} - 1}{e^{0.2 \times 165\pi/180}} v = 2401 \times \frac{1.779 - 1}{1.779} \times 25 = 26300 \text{ W} = 26.3 \text{ kW}$$

[**10.2**] (1) 平行がけの場合，

$$L = 2 \times 2000 + \frac{\pi}{2} \times (400 + 600) + \frac{(600 - 400)^2}{4 \times 2000} = 5576 \text{ mm}$$

小車の巻きかけ角は，

$$\theta_A = \pi - 2\sin^{-1}\frac{600 - 400}{2 \times 2000} = 180° - 6° = 174°$$

大車の巻きかけ角は，

$$\theta_B = \pi + 2\sin^{-1}\frac{600 - 400}{2 \times 2000} = 180° + 6° = 186°$$

十字がけの場合は，

$$L = 2 \times 2000 + \frac{\pi}{2} \times (400 + 600) + \frac{(400 + 600)^2}{4 \times 2000} = 5696 \text{ mm}$$

巻きかけ角度は，

$$\theta_A = \theta_B = \pi + 2\sin^{-1}\frac{400 + 600}{2 \times 2000} = 180° + 29° = 209°$$

(2) 車 A, B の回転速度，直径をそれぞれ n_A, n_B, D_A, D_B, とすると車 A, B の周速が一致することから，

$$\pi D_A n_A = \pi D_B n_B$$

$n_A = 100$ rpm, $D_A = 400$ mm, $D_B = 600$ mm を代入して

$$n_B = \frac{D_A}{D_B}n_A = \frac{400}{600} \times 100 = 66.7 \text{ rpm}$$

ベルトの厚さを考慮すると，$t = 5$ mm であるから，

$$n_B = \frac{D_A + t}{D_B + t} \cdot n_A = \frac{405}{605} \times 100 = 66.9 \text{ rpm}$$

[**10.3**] 本文の図 10.3 において十字がけの巻きかけ角 θ_A, θ_B は，$\theta_A = \pi + 2\phi$, 同様に，$\theta_B = \pi + 2\phi$ である．

$$\sin\phi = \frac{30 + 60}{300} = 0.3 \quad \therefore \quad \phi \cong 0.3 \text{ rad}$$

よって，

$$\theta_A = \pi + 0.6 = 3.14 + 0.6 = 3.74 \text{ rad}, \quad \theta_B = 3.74 \text{ rad}$$

ベルトの初期張力は $T_0 = 100$ N で，軸には 200 N が作用している．回転すると T_1 と T_2 に振り分けられる．ベルトの巻きかけ角を θ, 張り側とゆるみ側との各張力を T_1, T_2 とすると

$$T_1 = T_2 e^{\mu\theta} = T_2 e^{0.3 \times 3.74} = 3.07 T_2, \quad T_1 + T_2 = 200 \text{ N}$$

よって，

$T_1 = 151$ N, $T_2 = 49$ N

したがって，伝達しうるトルクは，

$T_{PA} = R_A(T_1 - T_2) = 0.03 \times (151 - 49) = 3.06$ Nm,

$T_{PB} = R_B(T_1 - T_2) = 0.06 \times 102 = 6.12$ Nm

さらに，遠心力も考えると，

$T_1 = (T_2 - \rho v^2)e^{\mu\alpha} + \rho v^2 = 3.07 T_2 + \rho v^2 (1 - e^{0.3 \times 3.74})$

ここで，$\rho v^2 = 5 \times 2^2$ kg/m $\cdot$ m^2/s$^2 = 20$ N，$T_1 = 3.07 T_2 - 41.4$，$T_1 + T_2 = 200$ N であるから，

$T_2 = \dfrac{241.6}{4.07} = 59.4$ N, $T_1 = 140.6$ N

このとき，

$T_{PA} = R_A(T_1 - T_2) = 0.03 \times 81.2 = 2.44$ Nm,

$T_{PB} = R_B(T_1 - T_2) = 0.06 \times 81.2 = 4.88$ Nm

よって，限界伝達トルクは 2.44 Nm となる.

[10.4] (1) 本文の図 10.4 を参考にし，式 (10.10) を参照すること．
(2) 本文の式 (10.11) と式 (10.12) を参照すること．
(3) 本文の式 (10.18) を参照すること．

[10.5] 本文の式 (10.24) からわかるように，見かけの摩擦係数 μ' は摩擦係数 μ に対して，ベルト車のみぞのくさび角 θ が

$$\dfrac{1}{\sin\theta + \mu\cos\theta} > 1$$

を満足するとき，$\mu' > \mu$ であり，V ベルトは平ベルトに比べると大きな動力が伝達できる．

第 11 章

[11.1] $\dot{x}_p = -r\dot{\theta}\left(\sin\theta + \dfrac{\lambda}{2}\sin 2\theta\right)$ の極大値を求めるための条件より，$\theta = \omega t$ であるから，$\cos\theta = -\lambda\cos 2\theta$ が得られる．これより，$2\lambda\cos^2\theta + \cos\theta - \lambda = 0$ となり，$\cos\theta = \dfrac{-1 \pm \sqrt{1 + 8\lambda^2}}{4\lambda}$ を得る．$\lambda = 0.4$ を代入すると，

$$\cos\theta = \dfrac{-1 \pm \sqrt{1 + 8 \times 0.16}}{1.6} = \begin{cases} \dfrac{0.510}{1.6} = 0.3188 \\ \dfrac{-2.510}{1.6} \end{cases}$$

となり，$\theta = 71°40'$ となる．

[11.2] 本文の式 (11.29), (11.30) において，$\omega = 2\pi \times 2000/60 = 2\pi \times 100/3 = 209.4$ rad/s，$r = 200$ mm，$\lambda = r/l = 200/400 = 0.5$ であるから，

$F_x = 0.2 \times (209.4)^2 \times \left(35\cos 209.4t + 0.5 \times 20\cos 418.8t\right)$

$$= 3.07 \times 10^5 \cos 209t + 8.77 \times 10^4 \cos 418t \text{ N}$$

$$F_x = 0.2 \times (209.4)^2 \times 15 \sin 209t = 1.32 \times 10^5 \sin 209t \text{ N}$$

[**11.3**] 本文の式 (11.34) より

$$F_T = F_g \frac{\sin(\theta - \phi)}{\cos \phi}$$

トルクを T とすると，$T = rF_T$ である．また，$r\sin\theta = l\sin(\pi - \phi)$ であるので，

$$0.2 \sin \theta = 0.4 \sin \phi \quad \therefore \sin \phi = \frac{1}{2} \sin \theta$$

$$T = 0.2 \times 1000 \times \frac{\sin\theta\cos\phi - \cos\theta\sin\phi}{\cos\phi} = 200 \sin\theta \times \left(1 + \frac{\cos\theta}{\sqrt{4 - \sin^2\theta}}\right) \text{ Nm}$$

[**11.4**] 1 個のつり合い重りの質量を m_w とするとき，

$$2m_w r_w = m_0 r$$

であるから，$m_w = \dfrac{r}{2r_w} m_0$ となる．

第12章

[**12.1**] ρ を円板の単位面積あたりの質量とすると，遠心力のモーメント M は，

$$M = \int_0^r \int_0^{2\pi} (\rho r d\theta dr)(r\sin\theta) \cdot \omega^2 \cdot (r\sin\theta\sin\beta) = \rho\omega^2 \sin\beta \int_0^r \int_0^{2\pi} r^3 \sin^2\theta dr d\theta$$

$$= \frac{\rho\omega^2 \sin\beta}{4} r^4 \int_0^{2\pi} \sin^2\theta d\theta = \frac{\rho\omega^2 \pi \sin\beta}{4} r^4$$

ここで，$\rho = \dfrac{m}{\pi r^2}$ であるから，$M = \dfrac{m\omega^2 \sin\beta}{4} r^2$

上式に，$m = 1$ kg, $\omega = 2\pi \cdot 3000/60 = 100\pi$, $\sin\beta = \sin 0.1° = 0.00175$, $r = 0.1$ m を代入すると

$$M = \frac{1 \times (100\pi)^2 \times 0.00175}{4} \times (0.1)^2 = 0.432 \text{ N·m}$$

[**12.2**] 40 g cm の不つり合いに対しては，もとの不つり合いと 180°の円周角度をなすⅠ面の位置に，30 g cm のつり合い重りをつけ，Ⅱ面にも同じく 180°の位置に 10 g cm のつり合い重りをつければよい．30 g cm の不つり合いに対しては，もとの不つり合いと 180°の円周角度をなすⅠ，Ⅱ面の位置にそれぞれ 15 g cm のつりあい重りをつければよい．

すなわち，Ⅰ面においては，$\sqrt{(30)^2 + (15)^2} = 33.5$ g cm の 1 個のつり合い重りを，$\alpha = \tan^{-1} 0.5 = 26.6°$ だけ 40 g cm の不つり合いと 180°の円周角度をなす位置から 30 g cm の不つり合いに対して遠ざかる位置につければよい．Ⅱ面においては $\sqrt{(10)^2 + (15)^2} = 18.0$ g cm のつり合い重りを，$\beta = \tan^{-1} 1.5 = 56.3°$ だけ同様に遠ざかる位置につければよい．

A 付録：機械運動学のための数学公式

本書で扱う機械運動学は，機構学，運動学から静力学，動力学まで含んでいる．特に，コンピュータ技術の進歩により，数値解析・シミュレーション技術がこの分野において重要となってきている．そういう状況に対応するためには，数学が欠かせないものとなる．それゆえ，ここでは機械運動学を学習するのための数学公式をおさらいする．

A.1 三角関数と指数関数

- 負角の三角関数

$$\sin(-A) = -\sin A, \quad \cos(-A) = \cos A, \quad \tan(-A) = -\tan A \tag{A.1}$$

- 余角および補角の三角関数

$$\left.\begin{array}{l} \sin\left(\dfrac{\pi}{2} \pm A\right) = \cos A \\ \cos\left(\dfrac{\pi}{2} \pm A\right) = \mp \sin A \\ \tan\left(\dfrac{\pi}{2} \pm A\right) = \mp \cot A \end{array}\right\} \tag{A.2}$$

$$\left.\begin{array}{l} \sin(\pi \pm A) = \mp \sin A \\ \cos(\pi \pm A) = -\cos A \\ \tan(\pi \pm A) = \pm \tan A \end{array}\right\} \tag{A.3}$$

- 三角関数の加法定理

$$\left.\begin{array}{l} \sin(\alpha \pm \beta) = \sin\alpha\cos\beta \pm \cos\alpha\sin\beta \\ \cos(\alpha \pm \beta) = \cos\alpha\cos\beta \mp \sin\alpha\sin\beta \end{array}\right\} \tag{A.4}$$

- 三角関数の微分

$$\left.\begin{array}{l} (\sin x)' = \cos x \\ (\cos x)' = -\sin x \end{array}\right\} \tag{A.5}$$

$$(\sin x)^{(n)} = \sin\left(\frac{n\pi}{2} + x\right) \left.\begin{matrix}\\\\\end{matrix}\right\} \quad (A.6)$$
$$(\cos x)^{(n)} = \cos\left(\frac{n\pi}{2} + x\right)$$

- 三角関数と指数関数の関係 (オイラーの公式), j は虚数単位 $(=\sqrt{-1})$

$$\left.\begin{matrix} e^{j\theta} = \cos\theta + j\sin\theta \\ e^{-j\theta} = \cos\theta - j\sin\theta \end{matrix}\right\} \quad (A.7)$$

- De Moivre の定理 (α を任意の実数とする)

$$(\cos\theta + j\sin\theta)^{\alpha} = \cos\alpha\theta + j\sin\alpha\theta \quad (A.8)$$

A.2 ベクトルとベクトル演算

ベクトル $\boldsymbol{a}$ は，図 A.1 に示すように直交座標系の x 軸，y 軸に沿った成分 a_x, a_y に分解できる．

ベクトル $\boldsymbol{a}$ と $\boldsymbol{b}$ と $\boldsymbol{c}$ の加法に関しては，次のように交換の法則が成立する．

$$\left.\begin{matrix} \boldsymbol{a} + \boldsymbol{b} = \boldsymbol{b} + \boldsymbol{a} \\ (\boldsymbol{a} + \boldsymbol{b}) + \boldsymbol{c} = \boldsymbol{a} + (\boldsymbol{b} + \boldsymbol{c}) \end{matrix}\right\} \quad (A.9)$$

ベクトルとスカラーの積はベクトル $\boldsymbol{a}$ を n (スカラー) 個加え合わせると $n\boldsymbol{a}$ と表現できる．次にベクトルの内積は，2 つのベクトル $\boldsymbol{a}, \boldsymbol{b}$ の大きさ a, b と，そのなす角 θ の余弦との積 $ab\cos\theta$ を，$\boldsymbol{a}$ と $\boldsymbol{b}$ の内積またはスカラー積といい，

$$\boldsymbol{a} \cdot \boldsymbol{b} = (\boldsymbol{a}\boldsymbol{b}) = ab\cos\theta \quad (A.10)$$

を用いて表す (図 A.2)．内積はスカラーになる．

また，次のように $\boldsymbol{a}$ と $\boldsymbol{b}$ の間には交換の法則と分配の法則が成立する．

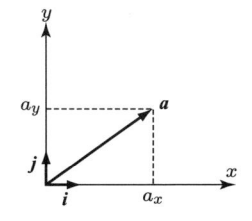

$$\left.\begin{matrix} \boldsymbol{a} \cdot \boldsymbol{b} = \boldsymbol{b} \cdot \boldsymbol{a} \\ \boldsymbol{a}(\boldsymbol{b} + \boldsymbol{c}) = \boldsymbol{a} \cdot \boldsymbol{b} + \boldsymbol{a} \cdot \boldsymbol{c} \end{matrix}\right\} \quad (A.11)$$

図 A.1 ベクトルの構成要素   図 A.2 ベクトルの内積

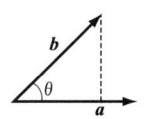

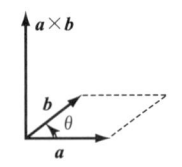

図 A.3 ベクトルの外積

特に，直交座標系の単位ベクトル i, j, k の場合は次のようになる．

$$i \cdot i = j \cdot j = k \cdot k = 1, \quad i \cdot j = j \cdot k = k \cdot i = 0 \tag{A.12}$$

ベクトルの外積は，図 A.3 に示すように，2 つのベクトル a, b から，その大きさは a, b を 2 辺とする平行四辺形の面積に等しく，その方向は，この平行四辺形の面に垂直で a から b の方に右ねじを回すとき (回転角は小さい方をとる)，ねじの進む方向と同じであるとする．このベクトルを a と b の外積，またはベクトル積といい，

$\quad a \times b$ または $[ab]$

と表す．外積の大きさは次のようになる．

$$|a \times b| = ab \sin \theta \tag{A.13}$$

外積に対しては，次のように，交換の法則は成立せず，分配の法則は成立する．

$$\left. \begin{aligned} a \times b &= -b \times a \\ a \times (b+c) &= a \times b + a \times c \\ (b+c) \times a &= b \times a + c \times a \end{aligned} \right\} \tag{A.14}$$

直交座標系の単位ベクトルの場合は次のようになる．

$$\left. \begin{aligned} i \times i &= j \times j = k \times k = 0 \\ i \times j &= -j \times i = k, \ j \times k = -k \times j = i, \ k \times i = -i \times k = j \end{aligned} \right\} \tag{A.15}$$

次に，ベクトル a, b を直角座標の成分で表すと次のようになる．

$$\begin{aligned} a \times b &= (a_x i + a_y j + a_z k) \times (b_x i + b_y j + b_z k) \\ &= (a_x b_y - a_y b_x)(i \times j) + (a_x b_z - a_z b_x)(i \times k) + (a_y b_z - a_z b_y)(j \times k) \\ &= (a_x b_y - a_y b_x) k + (a_z b_x - a_x b_z) j + (a_y b_z - a_z b_y) i \end{aligned} \tag{A.16}$$

上式は行列式を用いると次のように表される．

$$\boldsymbol{a} \times \boldsymbol{b} = \begin{vmatrix} \boldsymbol{i} & \boldsymbol{j} & \boldsymbol{k} \\ a_x & a_y & a_z \\ b_x & b_y & b_z \end{vmatrix} \tag{A.17}$$

A.3　マトリックス

同じ次元をもつマトリックス $[A], [B], [C]$ において次式が成立する.

$$\left. \begin{aligned} &[A] + [B] = [B] + [A] \\ &([A] + [B]) + [C] = [A] + ([B] + [C]) = [A] + [B] + [C] \end{aligned} \right\} \tag{A.18}$$

マトリックスの積は，最初のマトリックスの列の数と 2 番目のマトリックスの行の数が等しいときのみ定義できるが，一般に

$$[A][B] \neq [B][A] \tag{A.19}$$

である．$[A][B] = [B][A]$ は，$[A]$ と $[B]$ が正方で次元が等しいときに成立する．一方，分配の法則は一般のスカラーと同じように成立する．

$$\left. \begin{aligned} &[A]([B] + [C]) = [A][B] + [A][C] \\ &([B] + [C])[A] = [B][A] + [C][A] \end{aligned} \right\} \tag{A.20}$$

さらに，$[A]$ が $m \times p$ のマトリックス，$[B]$ が $p \times q$ のマトリックス，$[C]$ が $q \times n$ のマトリックスであるとすると，次式が成立する．

$$([A][B])[C] = [A]([B][C]) = [A][B][C] \tag{A.21}$$

また，すべての i, j に対して $a_{ij} = a_{ji}$ である正方マトリックス $[A] = [a_{ij}]$ は対称マトリックスと呼び，

$$[A] = [A]^T \tag{A.22}$$

である．ここで $[A]^T$ は $[A]$ の転置マトリックスと呼び，次の関係が成立する．

$$\left. \begin{aligned} &([A] + [B])^T = [A]^T + [B]^T \\ &([A][B])^T = [B]^T [A]^T \end{aligned} \right\} \tag{A.23}$$

また，マトリックス $[A]$ が正則マトリックスのとき，逆マトリックス $[A]^{-1}$ が存在し，次式が成立する．

$$[A][A]^{-1} = [A]^{-1}[A] = [E] \tag{A.24}$$

ここに，$[E]$ は単位マトリックスである．

さらに，次の関係も成立する．

$$\left.\begin{array}{l}([A]^{-1})^T = ([A]^T)^{-1} \\ ([A][B])^{-1} = [B]^{-1}[A]^{-1}\end{array}\right\} \tag{A.25}$$

特に $[A]$ が正則で直交マトリックスのとき，

$$[A]^T[A] = [A][A]^T = [E] \tag{A.26}$$

が成立し，次の関係が得られる．

$$[A]^{-1} = [A]^T \tag{A.27}$$

これらの関係は，機械運動学でよく使われる．

参考文献

[1] 谷口修, 遠藤満：力学, 朝倉書店, 1978
[2] 原島鮮：力学, 裳華房, 1985
[3] 中川憲治：工科のための一般力学, 森北出版, 1977
[4] 青木弘, 長松昭男：新編工業力学, 養賢堂, 1979
[5] 牧野洋, 高野政晴：機械運動学, コロナ社, 1978
[6] 三輪修三, 坂田勝：機械力学, コロナ社, 1984
[7] 谷口修：機械力学Ⅰ 機構と運動, 養賢堂, 1992
[8] 谷口修：機械力学Ⅱ つりあいと振動, 養賢堂, 1992
[9] J.L.Meriam, L.G.Kraige：Engineering Mechanics DYNAMICS, John Wiley & Sons, 1997
[10] Jerry H.Ginsberg：Advanced Engineering Dynamics, Cambridge, 1995
[11] James H. Williams,Jr.：Fundamentals of APPLIED DYNAMICS, Jhon Wiley & Sons, 1996
[12] Edward J.Haug：Computer Aided Kinematics and Dynamics of Mechanical Systems, Volume I：Basic Methods, Allyn and Bacon, 1989
[13] E.J. ハウグ著, 松井邦人, 樫村幸展, 井浦雅司訳：コンピュータを利用した機構解析の基本, 大河出版, 1996
[14] Lung-Wen Tsai：Mechanism Design, CRC Press, 2001
[15] 遠山茂樹：機械のダイナミクス－マルチボディダイナミクス－, コロナ社, 1993
[16] 稲田重男, 森田鈞：機構学入門, オーム社, 1960
[17] 北郷薫, 玉置正恭：機構学および機械力学, 工学図書, 1974
[18] 牧野洋：自動機械機構学, 日刊工業新聞社, 1976
[19] 森政弘, 多々良陽一, 小川鑛一：機構学, 共立出版, 1977
[20] 安田仁彦：機構学, コロナ社, 1983
[21] 井垣久, 中山英明, 川島成平, 安富雅典：機構学, 朝倉書店, 1989
[22] 高田勝, 須永照雄：機械解析学, 共立出版, 1979
[23] John J.Craig 著, 三浦宏文・下山勲訳：ロボティクス－機構・力学・制御－, 共立出版, 1991
[24] 吉川孝雄, 松井剛一, 石井徳章：機械力学, コロナ社, 1987
[25] 清水信行, 沢登健, 曽我部潔, 高田一, 野波健蔵：－基礎と応用－機械力学, 共立出版, 1998
[26] レオナルド・モンダー著, 太田博監訳：機械と運動の科学－マシンダイナミクス入門, 日経サイエンス, 1992
[27] 鈴木浩平, 曽我部潔, 下坂陽男：機械力学, 実教出版, 1984
[28] 高野政晴, 遠山茂樹：演習機械運動学, サイエンス社, 1984
[29] 後藤憲一, 山本邦夫, 神吉健：詳解力学演習, 共立出版, 1971
[30] 糸島寛典：機構学, パワー社, 1974
[31] M.W.Spong, M.Vidyasagar：Robots Dynamics and Control, John Wiley&Sons, 1989
[32] 沖島喜八：全問解答機械力学演習, 槇店, 1972
[33] デン・ハルトック著, 谷口修, 藤井澄二共訳：機械振動論 (改訂版), コロナ社, 1960
[34] T.R.Kane and D.A.Levinson: DYNAMICS, Theory and Applications, McGraw-Hill, 1985
[35] Ahmed A.Shabana：Dynamics of Multibody Systems, Second edition, Cambridge University Press, 1998
[36] Werner Schiehlen (Editor)：Multibody Systems Handbook, Springer-Verlag, 1990
[37] F.Pfeiffer, C.Glocker: MULTIBODY DYNAMICS WITH UNILATERAL CONTACTS, John Wiley & Sons,1996
[38] M.Geradin, A.Cardona: Flexible Multibody Dynamics, A Finite Element Approach, John Wiley & Sons, 2001

索引

■ 英数先頭行

1円板弾性回転体 (one-disc flexible rotor)　177
1次慣性力　168
1次成分　163
2関節ロボットアーム　102
2機素モデル　42
2サイクル　169
2次慣性力　168
2次元ベクトル　19
2次成分　163
2自由度ロボットアーム　81
2リンクアームの運動　26
3次元ベクトル　47
4機素モデル　42
4サイクル　169
4節回転リンク機構　83, 89
　――の運動解析　91
4節リンク機構　8, 23, 83
6節リンク機構　83
De Moivre の定理　207
Lagrange 乗数　78

■ あ 行

圧力角 (pressure angle)　109, 110, 143
板カム (plate cam)　103, 119
一般作用力　76
一般化力 (generalized force)　16
　――ベクトル　77
移動座標系　63, 64
一般化拘束力　77
一般化作用力　76, 77
インボリュート曲線　26, 140
インボリュート歯形 (involute tooth)　139, 140
インボリュートらせん　45
ウォームギア (worm gear)　134
内歯車 (internal gear)　133

運動エネルギー　15
運動学的拘束　37, 39
　――式　38, 39, 41, 116
　――条件　101
運動学的な拘束　76
運動駆動　94
運動の拘束　38
　――式　12
　――の条件式　12
運動の第2法則　11
運動の法則　11
運動方程式 (equation of motion)　12
運動量 (momentum)　11, 63
　――の変化 (または運動量) の法則　11
永久中心 (permanent center)　5, 83
円形の回転輪　30
遠心力　70
円すいカム (conical cam)　104
円すい摩擦車 (cone wheel)　130
円柱座標系　48, 51
円筒カム (cylindrical cam)　104
円筒摩擦車 (cylindrical friction wheel)　128, 129
円板摩擦車 (circular friction wheel)　128, 129
円ピッチ (circular pitch)　138
オイラーの運動方程式 (Euler's equation of motion)　65, 72
オイラーの公式 (Euler's equation of motion)　207
往復運動　86
往復機械 (reciprocating machine)　161
往復質量 (reciprocating mass)　167

オルダム軸継手 (Oldham's shaft coupling)　88

■ か 行

外積　208
外接触　123
回転運動　4
回転運動 (自由度3)　63
回転機械 (rotating machine)　173
外転サイクロイド (epicycloid)　139
回転座標変換マトリックス　35, 116
回転質量 (rotaing mass)　167
回転直交座標系　161
回転テンソル　54
回転変換テンソル　55, 58
回転変換マトリックス　55, 57, 58
加加速度　19, 25, 120
角運動量 (angular momentum)　12, 67
　――の定理　64
　――ベクトル　63
ガス圧　167
ガス圧力 (gas pressure)　168
ガス力　168
仮想仕事 (virtual work)　13, 74, 75
仮想仕事の原理 (principle of virtual work)　13
仮想変位 (virtual displacement)　13
加速度　11, 19, 27
　――ベクトル　25
加速力　69〜71, 75
可とう体　3
　――対偶　151
カプラ　40, 41
かみ合い角　141
かみ合いの伝達効率　146

かみ合い率　141
カム　8, 103, 114
　　板——　119
　　円板——　120
　　片寄り　121
　　——機構　61, 103
　　——機構の力学　109
　　——曲線　105, 108
　　——の輪郭曲線　112
　　変形正弦——　121
　　リンク機構　10
慣性主軸　68
慣性乗積 (product of inertia)　68, 69, 175
慣性テンソル　68
慣性の法則　11
慣性負荷トルク　108
慣性マトリックス　68
慣性モーメント (moment of inertia)　12, 67～69, 79
慣性力 (inertia force)　13, 14, 60, 70, 75, 76
冠歯車 (crown gear)　134
ギア (gear)　133
機械システム　78
機械の定義　2
機械の動力学　13
幾何学的ベクトル　32, 35, 55
　　——表示　35
危険速度 (critical speed)　177, 179, 180
機構 (mechanism)　2
機構学的な拘束式　39
機構の運動学　62, 63
機構の運動方程式　76
機構の自由度　41
機構の自由度 (degree of freedom of mechanism)　6
基準座標系　30, 32, 34, 47, 55, 57, 63, 91
機素 (machine element)　3, 60
機素 (剛体)　37
基礎円 (base circle)　109, 113
球形カム (spherical cam)　104
球座標系　51
求心加速度　25, 29
球面運動 (spherical motion)　4, 5
球面運動連鎖 (spheric chain)　95
球面曲線運動　4

球面対偶　3
球面4節リンク機構　95
球面連鎖　95
極形式の複素数表示　22, 26, 29
極座標　51
　　——系　33
局所座標系　30, 32, 34, 47, 55, 57, 63, 91
曲率半径　32
空間運動　4, 47
　　——機構の自由度　7
空間機構　62
空間ベクトル　58
空間4節リンク機構　9
空間リンク機構　95
偶力不つり合い (unbalance couple)　175
鎖車　158
クッツバッハ (Kutzbach)　7
　　——の定理　42
駆動学的拘束条件　101
駆動拘束　93
　　——式　38, 39
　　——条件　93
駆動プーリー　160
組立用ロボット　52
クラウニング (crowning)　151
グラスホフの定理 (Grashof's theorem)　85
クランク　40, 41, 60
　　——アーム　162
　　——軸 (crank shaft)　161
　　——の等価回転質量　167, 166
　　——ピン (crank pin)　166
グリブラー (Grübler)　7
原節　3
原動車　155
原動節　3, 60, 83, 90, 103, 133
交換の法則　207
交差軸のころがり接触　123
高次慣性力　171
高次対偶 (higher pair)　3, 4
剛性回転体 (rigid rotaor)　173
拘束式　37
拘束条件　13, 149
拘束力　76
拘束をもった機構　78
剛体　3
公転　73
公転運動　74

勾配角　109, 110
固定中心 (fixed center)　5
固有円振動数 (natural circular frequency)　179
コリオリの加速度 (Coriolis' acceleration)　25, 29
コリオリ力　69, 70
ころがり接触　122
　　——の条件　122
　　——をなす曲線の求め方　124
ころがり摩擦伝動機構　122
混合微分代数方程式 (DAE, mixed system of differential-algebraic equations)　78, 159
コンベアチェーン　158
コンロッド (connecting rod)　161, 162
　　——の等価往復質量　166
　　——の等価回転質量　166
　　——の等価慣性モーメント　166, 167
　　——の等価な往復質量　167

■ さ 行
サイクロイド運動 (cycloidal motion)　107
サイクロイド曲線 (cycloid curve)　139
サイクロイド歯形 (cycloid tooth)　139
サイクロイド歯車　139
歳差運動 (precession)　74
最小作用の原理 (principle of least action)　15
サイレントチェーン　158
座標変換　32, 47
作用積分　15
作用・反作用の法則　11
三角関数　206
　　——の加法定理　206
　　——の微分　206
　　負角の——　206
　　余角および補角の——　206
三角トラス機構　7
思案点 (change point)　86
四角形のベクトル図　89
軸受　170
軸間距離　153, 154
軸対称こま　73
自在継手 (universal joint)　95

指数関数　206
死点 (dead point)　86
自転　73
自転運動　73, 74
自動調心性 (self-aligning)　180
ジャイロ効果　72
ジャイロモーメント (gyroscopic moment)　72, 74
斜交かさ歯車 (angular bevel gear)　134
斜板カム　105
周縁カム　103
十字がけ (cross belting)　152
従節　3
自由度　38
従動車　155
従動節　3, 60, 83, 90, 103, 133
従動プーリー　160
瞬間中心 (instantaneous center)　4, 6, 83
── の数　6
衝撃　108
小端部　164
正面カム (face cam)　103
振動　108
数式解法　124
スカラー　207
── 積　207
すぐばかさ歯車 (bevel gear)　133
スクレロノームな拘束条件 (scleronomic constraints)　37
スケルトン (skeleton link)　2
スコッチヨーク (Scotch yoke)　88
図式解法　113, 124
スプロケット (sprocket wheel)　158
すべり運動　83
すべり接触の条件　134
すべり対偶　3, 83
すべり対偶 (並進関節)　40
すべり率 (specific sliding)　141
スライダ　41, 60, 61
── クランク機構　5, 21, 40, 41, 60, 82, 83, 161
スラスト力　143
静止座標系　63, 64
静止直交座標系　161

静つり合い (static balance)　170, 174
── の条件　170
静不つり合い　174
静力学的　60
静力学の問題　70
節 (link)　3, 83
接触角 (angle of contact)　141
接触弧 (arc of contact)　141
接触率 (contact ratio)　141
接線加速度　25
線点対偶　4
速度　11, 19, 27
── ベクトル　25

■ た 行
第 1 法則　11
対偶 (pair)　3, 37, 60
第 3 の法則　11
代数学的ベクトル　32, 34, 35, 55
対数らせん車 (logarithmic spiral wheel)　126
大端部　164
第 2 法則　11
太陽歯車 (sun gear)　146
だ円車 (elliptical friction wheel)　126
だ円定規機構 (elliptic trammel)　87
多角形のベクトル方程式　116
多関節ロボットアーム　97, 99
多シリンダ機関　170
　直列の ──　170
ダランベールの原理 (principle of D'Alembert)　13, 14
単位ベクトル　20, 28
単弦運動機構 (Scotch yoke)　88
弾性軸　177
弾性のヒステリシス　177
段歯車 (stepped gear)　133
単振子　79
端面カム　105
チェーン　151, 158
── 伝動　158
近寄り弧 (arc of approach)　141
中間従動節　90
中高 (crown)　151
頂げき (clearance)　138

張力　152
調和運動 (harmonic motion)　107
直動型の従動節　110
直動カム (translation cam)　104
直交回転マトリックス　36, 116
直交座標系　30, 32, 47
── 表示　20
鼓形ウォームギア (hourglass worm gear)　134
つり合わせ (balancing)　176
　1 面 ── (single-phase balancing)　176
　静 ── (static balancing)　176
　動 ── (dynamic balancing)　176
　2 面 ── (two-phase balancing)　176
つるまき線　45, 46
低次対偶 (lower pair)　3, 4
てこクランク機構　84
テンションプーリー (tension pulley)　154
伝達効率　142, 145
等加速度運動 (parabolic motion)　106
撓性中間節 (flexible connector)　151
等速度運動 (linear motion)　107
動つり合い (dynamic balance)　171, 175
── の条件　171
動不つり合い　174
動力学　60, 62
　機構の ──　62
　── の問題　70
　── モデル　167
遠のき弧 (arc of recess)　141

■ な 行
内接触　123
内転サイクロイド (hypocycloid)　139
内部減衰効果　177
縄跳び状の運動　182
ニュートンの運動の法則　11
ニュートンの作用・反作用の法則　77
ニュートンの第 2 法則　69, 74

ねじ　4
　――運動　49
　――対偶　3
　――歯車 (crossed helical gear)　134
粘性減衰器　177

■ は 行

歯厚 (tooth thickness)　138
ハイポイドギア (hypoid gear)　134
倍力機構 (toggle joint)　86
歯打ち現象　138
歯形 (tooth profile)　138
歯形曲線　137
歯形の求め方　137
歯車 (toothed wheel)　133
　――機構　133
　――つき5節リンク機構　10
　――つき3節リンク機構　8
　――の静力学　142
　――の歯形　137
　――箱 (gear box)　144
　――列 (gear train)　144
　――列としての拘束条件　149
　――列としての伝達効率　146
　――列の機構運動解析　148
歯先円 (addendum circle)　138
はすばかさ歯車 (skew bevel gear)　134
はすば歯車 (helical gear)　133
はずみ車　163
歯たけ (whole depth)　138
バックラッシュ (backlash)　138
歯底円 (dedendum circle)　138
ばね体　3
歯幅 (face width)　138
歯末のたけ (addendum)　138
歯末の面 (tooth face)　138
歯みぞの長さ (space of tooth)　138
ハミルトンの原理 (Hamilton's principle)　14, 15
歯面 (tooth surface)　138
歯元のたけ (dedendum)　138
歯元の面 (tooth flank)　138

早戻り運動　85
張り側 (tension side)　152
反対カム (inverse cam)　104
ピストン (piston)　61, 161
　――クランク機構 (piston-crank mechanism)　161
ピッチ (pitch)　138
　――円 (pitch circle)　136
　――点　136
ピニオン (pinion)　133
非保存力　17
非ホロノームな運動学的拘束式 (nonholonomic kinematic constraint equation)　37
平歯車 (spur gear)　133
平ベルト　151
　――の伝達動力　155
Vベルト (V belt)　151, 156
　――車 (V-belt pulley)　156
　――伝動　156
　――の伝動力　157
フェースギア (face gear)　134
フォロワ　103, 109, 110, 114
　直動型の――　111
複素数表示　19
複素ベクトル表示　19
不拘束　86
普通サイクロイド (common cycloid)　139
フック継手　95
不つり合いベクトル　174
不つり合いモーメント　174
ブレーキ機構　81
ふれまわり運動　177, 179, 180
ふれまわり速度 (公転速度)　179
分配の法則　207
平行移動　58
平行がけ (open belting)　152
平行軸の定理 (parallel axis theorem)　68
並進 (直線) 運動　4
並進回転運動　4
並進運動 (自由度3)　63
並進力　12
平面運動 (plane motion)　3
　――機構　7
　――機構の自由度　7

平面回転座標変換マトリックス　33
平面カム機構　103
平面機構　62
平面極座標系表示　20
平面曲線運動　4
平面5節リンク機構　9
平面三角ベクトル方程式　164
平面対偶　3
平面ベクトル　58
　――方程式　162
平面4節リンク機構　8
平面リンク機構　83
平面6節リンク機構　9
ベクトル　207
　位置――　63
　一般化座標――　77
　――解析　19
　――三角形　89
　――積　208
　単位――　208
　――の内積　207
　――方程式　19, 21, 34, 47, 58
ベルト (belt)　151
　――車 (belt pulley)　151
　――の張り側の張力　155
変位　19
　――カム曲線　109
変形正弦曲線　108
変形台形曲線　108
変形等速度曲線　108
偏重心 (mass eccentricity)　174
変分　15
変分運動方程式　74, 76
方向余弦　56
　――マトリックス　57
保存力　17
ポテンシャルエネルギー　15
ホロノームな運動学的拘束式 (holonomic kinematic constraint equation)　37
ホロノームな拘束式　37

■ ま 行

曲がりばかさ歯車 (spiral bevel gear)　134
巻きかけ角　152～154
巻きかけ伝動 (transmission of motion by wrapping connector)　151

―― 装置　151
巻きかけ伝動機構　151, 159
　　―― の運動解析　159
巻きかけ媒介節　151
曲げ振動の固有振動数　180
摩擦角　62
摩擦係数　62, 81
摩擦車 (friction wheel)　128
摩擦力　71
マトリックス　209
　逆 ――　209
　正則 ――　209
　正方 ――　209
　対称 ――　209
　単位 ――　210
　直交 ――　57, 210
　転置 ――　209
　―― 変換　33
マニピュレーター機構　101
マルチボディダイナミクス　47, 74
回りすべり対偶　3
回り対偶　3, 83
回り対偶 (回転関節)　39
見かけの摩擦係数　130, 157
見かけのモーメント　72
右手直交座標系　47
溝カム　103

みぞつき摩擦車 (grooved friction wheel)　129
メカニカルハンドの機構　10
面対偶　3, 4
モジュール (module)　139

■ や 行

躍動 (jerk)　19, 25
ヤコビアン　39
ヤコビマトリックス　39
やまば歯車 (double helical gear)　133
遊星歯車 (planet gear)　146
遊星歯車機構　150
遊星歯車装置 (planetary gears)　146
ゆるみ側 (slack side)　152
　―― の張力　155
揺動運動　85, 86
揺動従動節　61
揺動節　8

■ ら 行

ラグランジュ関数 (Lagrangian)　15
ラグランジュ方程式 (Lagrange's equation)　14, 15, 17
らせん運動 (screw motion)　4

ラック (rack)　133
履帯 (crawler belt)　159
　―― 構造　159
履帯式移動体　159
立体カム機構　103, 104
リフト (lift)　106
流体　3
両クランク機構　84
両スライダ機構　83, 87
両てこ機構　84
輪郭曲線　104, 105, 111
リンク (link)　83
リンク機構 (linkage mechanism)　83
ルロー (F. Reuleaux)　1
レオノームな拘束条件 (rheonomic constraints)　37
列ベクトル　54
連鎖 (chain)　3, 83
ロープ (rope)　151, 157
　―― 車 (rope pulley)　157
　―― 伝動　157
ロボットアーム　45
ローラチェーン　158

■ わ 行

割付角　113

著者略歴

藤田　勝久（ふじた・かつひさ）

1966 年　大阪大学大学院工学研究科修士課程機械工学専攻修了
　　　　（三菱重工業（株）高砂研究所振動・騒音研究室長，
　　　　研究所次長，事業所技師長兼研究所技師長を歴任）
1997 年　大阪府立大学工学部機械システム工学科 教授
2000 年　大阪府立大学大学院工学研究科機械系専攻 教授
2005 年　定年退官

　　　　大阪市立大学大学院工学研究科機械物理学専攻 特任教授，客員教授
　　　　会社・研究所等の研究指導顧問・技術顧問など
　　　　現在に至る
　　　　工学博士，日本機械学会フェロー，アメリカ機械学会フェロー

機械運動学
――機械力学の基礎から機構動力学解析まで――　　© 藤田勝久　2004

2004 年 12 月 20 日　第 1 版第 1 刷発行　　【本書の無断転載を禁ず】
2020 年 3 月 10 日　第 1 版第 6 刷発行

著　　者　藤田勝久
発行者　　森北博巳
発行所　　森北出版株式会社
　　　　　東京都千代田区富士見 1-4-11（〒102-0071）
　　　　　電話 03-3265-8341 ／ FAX 03-3264-8709
　　　　　https://www.morikita.co.jp/
　　　　　日本書籍出版協会・自然科学書協会　会員
　　　　　JCOPY ＜（一社）出版者著作権管理機構　委託出版物＞

落丁・乱丁本はお取替えいたします　　印刷／エーヴィス・製本／協栄製本

Printed in Japan ／ ISBN978-4-627-66521-7

MEMO